全国水利行业规划教材　高职高专水利水电类

中国水利教育协会策划组织

水利工程施工组织与管理

（第 3 版）

主　编　梁建林　高秀清　费成效

副主编　庞宏伟　李恳亮　刘昌礼

　　　　赵　晨　刘建飞　陈文江

　　　　李晓琳

主　审　张智涌　尹会珍

黄河水利出版社

·郑州·

内 容 提 要

　　本书是全国水利行业规划教材,是根据中国水利教育协会职业技术教育分会高等职业教育教学研究会组织制定的水利工程施工组织与管理课程标准编写完成的。本书依据现行行业法律、法规、规范、规程编写,突出针对性与实用性,介绍了水利工程施工组织与管理规定和方法。全书共有 11 个项目,包括导论、流水施工基本原理、网络计划技术、初步设计阶段施工组织总设计、工程投标和施工阶段施工组织设计、施工准备工作、施工质量管理、施工项目成本管理、施工进度管理、水利水电工程施工合同管理、施工安全与环境管理。

　　本书主要为高职高专水利水电工程建筑类和管理类的各专业教材,也可作为水利水电职业(执业)资格培训和考试参考教材及水利工程技术人员的参考书。

图书在版编目(CIP)数据

　　水利工程施工组织与管理/梁建林,高秀清,费成效主编. —3 版.—郑州:黄河水利出版社,2017.7
　　全国水利行业规划教材
　　ISBN 978 - 7 - 5509 - 1788 - 0

　　Ⅰ.①水…　Ⅱ.①梁…②高…③费…　Ⅲ.①水利工程 - 工程施工 - 施工组织 - 高等职业教育 - 教材②水利工程 - 施工管理 - 高等职业教育 - 教材　Ⅳ.①TV512

　　中国版本图书馆 CIP 数据核字(2017)157390 号

组稿编辑:王路平　电话:0371 - 66022212　E-mail:hhslwlp@ 163. com

出 版 社:黄河水利出版社
　　　　地址:河南省郑州市顺河路黄委会综合楼 14 层　　邮政编码:450003
发行单位:黄河水利出版社
　　　　发行部电话:0371 - 66026940、66020550、66028024、66022620(传真)
　　　　E-mail:hhslcbs@ 126. com
承印单位:河南承创印务有限公司
开本:787 mm × 1 092 mm　1/16
印张:17.5
字数:400 千字　　　　　　　　　　　　印数:1—4 100
版次:2009 年 8 月第 1 版　　　　　　　　印次:2017 年 7 月第 1 次印刷
　　　2012 年 8 月第 2 版
　　　2017 年 7 月第 3 版
定价:39.00 元

第3版前言

本书是贯彻落实《国家中长期教育改革和发展规划纲要(2010～2020年)》、《国务院关于加快发展现代职业教育的决定》(国发〔2014〕19号)、《现代职业教育体系建设规划(2014～2020年)》和《水利部教育部关于进一步推进水利职业教育改革发展的意见》(水人事〔2013〕121号)等文件精神,在中国水利教育协会指导下,由中国水利教育协会职业技术教育分会高等职业教育教学研究会组织编写的第三轮水利水电类专业规划教材。第三轮教材以学生能力培养为主线,体现出实用性、实践性、创新性的教材特色,是一套理论联系实际、教学面向生产的高职教育精品规划教材。

本书第1版由辽宁水利职业学院张玉福老师主持编写,本书第2版由辽宁水利职业学院张玉福老师、黄河水利职业技术学院薛建荣主持编写,在此对第1版、第2版主参编及主审老师在本书编写中所付出的劳动和贡献表示感谢! 第1版教材于2009年8月出版,第2版教材自2012年8月出版以来,因其通俗易懂、全面系统、应用性知识突出、可操作性强等特点,受到全国高职高专院校水利类专业师生及广大水利从业人员的喜爱。随着我国水利工程施工组织与管理水平的不断发展,为进一步满足教学需要,应广大读者的要求,编者在第2版的基础上对原教材内容进行了全面修订、补充和完善。

本次再版,根据本课程的培养目标和当前水利工程施工组织与管理的发展状况,力求拓宽专业面,扩大知识面,反映先进的施工管理水平以适应发展的需要;力求综合运用基本理论和知识,以解决工程实际问题;力求理论联系实际,以应用为主,内容上引用新标准、新规范,尽量符合实际需要。

本书以项目为导向,任务驱动,结合水利工程施工项目管理,共划分为11个项目,主要介绍水利工程施工组织与管理的各项任务和目标。在编写过程中,我们努力体现高职高专教育教学特点,并结合我国水利工程施工项目管理的实际精选内容,以贯彻理论联系实际,突出新规定、新标准,案例注重分析问题和解决问题,进行课程内容的整体设计。同时,教材内容力求与水利施工技术管理岗位相对接,与职业(执业)资格培训和考试相对接,兼顾区域水利工程施工特点,以及民生水利工程施工管理要求,最大限度地反映水利工程施工项目管理的先进性。体现教、学、练、做一体化的教学模式,注重培养学生的基本技能和分析问题、解决问题的能力。本教材具有内容精练、体系完整、紧密结合实际的特点。根据课程要求,书中每个项目的每项任务附有针对性较强的案例分析项目。

本书编写人员及编写分工如下:黄河水利职业技术学院梁建林(项目一、二),河南水利与环境职业学院赵晨(项目三),开封市引黄管理处庞宏伟、郝晓宇(项目四),安徽水利水电职业技术学院费成效（项目五），黄河水利职业技术学院闫国新（项目六），山东水利职业学院刘昌礼（项目七），北京农业职业学院高秀清（项目八任务一、二、三），杨凌职业技术学院李晓琳（项目八任务四），洛阳水利工程局有限公司畅瑞锋（项目八任务五，项目十一任务一、二），浙江同济科技职业学院刘建飞（项目九），湖南水利水电职业技术学院李恳亮（项目十），安徽水利水电职业技术学院陈文江（项目十一任务三、四）。本书由梁建林、高秀清、费成效担任主编，梁建林教授负责全书框架结构整体设计并负责全书统稿；由庞宏伟、李恳亮、刘昌礼、赵晨、刘建飞、陈文江、李晓琳担任副主编；由四川水利职业技术学院张智涌、内蒙古机电职业技术学院尹会珍担任主审。

由于本次编写时间仓促，书中难免存在缺点和疏漏，恳请广大读者批评指正。

编 者

2017 年 4 月

目 录

项目一 导 论

项目重点

水利工程基本建设程序与工作步骤,水利工程建设特点,施工组织设计的工作步骤和主要内容,施工组织的基本原则。

教学目标

熟悉水利工程基本建设程序、施工特点、施工组织设计的作用、项目划分和施工组织设计的类型;掌握水利工程基本建设程序和工作步骤,施工组织设计的工作步骤和主要内容以及施工组织的基本原则。

任务一 水利工程基本建设程序

基本建设程序是指建设项目从决策、设计、施工到竣工验收整个建设过程中各阶段、各环节、各工程项目之间存在着客观顺序和联系。按基本建设程序进行水利工程建设是保证工程质量和投资效果的基本要求,是水利建设项目管理的重要工作。为此,水利部于1995 年 4 月 21 日发布施行了《水利工程建设项目管理规定》(水建〔1995〕128 号),于1998 年 1 月 7 日发布施行了《水利工程建设程序管理暂行规定》(水建〔1998〕16 号)。

根据《水利工程建设程序管理暂行规定》(水建〔1998〕16 号)中的有关规定,大中型水利工程基本建设程序一般分为:项目建议书、可行性研究、初步设计、施工准备(包括招标设计)、建设实施、生产准备、竣工验收、项目后评价等阶段。小型水利工程建设项目可以参照执行,利用外资项目的建设程序,同时应执行有关外资项目管理规定。一般情况下,将项目建议书、可行性研究、初步设计称为前期工作,将项目建议书和可行性研究阶段作为立项过程。

基本建设程序符合水利工程建设客观规律和经济规律,是水利建设市场客观的必然要求,是促进水利建设客观经济体制和经济增长方式根本转变的基本要求,水利工程建设必须坚持基本建设程序。实践证明,坚持基本建设程序,基本建设就能顺利进行,就能充分发挥投资的经济效益;反之,违背基本建设程序,就会造成项目管理混乱,影响质量与安全、进度和成本,甚至给建设工作带来严重的危害。因此,坚持基本建设程序是工程顺利建设的有力保证。

一、项目建议书

项目建议书应根据国民经济和社会发展规划、流域综合规划、区域综合规划、专业规划,按照国家产业政策和有关投资建设方针,依据《水利水电工程项目建议书编制规程》(SL 617—2013)编制。项目建议书一般委托有相应资质的设计或工程咨询单位进行编制,并按国家现行规定权限向水行政主管部门申报审批。项目建议书被批准并列入国家建设计划后方可进行可行性研究工作。

项目建议书依据的流域规划是根据该流域的水资源条件和国家中长期计划对某地区水利水电建设发展的要求,提出该流域水资源梯级开发和综合利用的最优方案。

二、可行性研究

可行性研究是综合应用工程技术、经济学和管理学等学科的基本理论,对项目建设的各方案进行的技术、经济比较分析,论证项目建设的必要性、技术可行性和经济合理性。可行性研究报告是项目决策和初步设计的重要依据,一经批准,将作为初步设计的依据,不得随意修改和变更。可行性研究报告的内容一定要做到全面、科学、深入、可靠。

可行性研究报告一般委托有相应资质的工程咨询或设计单位依据《水利水电工程可行性研究报告编制规程》(SL 618—2013)编写。申报项目可行性研究报告时,必须同时提出项目法人组建方案运行机制、资金筹措方案、资金结构及回收资金的办法,并依照有关规定附具有管辖权的水行政主管部门或流域机构签署的规划同意书、对取水许可预审书的书面审查意见。

项目可行性研究报告批准后,应正式成立项目法人,并按项目法人责任制实行项目管理。

三、初步设计

初步设计是根据已批准的项目可行性研究报告和必要而准确的设计资料,对设计对象进行通盘研究,进一步阐明拟建工程在技术上的可行性和经济上的合理性,将项目建设计划具体化,作为组织项目实施的依据。其具体内容包括确定项目中各建筑工程的等级、标准;工程选址;明确主要建筑物的组成,进行工程总体布置;根据特征水位,确定主要建筑的形式、尺寸;提出施工要求和施工组织设计;编制项目的总概算。其静态总投资原则上不得突破已批准的可行性研究估算的静态总投资,即使由于规模、标准、方案等变化,也应控制在15%以下。超过15%以下时,应提出专题报告;超过15%及以上时,必须重新进行可行性研究并按原程序报批。初步设计任务应择优选定有相应资质的设计单位承担,依照批准的项目可行性研究报告和有关初步设计编制规定进行编制。批准后的初步设计文件是项目建设实施的技术文件基础。

四、施工准备

(1)开展征地、拆迁;实施施工用水、用电、通信、道路和场地平整等工程。

(2)实施必需的生产、生活临时建筑工程。

(3)实施经批准的应急工程、试验工程等专项工程。

(4)组织招标设计、咨询、设备和物资采购等服务。

(5)组织相关监理招标。

(6)组织主体工程施工招标准备工作等。

五、建设实施

项目法人或建设单位提出开工报告并经主管部门批准后就可以组织施工。主体工程开工须具备下列条件：

　　（1）项目法人或建设单位已经建立。

　　（2）建设资金已经落实。

　　（3）主体工程施工和监理招标已经决标，并分别订立合同。

　　（4）质量安全监督单位已经确定，并办理了质量安全监督手续。

　　（5）主要设备和材料来源已经落实。

　　（6）现场施工准备和征地移民等建设外部条件能够满足主体工程开工需要。

　　施工阶段是工程实体形成的主要阶段，建设各方都要围绕建设总目标的要求，为工程的顺利实施积极努力工作。项目法人要充分发挥建设管理的主导作用，为施工创造良好的建设条件；监理单位要在业主的委托授权范围之内，制定切实可行的监理规划，发挥自己在技术和管理方面的优势，独立负责项目的建设工期、质量、投资的控制和现场施工的组织协调；施工单位应严格遵照施工承包合同的要求，建立现场管理机构，合理组织技术力量，加强工序管理，执行施工质量保证制度，服从监理监督，力争工程按质量要求如期完成。

六、生产准备

　　生产准备是项目投产前由建设单位进行的一项重要工作，是项目由基本建设阶段进入生产经营阶段的必要条件。项目法人应按照建管结合和项目法人责任制的要求，适时做好有关生产准备的工作，确保项目建成后及时投产、及时发挥效能。

　　生产准备应根据不同类型的工程要求确定，一般应包括以下主要内容：

　　（1）生产组织准备。建立生产经营的管理机构，配备生产人员，制定相应管理制度。

　　（2）招聘和培训人员。按照生产经营的要求配备的生产管理人员需要通过多种形式的培训以提高人员素质，使之能满足正常的运营要求。有条件时，应组织生产管理人员尽早介入工程的施工建设，参加设备的安装调试和工作验收，熟悉情况，掌握好生产技术和工艺流程，为顺利衔接基本建设阶段和生产经营阶段做好准备。

　　（3）生产技术准备。主要包括技术资料的汇总、运行技术方案的规定、操作规程的制定和新技术的准备。

　　（4）生产物资准备。主要是落实投产运营所需要的原材料、协作产品、工器具、备品备件和其他协作配合条件的准备。

　　（5）正常的生活福利设施准备。

七、竣工验收

　　竣工验收是工程完成建设目标的标志，是全面考核基本建设成果、检验设计和工程质量的重要步骤。根据《水利工程建设项目验收管理规定》（水利部令第30号），竣工验收应当在建设项目的建设内容全部完成，并满足一定运行条件后1年内进行，不能按期验收的项目，可以适当延长期限，但最长不超过6个月。竣工验收分为竣工技术预验收和竣工验收两个阶段，竣工技术预验收由竣工验收主持单位及有关专家组成验收专家组进行技术验收，竣工验收由竣工验收主持单位、有关水行政部门和流域机构、有关地方政府、质量监督机构和安全监督机构、运行管理单位代表组成验收委员会进行验收。验收合格的项目，办理工程正式移交手续,工程即从基本建设阶段转入生产或使用阶段。

八、项目后评价

建设项目竣工投产并已生产运营1~2年后,对项目所做的系统评价,称为项目后评价。其主要内容包括:

(1)过程评价。对项目的立项、设计施工、建设管理、竣工投资、生产运营等全面过程进行评价。

(2)经济效益评价。对项目投资、国民经济效益、财务效益、技术进步和规模效益、可行性研究深度等进行评价。

(3)社会影响及移民安置评价。项目对社会影响以及移民安置规划实施及效果等进行评价。

(4)环境影响及水土保持评价。对工程影响区主要生态环境、水土流失、环境保护和水土保持措施执行情况等进行评价。

(5)目标和可持续性评价。项目目标的实现程度及可持续性的评价等。

(6)综合评价。对项目实施成功程度的综合评价。

项目后评价分三个层次实施,即项目法人自我评价、项目行业评价、主管部门(或投资方)评价。

以上所述基本建设程序可概括成三个阶段,即以可行性研究为中心的项目决策阶段、以初步设计为中心的施工准备阶段和以建设实施为中心的工程实施阶段,前三个阶段称为前期工作。水利工程基本建设程序如图1-1所示。

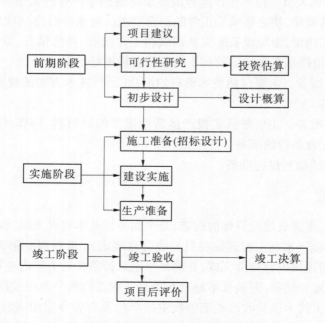

图1-1 水利工程基本建设程序

任务二　水利工程建设特点

水利工程施工的最终成果是水利工程建筑产品。水利工程建筑产品与一般的工业产品不同,具有体形庞大、整体难分、不能移动等特点。同时,水利工程建筑产品还有着与其他工程建筑产品不同的特点。只有对水利工程建筑产品的特点及其生产过程进行研究,才能更好地组织建筑产品的生产,保证建筑产品的质量。

一、水利工程建筑产品的特点

(一)与一般工业产品相比

1. 具有固定性

水利工程建筑产品与其他工程建筑产品一样,是根据使用者的使用要求,按照设计者的设计图纸,经过一系列的施工生产过程,在固定点建成的。由于建筑产品的基础与作为地基的土地直接联系,因而建筑产品在建造中和建成后是不能移动的,建筑产品建在哪里就在哪里发挥作用。在有些情况下,一些建筑产品本身就是土地不可分割的一部分,如油气田、桥梁、地铁、水库等。固定性是建筑产品与一般工业产品的最大区别。

2. 具有多样性

水利工程建筑产品一般是由设计和施工部门根据建设单位(业主)的委托,按特定的要求进行设计和施工的。由于对水利工程建筑产品的功能要求多种多样,因而对每种水利建筑产品的结构、造型、空间分割、设备配置都有具体要求。即使功能要求、建筑类型相同,但由于地形、地质等自然条件不同以及交通运输、材料供应等社会条件不同,在建造时施工组织、施工方法也存在差异。水利工程建筑产品的这种特点决定了水利工程建筑产品不能像一般工业产品那样进行批量生产。

3. 具有庞体性

水利工程建筑产品是生产与应用的场所,要在其内部布置各种生产与应用必要的设备与用具,因而与一般工业产品相比,水利工程建筑产品体形庞大,占有广阔的空间,排他性很强。因其体形庞大,对环境的影响很大,所以必须控制建筑区位、密度等,建筑必须服从流域规划和环境规划的要求。

4. 具有高值性

能够发挥投资效用的任一项水利工程建筑产品,在其生产过程中都会耗用大量的材料、人力、机械及其他资源,其不仅体形庞大,而且造价高昂,动辄数百万元、数千万元、数亿元人民币,特大的水利工程项目的工程造价可达数十亿元、数百亿元,甚至几千亿元人民币。产品的高值性即其工程造价,关系到各方面的重大经济利益,同时会对宏观经济产生重大影响。

(二)与其他建筑产品相比

1. 水利工程建筑产品地下工程占比例较大

水利工程建筑产品是建筑产品的一类,但与其他建筑产品(如工业与民用建筑、道路建筑等)又有所不同。主要特点是水利工程的地下工程(如水利工程中平洞、斜井、竖井、地下厂房等地下工程,以及导流洞、泄洪洞、灌溉洞等地下泄水建筑物)比其他建筑工程占比例大。

2.水利工程建筑产品临时工程占比例较大

水利工程的建设除建设必需的永久工程外,还需要建设一些临时工程,如围堰、导流建筑物、排水设施、临时道路等,大多都是一次性的,主要功能是为了永久建筑物的施工和设备的运输安装。因此,临时工程的投资比较大,根据不同规模、不同性质,所占总投资比例一般为 10% ~40% 。

二、水利工程建筑产品施工的特点

(一)施工条件的艰巨性

江河上修建水利工程时,在施工期必须解决施工导流问题,以创造干地施工条件。施工进度往往要和洪水"赛跑",在特定期间内,需要加大施工强度,将建筑物抢修到拦洪高程。另外,深基坑、高边坡、复杂地基处理、山区施工等均显示了其施工的艰巨性。

(二)施工的流动性

水利工程建筑产品施工的流动性具有两层含义。

一层含义指由于水利工程建筑产品是在固定地点建造的,生产者和生产设备要随着建筑物建造地点的变更而流动,相应材料、附属生产加工企业、生产和生活设施也随之经常迁移。

另一层含义指由于水利工程建筑产品固定在土地上,与土地相连,在生产过程中,产品固定不动,人、材料、机械设备围绕着建筑产品移动,要从一个施工段移到另一个施工段,从水利工程的一部分转移到另一部分。这一特点要求通过施工组织设计使流动的人、机、物等相互协调配合,做到连续、均衡施工。

(三)施工的单件性

水利工程建筑产品施工的多样性决定了水利工程建筑产品的单件性。每项建筑产品都是按照建设单位的要求进行施工的,都有其特定的功能、规模和结构特点,所以工程内容和实物形态都具有个别性、差异性。而工程所处的地区、地段不同更增强了水利工程建筑产品的差异性,同一类型工程或标准设计,在不同的地区、季节及现场条件下,施工准备工作、施工工艺和施工方法不尽相同,所以水利工程建筑产品只能是单件产品,而不能按定型的施工方案重复生产。这一特点就要求施工组织设计编制者考虑设计要求、工程特点、工程条件等因素,制订出切实可行的水利工程施工组织方案。

(四)施工过程的综合性

水利工程建筑产品的施工生产涉及施工单位、业主、金融机构、设计单位、监理单位、材料供应部门、分包单位等多个单位、多个部门的相互配合、相互协助,这决定了水利工程建筑产品施工生产过程具有很强的综合性。

(五)施工受外部环境影响较大

水利工程建筑产品体形庞大,使其不具备在室内施工生产的条件,一般都要求露天作业,其生产受到风、霜、雨、雪、温度等气候条件的影响;水利工程建筑产品的固定性决定了其生产过程会受到工程地质、水文条件变化的影响,以及地理条件和地域资源的影响。这

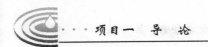

些外部因素对工程进度、工程质量、建造成本都有很大影响。这一特点要求水利工程建筑产品生产者提前进行原始资料调查,制订合理的季节性施工措施、质量保证措施、安全保证措施等,科学组织施工,使生产有序进行。

（六）施工过程具有连续性

水利工程建筑产品不能像其他许多工业产品一样可以分解成若干部分同时生产,而必须在同一固定场地上严格按程序继续生产,其上一道工序不完成,下一道工序就不能进行。水利工程建筑产品是持续不断的劳动过程的成果,只有全部生产过程完成才能发挥其生产能力或使用价值。一个水利工程建设项目从立项到使用要经历多个阶段和过程,包括设计前的准备阶段、设计阶段、施工阶段、使用前准备阶段(包括竣工验收和试运行)和保修阶段。这是一个不可间断的、完整的周期性生产过程,要求在生产过程中各阶段、各环节、各项工作有条不紊地组织起来,在时间上不间断、空间上不脱节。要求生产过程的各项工作必须合理组织、统筹安排、遵守施工程序,按照合理的施工顺序科学地组织施工。

（七）施工生产周期长

水利工程建筑产品的体形庞大决定了建筑产品施工生产周期长,有些水利工程建设项目施工周期少则 1~2 年,多则 3~4 年、5~6 年,甚至 10 年以上。因此,它必须长期大量地占用并消耗人力、物力和财力,要到整个生产周期完结才能出产品。因此,应科学地组织建筑生产,不断地缩短生产周期,尽快提高投资效益。

任务三　施工组织设计

一、施工组织设计的作用

施工组织设计是水利工程设计文件的重要组成部分,是优化工程设计、编制工程总概算、编制投标文件、编制施工成本及国家控制工程投资的重要依据,是组织工程建设、选择施工队伍、进行施工管理的指导性文件。做好施工组织设计对正确选定坝址、坝型,优化工程设计,合理组织工程施工,保证工程质量,缩短建设工期,降低工程造价,提高工程投资效益等都有十分重要的作用。

水利工程由于建设规模大、涉及专业多、范围广,面临洪水的威胁和受到某些不利的地质、地形条件的影响,施工往往较困难。因此,水利工程施工组织设计工作就显得更为重要,特别是现在国家投资制度的改革,由现在的市场化运作、项目法人制、招标投标制、项目监理制代替过去的计划经济方式,对施工组织设计的质量、水平、效益的要求也越来越高。在设计阶段,施工组织设计往往影响投资、效益,决定着方案的优劣;在招标投标阶段,编制投标文件时施工组织设计是确定施工方案、施工方法的根据,是确定标底和报价的技术依据,其质量好坏直接关系到能否在投标竞争中取胜,是承揽到工程的关键问题;在施工阶段,施工组织设计是施工实施的依据,是控制投资、质量、进度以及安全施工和文明施工的保证,也是施工企业控制成本、增加效益的保证。

二、工程建设项目划分

水利工程建设项目是指按照经济发展和生产需要提出,经上级主管部门批准,具有一定的规模,按总体进行设计施工,由一个或若干个互相联系的单项工程组成,经济上统一核算,行政上统一管理,建成后能产生社会经济效益的建设项目。

水利工程建设项目通常可逐级划分为若干个单项工程、单位工程、分部工程和分项工程。单项工程由几个单位工程组成,具有独立的设计文件、同一性质或用途,建成后可独立发挥作用或效益,如拦河坝工程、引水工程、水力发电工程等。

单位工程是单项工程的组成部分,可以有独立的设计、进行独立的施工,建成后不能独立发挥作用。单项工程可划分为若干个单位工程,如大坝的基础开挖、坝体混凝土浇筑施工等。

分部工程是单位工程的组成部分。对于水利工程,一般将人力、物力消耗定额相近的结构部位归为同一分项工程,如溢流坝的混凝土可分为坝身、闸墩、胸墙、工作桥、护坦等。建设项目划分如图1-2所示。

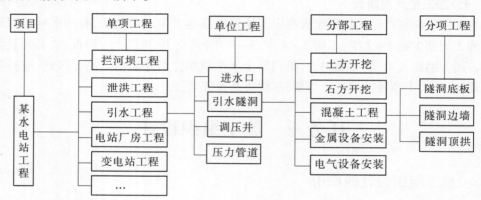

图1-2　建设项目划分

三、施工组织设计的分类

施工组织设计是一个总的概念,根据工程项目的编制阶段、编制对象或范围的不同,施工组织设计在编制的深度和广度上也有所不同。

(一)按工程项目编制阶段分类

根据工程项目建设设计阶段和作用的不同,可以将施工组织设计分为初步设计阶段施工组织设计、施工招标投标阶段施工组织设计、施工阶段施工组织设计。

1.初步设计阶段施工组织设计

在初步设计阶段,采用的设计方案必然联系到施工方法和施工组织,不同的施工组织所涉及的施工方案不同,所需投资亦不同。

初步设计阶段施工组织设计是整个项目的全面施工安排和组织,涉及范围是整个项目,内容要重点突出,施工方法拟订要经济可行。

这一阶段的施工组织设计是初步设计的重要组成部分,也是编制总概算的依据之一,应委托具有相应资格的设计部门负责编制。

2.施工招标投标阶段施工组织设计

招标人在招标之前根据工程情况和招标文件编制施工组织设计,根据施工组织设计编制标底。

投标人编制的投标文件一般由技术文件和商务文件组成,其中的技术文件就是施工组织设计。施工组织设计是确定报价的基础。

这一阶段的施工组织设计是以招标文件为主要依据,以在投标竞争中取胜为主要目的,是投标文件的重要组成部分。施工招标投标阶段施工组织设计主要由施工企业技术或投标部门负责编写。

3.施工阶段施工组织设计

施工企业通过竞争取得对工程项目的施工建设权,从而也就承担了对工程项目建设的责任,这个建设责任主要是在规定的时间内,按照合同双方规定的质量、进度、投资、安全等要求完成建设任务。这一阶段的施工组织设计主要以分部工程为编制对象,以指导施工,控制质量、进度、投资,从而顺利完成施工任务。

这一阶段的施工组织设计是对前一阶段施工组织设计的补充和细化,主要由施工企业项目经理部技术人员负责编写,项目负责人为批准人,并监督执行,报监理机构审批。

(二)按工程项目编制对象分类

按工程项目编制对象可将施工组织设计分为施工组织总设计、单位工程施工组织设计及分部(分项)工程施工组织设计。

1.施工组织总设计

施工组织总设计是以整个建设项目为对象编制的,用以指导整个工程项目施工全过程的各项施工活动的全局性、控制性文件。它是对整个建设项目施工的全面规划,涉及范围较广,内容比较全面。

施工组织总设计用于确定建设总工期、各单位工程项目开展的顺序及工期、主要工程的施工方案、各种物资的供需设计、全工地临时工程及准备工作的总体布置、施工现场的布置工作等,同时是施工单位编制年度施工计划和单位工程施工组织设计的依据。

2.单位工程施工组织设计

单位工程施工组织设计是以一个单位工程(一个建筑物或构筑物)为编制对象,用以指导其施工全过程的各项施工活动的指导性文件,是施工单位年度施工设计和施工组织总设计的具体化,也是施工单位编制作业计划和制订季、月、旬施工计划的依据。单位工程施工组织设计一般在施工图设计完成后,根据工程规模、技术复杂程度的不同,其编制内容的深度和广度亦有所不同。对于简单的单位工程,施工组织设计一般只编制施工方案并附以施工进度表和施工平面图,即"一案、一图、一表"。单位工程施工组织设计是在拟建工程开工之前,由工程项目的技术负责人负责编制的。

3.分部(分项)工程施工组织设计

分部(分项)工程施工组织设计也叫分部(分项)工程施工作业设计。它是以分部(分项)工程为编制对象,用以指导具体实施其分部(分项)工程施工全过程的各项施工活动的技术、经济和组织的实施性文件。一般在单位工程施工组织设计确定了施工方案后,由施工队(组)技术人员负责编制,其内容具体、详细,可操作性强,是直接指导分部(分项)工程施工的依据。

施工组织总设计、单位工程施工组织设计和分部(分项)工程施工组织设计是同一工程项目中不同广度、深度和作用的三个层次。

四、施工组织设计的编制原则、依据和质量要求

（一）施工组织设计的编制原则

(1)认真贯彻国家有关方针政策,严格执行国家基本建设程序和有关技术标准、规程规范,并符合国内招标投标规定和国际招标投标惯例。

(2)结合国情积极开发和推广新材料、新技术、新工艺和新设备,凡经实践证明技术经济效益显著的科研成果应尽量采用。

(3)统筹安排,综合平衡,妥善协调各分部(分项)工程,达到均衡施工。

(4)结合实际,因地制宜。

（二）施工组织设计的编制依据

(1)可行性研究报告及审批意见、设计任务书、上级单位对本工程建设的要求或批文。

(2)工程所在地区有关基本建设的法规或条例、地方政府对本工程建设的要求。

(3)国民经济各有关部门(交通、林业、环保等)对本工程建设期间的有关要求及协议。

(4)当前水利工程建设的施工装备、管理水平和技术特点。

(5)工程所在地区和河流的地形、地质、水文、气象特点及当地建材情况等自然条件,施工电源与水源及水质、交通、环保、旅游、防洪、灌溉排水、航运、过木、供水等现状和近期发展规划。

(6)当地城镇现有修配条件,如加工能力、生活生产物资和劳动力供应条件、居民生活卫生习惯等。

(7)施工导流及通航过木等水工模型试验、各种材料试验、混凝土配合比试验、重要结构模型试验、岩土物理力学试验等成果。

(8)工程有关工艺试验或生产性试验成果。

(9)勘测、设计等专业有关成果。

（三）施工组织设计的质量要求

(1)采用的资料、计算公式和各种指标选定依据可靠、正确、合理。

(2)采用的技术措施先进、方案符合施工现场实际。

(3)选定的方案有良好的经济效益。

(4)内容通顺流畅、简明扼要、逻辑性强、分析论证充分。

(5)附图、附表完整清晰,准确无误。

五、施工组织设计的工作步骤

(1)根据枢纽布置方案,分析研究坝址施工条件,进行导流设计和施工总进度的安

排,编制出控制性进度表。

(2)提出控制性进度之后,各专业根据该进度提供的指标进行设计,并为下一道工序提供相关资料。单项工程进度是施工总进度的组成部分,与施工总进度之间是局部与整体的关系,其进度安排不能脱离总进度的指导,同时它又为检验编制施工总进度是否合理可行,从而调整、完善施工总进度提供依据。

(3)施工总进度优化后,计算提出分年度的劳动力需要量、最高人数和总劳动力量,计算主要建筑材料总量及分年度供应量、主要施工机械设备需要总量及分年度供应数量。

(4)进行施工方案设计和比选。施工方案是指选择施工方法、施工机械、工艺流程,划分施工段。在编制施工组织设计时,需要经过比较才能确定最终的施工方案。

(5)进行施工布置。对施工现场进行分区设置,确定生产生活设施、交通线路的布置。

(6)提出技术供应计划。提出人员、材料、机械等施工资料的供应计划。

(7)编制文字说明。文字说明是对上述各阶段的成果进行说明。

六、施工组织设计的主要内容

施工组织设计如上所述,可分为设计阶段施工组织设计、施工招标投标阶段施工组织设计、施工阶段施工组织设计。这三个阶段的施工组织设计以初步设计阶段施工组织设计所要求的内容最为全面,各专业之间的设计联系最为密切,这就要求特别加强供需管理。下面简要阐述在初步设计阶段的施工组织设计编制步骤和主要内容,具体内容将在后面的有关章节进行详细介绍。

施工组织设计文件的主要内容一般包括工程概况、施工导流、施工总进度、主体工程施工、施工交通、施工工厂设施、施工总布置、主要技术供应等内容。这里仅对几项主要内容做简单介绍。

(一)施工导流

施工导流是水利枢纽总体设计的重要组成部分,是选定枢纽布置、永久建筑物形式、施工程序和施工总进度的重要因素。设计中应依据工程设计标准充分掌握基本资料,全面分析各种因素,做好方案比较,从中选择符合临时工程标准的最优方案,使工程建设达到缩短工期、节省投资的目的。施工导流贯穿施工全过程,导流设计要妥善解决从初期导流到后期导流施工全过程的挡水、泄水问题。各期导流特点和相互关系宜进行系统分析、全面规划、统筹安排,运用风险度分析的方法处理洪水和施工的矛盾,力求导流方案经济合理、安全可靠。

导流泄水建筑物的断面尺寸和围堰高度要通过水力计算确定,有关的技术问题通常还要通过水工模型试验分析验证。导流建筑物能与永久建筑物结合的应尽可能结合。导流底孔布置与水工建筑物关系密切,有时为了考虑导流需要,选择永久泄水建筑物的断面尺寸、布置高程时,需结合研究导流要求,以获得经济合理的方案。

大中型水利工程一般均优先研究分期导流的可能性和合理性。因水利工程工程量大、工期较长,分期导流有利于提前受益,且对施工期通航影响较小。对于山区性河流,洪枯水位变幅大,可采取过水围堰配合其他泄水建筑物的导流方式。

围堰型式的选择要安全可靠,结构简单,并能充分利用当地材料。

截流是大中型水利工程施工中的重要环节。设计方案必须安全可靠,保证截流成功。选择截流方式应充分分析水力参数、施工条件和施工难度、抛投物数量和类型,并经过技术经济比较。

(二)施工总进度

编制施工总进度时,应根据国民经济发展需要,采取积极有效的措施满足主管部门或业主对施工总工期提出的要求;应综合反映工程建设各阶段的主要施工项目及其进度安排,并充分体现总工期的目标要求。

工程建设施工阶段一般划分为工程筹建期、工程准备期、主体工程施工期、工程完建期,但并非所有工程的四个建设施工阶段都能截然分开,某些工程的相邻两个阶段工作也可交错进行。

工程施工总工期为工程准备期、主体工程施工期和工程完建期三者之和。工程筹建期不计入总工期。

施工总进度的表示形式可根据工程情况绘制横道图和网络图。横道图具有简单、直观等优点;网络图逻辑关系严密、关键路线明确,便于反馈、优化。

(三)主体工程施工

研究主体工程施工是为了正确选择水利工程枢纽布置和建筑物形式,保证工程质量与施工安全,论证施工总进度的合理性和可行性,并为编制工程概算提供资料。其主要内容有以下几方面:

(1)确定主要单项工程施工方案及施工程序、方法、布置和工艺。

(2)根据施工总进度要求,安排主要单项工程进度及相应的施工强度。

(3)计算所需的主要材料、劳动力数量,编制资源需用计划。

(4)确定所需的大型辅助企业的规模、形式。

(5)协同施工总布置和总进度,平衡整个工程的土石方、施工强度、材料、设备和劳动力。

(四)施工交通

施工交通包括对外交通和场内交通两部分。

(1)对外交通。联系施工工地与国家或地方公路、铁路车站、水运港口之间的交通,担负着施工期间外来物资的运输任务。其主要工作有:①计算外来物资、设备运输总量、分年度运输量与年平均日运输强度。②选择对外交通方式及线路;提出选定方案的线路标准,重大部件运输措施,桥涵、码头、仓库、运转站等主要建筑物的规划与布置,水陆联运及与国家干线的连接方案,对外交通工程进度安排等。

(2)场内交通。联系施工工地内部各工区、当地材料产地、堆渣场及各生产区、生活区之间的交通。场内交通须选定场内主要道路及各种设施布置、标准和规模。须与对外交通衔接。

原则上,对外交通和场内交通干线、码头、转运站等由建设单位组织建设。至各作业场或工作面的支线由辖区承包商自行建设。场内外施工道路、专用铁路及航运码头的建设一般应按照合同提前组织施工,以保证后续工程尽早具备开工条件。

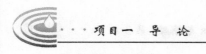

（五）施工工厂设施

为施工服务的施工工厂设施主要有砂石加工、混凝土生产、压气、供水、供电、通信、机械修配及加工等设施。其任务是制备施工所需的建筑材料,供水、供电和压气,建立工地内外通信联系,维修和保养施工设备,加工制造少量的非标准件和金属结构,使工程施工能顺利进行。

（六）施工总布置

施工总布置方案应遵循因地制宜、因时制宜、有利生产、方便生活、易于管理、安全可靠、经济合理的原则,经全面系统比较分析论证后选定。

施工总布置各分区方案选定后,布置在一定比例尺的地形图上,并提出各类房屋建筑面积、施工征地面积等指标。

任务四　施工组织的原则

建设项目一旦批准立项,如何组织施工和进行施工前准备工作就成为保证工程按计划实施的重要工作。施工组织应遵循以下原则进行:

（1）贯彻执行基本建设的法律法规,坚持基本建设程序。

我国的基本建设项目必须实行严格的审批制度、施工许可制度、从业资格管理制度、招标投标制度、总承包制度、承发包合同制度、工程监理制度、建筑安全生产管理制度、工程质量责任制度、竣工验收制度等。这些制度为建立和完善建筑市场的运行机制、加强建筑活动的实施与管理提供了重要的法律依据,必须认真贯彻执行。

（2）严格遵守合同规定的工程开竣工及交付使用期限。

对于总工期较长的大型建设项目,应根据生产或使用的需要安排分期分批建设、投产或交付使用,以便早日发挥建设投资的经济效益。在确定分期分批施工的项目时,必须注意使每期交工的项目可以独立地发挥效用,即主要项目和有关的辅助项目应同时完工,可以立即交付使用。

（3）根据工程项目之间的工艺逻辑和组织逻辑关系,合理安排施工程序和施工顺序。

水利工程建筑产品的固定性使水利工程建筑施工各阶段的工作始终在同一场地上进行,前一段的工作若不完成,后一段就不能进行,即使它们之间交叉地进行,也必须严格遵守一定的程序和顺序。施工程序和顺序反映客观规律的要求,其安排应符合施工工艺,满足技术要求。掌握施工程序和顺序有利于组织立体交叉、流水作业,有利于为后续工程创造良好的条件,有利于充分利用空间、争取时间。

（4）尽量采用国内外先进施工技术,科学地确定施工方案。

先进的施工技术是提高劳动生产率、改善工程质量、加快施工进度、降低工程成本的主要途径。在选择施工方案时,要积极采用新材料、新设备、新工艺和新技术,努力为新结构的推行创造条件,要注意结合工程特点和现场条件,使施工技术的先进适用性和经济合理性相结合,还要符合施工验收规范、操作规程的要求和遵守有关防火、保安及环卫等规定,确保工程质量和施工安全。

（5）采用网络计划技术,组织流水作业,安排进度计划。

在编制施工进度计划时,应从实际出发,组织流水作业均衡施工,以达到合理使用资源、充分利用空间、争取时间的目的。

网络计划技术是现代计划管理的有效方法,采用网络计划技术编制施工进度计划可使计划逻辑严密、层次清晰、关键项目明确,同时便于对计划方案进行优化、控制和调整,并有利于计算机管理。

(6)实施工厂加工与现场施工相结合,提高施工工业化程度。

在制订施工方案时,应根据施工场区条件和构件性质,通过技术经济比较,优先选择预制方案。确定预制方案时,应贯彻工厂预制与现场预制相结合,提高施工工业化程度。

(7)充分发挥机械效能,提高机械化程度。

机械化施工可加快工程进度,降低劳动强度,提高劳动生产率。为此,在选择施工机械时,应充分发挥主导施工机械效率,如土方机械、吊装机械等,减少机械台班费用;同时,还应使大型机械与中小型机械相结合、机械化与半机械化相结合,扩大机械化施工范围,实现施工综合机械化,以提高机械化施工程度。

(8)加强季节性施工措施,确保全年连续施工。

为了确保全年连续施工,减少季节性施工的技术措施费用,在组织施工时,应充分了解当地气象条件和水文地质条件。尽量避免把土方工程、地下工程、水下工程安排在雨季和洪水期施工;尽量避免把混凝土现浇结构安排在冬季施工;高空作业、结构吊装则应避免在风季施工。对那些必须在冬、雨季施工的项目,则应采取相应的技术措施,既要确保全年连续施工、均衡施工,更要确保工程质量和施工安全。

(9)合理部署施工现场,尽可能减少临时工程。

在编制施工组织设计时,应精心进行施工总平面图的规划,合理部署施工现场,节约施工用地;尽量利用永久工程、原有建筑物及已有设施,以减少各种临时设施;尽量利用当地资源,合理安排运输、装卸与储存作业,减少物资运输量,避免二次搬运。

习　题

1-1　简述水利工程基本建设程序的含义和主要内容。

1-2　水利工程建筑产品与一般工业产品和其他建筑产品有什么区别?

1-3　简述水利工程建筑施工的特点。

1-4　水利工程施工组织设计的作用有哪些?

1-5　水利工程施工组织设计的类型有哪些?

1-6　水利工程建设项目如何划分?

1-7　水利工程施工组织设计编制原则和依据有哪些?

1-8　简述施工组织设计的工作步骤。

1-9　水利工程施工组织设计的主要内容是什么?

1-10　简述水利工程施工组织的原则。

项目二　流水施工基本原理

流水施工的参数,流水施工的分类和流水作业的基本组织方式等内容。

了解施工组织的方式及流水施工的基本知识,掌握流水作业主要参数的确定,以及各种流水组织方式的应用。

任务一　流水施工组织方式

实践证明,流水作业是组织工程施工的理想方法,由于水利工程建筑产品与工业产品的生产特点不同,流水作业的组织方式也有所不同。

一、流水施工

在组织工程项目施工时,可以采用依次施工、平行施工和流水施工三种施工组织方式。

(一)依次施工组织方式

依次施工组织方式是将拟建工程项目的整个建造过程分解成若干个施工过程,按照一定的施工顺序,前一个施工过程完成后,后一个施工过程才开始施工;或前一个工程完成后,后一个工程才开始施工。它是一种最基本、最原始的施工组织方式。依次施工组织方式具有以下特点:

(1)由于没有充分地利用工作面去争取时间,所以工期长。

(2)工作队不能实现专业化施工,不利于改进工人的操作方法和施工机具,不利于提高工程质量和劳动生产率。

(3)工作队及工人不能连续作业。

(4)单位时间内投入的资源量比较少,有利于资源供应的组织工作。

(5)施工现场的组织、管理比较简单。

(二)平行施工组织方式

在拟建工程任务十分紧迫、工作面允许以及资源保证供应的条件下,可以组织几个相同的工作队,在同一时间、不同的空间上进行施工,这样的施工组织方式称为平行施工组织方式。平行施工组织方式具有以下特点:

(1)充分地利用了工作面,争取了时间,可以缩短工期。

(2)工作队不能实现专业化生产,不利于改进工人的操作方法和施工机具,不利于提高工程质量和劳动生产率。

（3）工作队及其工人不能连续作业。

（4）单位时间投入施工的资源量成倍增长，现场临时设施也相应增加。

（5）施工现场组织、管理复杂。

（三）流水施工组织方式

流水作业是将拟建工程项目的整个建造过程按施工和工艺要求分解成若干个施工过程，也就是划分成若干个工作性质相同的分部（分项）工程或工序；将拟建工程项目在平面上划分成若干个劳动量大致相等的施工段，按照施工过程分别建立相应的专业工作队；各专业工作队按照一定的施工顺序投入施工，完成第一个施工段上的施工任务后，在专业工作队的人数、使用的机具和材料不变的情况下，依次地、连续地投入到不同的施工段施工；保证拟建工程项目的施工全过程在时间上、空间上，有节奏、连续、均衡地进行下去，直到完成全部施工任务。流水施工组织方式具有以下特点：

（1）科学地利用了工作面，争取了时间，工期比较合理。

（2）工作队及其工人实现了专业化施工，可使工人的操作技术更加熟练，更好地保证工程质量，提高劳动生产率。

（3）专业工作队及其工人能够连续作业，使相邻的专业工作队之间实现了最大限度地合理搭接。

（4）单位时间投入施工的资源量较为均衡，有利于资源供应的组织工作。

（5）为文明施工和进行现场的科学管理创造了有利条件。

二、流水施工的分级和表达方式

（一）流水施工的分级

根据流水施工组织的范围不同，流水施工通常可分为：

（1）分项工程流水施工（细部流水施工）。是在一个专业工种内部组织起来的流水施工。在项目施工进度计划表上，它是一条标有施工段或工作队编号的水平进度指示线段或斜向进度指示线段。

（2）分部工程流水施工（专业流水施工）。是在一个分部工程内部各分项工程之间组织起来的流水施工。在项目施工进度计划表上，它由一组标有施工段或工作队编号的水平进度指示线段或斜向进度指示线段来表示。

（3）单位工程流水施工（综合流水施工）。是在一个单位工程内部各分部工程之间组织起来的流水施工，在项目施工进度计划表上，它是若干组分部工程的进度指示线段，并由此构成一张单位工程施工进度计划。

（4）群体工程流水施工（大流水施工）。是在各单位工程之间组织起来的流水施工。反映在项目施工进度计划上，是一张项目施工总进度计划。

流水施工的分级和它们之间的相互关系，如图 2-1 所示。

（二）流水施工的表达方式

流水施工的表达方式主要有横道图和网络图两种，如图 2-2 所示。

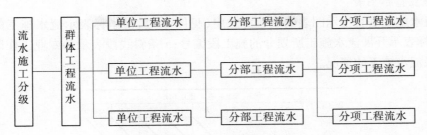

图 2-1　流水施工分级示意图

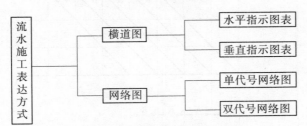

图 2-2　流水施工表达方式示意图

1.横道图

1)水平指示图表

在流水施工水平指示图表的表达方式中(见图 2-3),横表头表示流水施工的持续时间;纵表头表示开展流水施工的施工过程、专业工作队的名称、编号和数目;呈梯形分布的水平线段表示流水施工的开展情况。

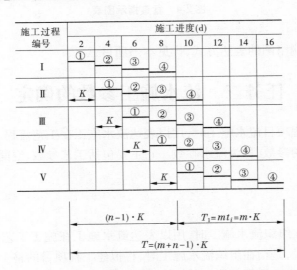

①②③④—施工段的编号;T—流水施工计划总工期;

T_1—一个专业工作队或施工过程完成其全部施工段的持续时间;n—专业工作队数或施工过程数;

m—施工段数;K—流水步距;t_i—流水节拍,本图中 $t_i=K$;

Ⅰ、Ⅱ、Ⅲ、Ⅳ、Ⅴ—专业工作队或施工过程的编号

图 2-3　水平指示图表

2)垂直指示图表

在流水施工垂直指示图表的表达方式中(见图2-4),横坐标表示流水施工的持续时间;纵坐标表示开展流水施工所划分的施工段编号;n条斜线段表示各专业工作队或施工过程开展流水施工的情况。

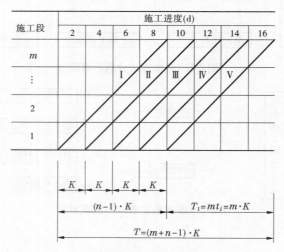

T—流水施工计划总工期;

T_1—一个专业工作队或施工过程完成其全部施工段的持续时间;

n—专业工作队数或施工过程数;m—施工段数;K—流水步距;t_i—流水节拍,本图中 $t_i = K$;

Ⅰ、Ⅱ、Ⅲ、Ⅳ、Ⅴ—专业工作队或施工过程的编号

图2-4　垂直指示图表

2. 网络图

有关流水施工网络图的表达方式,详见本书项目三。

任务二　流水施工参数的确定

在组织拟建工程项目流水施工时,用以表达流水施工在工艺流程、空间布置和时间排列等方面开展状态的参数,称为流水参数。它主要包括工艺参数、空间参数和时间参数等三类。

一、工艺参数

工艺参数是指在组织流水施工时,用以表达流水施工在施工工艺上开展顺序及其特征的参数。具体地说,是指在组织流水施工时,将拟建工程项目的整个建造过程分解为施工过程的种类、性质和数目的总称。通常,工艺参数包括施工过程和流水强度两种。

(一)施工过程

在工程项目施工中,施工过程所包括的范围可大可小,既可以是分部、分项工程,又可以是单位、单项工程。它是流水施工的基本参数之一,根据工艺性质不同,它分为制备类施工过程、运输类施工过程和砌筑安装类施工过程三种。施工过程的数目,一般以 n

表示。

施工过程数目(n)的确定原则：

(1)依据项目施工进度计划在客观上的作用：编制控制性施工进度计划时，划分的施工过程较少，一般情况下分解到分部工程；编制实施性施工进度计划时，划分的施工过程较细，绝大多数要分解到分项工程。

(2)依据采用的施工方案：不同的施工方案，其施工顺序和施工方法不同，施工过程数目也就不同。

(3)依据工程的复杂程度：一般施工工程越复杂，划分的施工过程数目越多。

(4)依据劳动组织及工程量大小：一般工程量较大、价值较高的主导性施工工程，划分的施工过程数目要多些；而一些工艺性质相近、工程量较小的项目可合并。

(5)依据项目的性质和业主对项目建设工期的要求确定施工过程数目。

实际划分时，可参照已建类似工程的成果，结合上述原则进行。

（二）流水强度

某施工过程在单位时间内所完成的工程量，称为该施工过程的流水强度。流水强度一般以 V_i 表示。

二、空间参数

在组织流水施工时，用以表达流水施工在空间布置上所处状态的参数，称为空间参数。空间参数主要有工作面、施工段。

（一）工作面

某专业工种的工人在从事建筑产品施工生产加工过程中所必须具备的活动空间称为工作面。它的大小是根据相应工种单位时间内的产量定额、建筑安装工程操作规程和安全规程等的要求确定的。工作面确定的合理与否直接影响到专业工种工人的劳动生产效率，对此，必须认真加以对待，合理确定。

（二）施工段

为了有效地组织流水施工，通常把拟建工程项目在平面上划分成若干个劳动量大致相等的施工段。施工段的数目通常以 m 表示。

一般情况下，一个施工段内只安排一个施工过程的专业工作队进行施工。在一个施工段上，只有前一个施工过程的工作队提供了足够的工作面，后一个施工过程的工作队才能进入该段从事下一个施工过程的施工。

划分施工段是组织流水施工的基础。施工段数要适当，过多了，势必要减少工人数而延长工期；过少了，又会造成资源供应过分集中，不利于组织流水施工。因此，为了使施工段划分得更科学、更合理，通常应遵循以下原则：

(1)专业工作队在各施工段上的劳动量大致相等，其相差幅度不宜超过 10% ~ 15%。

(2)对多层或高层建筑物，施工段的数目要满足合理流水施工组织的要求，即施工段数(m)与施工过程数(n)的关系应是 $m \geqslant n$。

(3)为了充分发挥工人、主导机械的效率，每个施工段要有足够的工作面，使其所容纳的劳动力人数或机械台数能满足合理劳动组织的要求。

（4）为了保证拟建工程项目的结构整体完整性，施工段的分界线应尽可能与结构的自然界线（如沉降缝、伸缩缝等）相一致；如果必须将分界线设在墙体中间，则应将其设在对结构整体性影响小的门窗洞口等部位，以减少留槎，便于修复。

（5）对于多层的拟建工程项目，既要划分施工段又要划分施工层，以保证相应的专业工作队在施工段与施工层之间，组织有节奏、连续、均衡的流水施工。

三、时间参数

在组织流水施工时，用以表达流水施工在时间排列上所处状态的参数，称为时间参数。它包括流水节拍、流水步距、平行搭接时间、技术间歇时间和组织间歇时间等五种。

（一）流水节拍

在组织流水施工时，每个专业工作队在各个施工段上完成相应的施工任务所需要的工作延续时间，称为流水节拍。通常以 t_i 表示。

流水节拍的大小可以反映出流水施工速度的快慢、节奏感的强弱和资源消耗量的多少。根据其数值特征，一般又分为等节拍专业流水、异节拍专业流水和无节奏专业流水等流水施工组织方式。

影响流水节拍数值大小的因素主要有：项目施工时所采用的施工方案、各施工段投入的劳动力人数或施工机械台数、工作班次以及该施工段工程量的多少。为避免工作队转移时浪费工时，流水节拍在数值上最好是半个班的整倍数。

1. 定额计算法

定额计算法适用于施工工艺和方法均已成熟的通用项目。根据各施工段的工程量、能够投入的资源量（工人数、机械台数和材料量等）、定额指标，按式（2-1）或式（2-2）进行计算：

$$t_i = \frac{Q_i}{S_i \cdot R_i \cdot N_i} = \frac{P_i}{R_i \cdot N_i} \tag{2-1}$$

或

$$t_i = \frac{Q_i \cdot H_i}{R_i \cdot N_i} = \frac{P_i}{R_i \cdot N_i} \tag{2-2}$$

式中　t_i——某专业工作队在第 i 施工段的流水节拍；

　　　Q_i——某专业工作队在第 i 施工段要完成的工程量；

　　　S_i——某专业工作队的计划产量定额；

　　　H_i——某专业工作队的计划时间定额；

　　　P_i——某专业工作队在第 i 施工段需要的劳动量或机械台班数，$P_i = \dfrac{Q_i}{S_i} = Q_i \cdot H_i$；

　　　R_i——某专业工作队投入的工作人数或机械台数；

　　　N_i——某专业工作队的工作班次。

在式（2-1）和式（2-2）中，S_i 和 H_i 最好是本项目经理部的实际水平。

2. 经验估算法

经验估算法适用于采用新工艺、新方法和新材料等没有定额可循的项目，一般根据以往的施工经验进行估算。为了提高其准确程度,往往先估算出该流水节拍的最长、最短和正常(最可能)三种时间,然后据此求出期望时间作为某专业工作队在某施工段上的流水节拍。因此,本法也称为三种时间估算法。一般按式(2-3)进行计算:

$$m = \frac{a + 4c + b}{6}$$ (2-3)

式中 m——某施工过程在某施工段上的流水节拍;

a——某施工过程在某施工段上的最短估算时间;

b——某施工过程在某施工段上的最长估算时间;

c——某施工过程在某施工段上的正常估算时间。

3. 工期计算法

对某些施工任务在规定日期内必须完成的工程项目,往往采用倒排进度法。具体步骤如下:

(1)根据工期倒排进度,确定某施工过程的工作延续时间。

(2)确定某施工过程在某施工段上的流水节拍。若同一施工过程的流水节拍不等,则用估算法;若流水节拍相等,则按式(2-4)进行计算:

$$t = \frac{T}{m}$$ (2-4)

式中 t——流水节拍;

T——某施工过程的工作持续时间;

m——某施工过程划分的施工段数。

(二)流水步距

在组织流水施工时,相邻两个专业工作队在保证施工顺序、满足连续施工、最大限度搭接和保证工程质量要求的条件下,相继投入同一施工段开始施工的最小时间间隔,称为流水步距。流水步距以 $K_{j,j+1}$ 表示。

当施工段确定后,流水步距的大小直接影响着工期的长短。如果施工段不变,流水步距越大,则工期越长;反之,工期就越短。如果有 n 个项目,就有 $n-1$ 个步距。

(三)平行搭接时间

在组织流水施工时,有时为了缩短工期,在工作面允许的条件下,如果前一个专业工作队完成部分施工任务后,能够提前为后一个专业工作队提供工作面,使后者提前进入前一个施工段,两者在同一施工段上平行搭接施工,这个搭接的时间称为平行搭接时间,通常以 $C_{j,j+1}$ 表示。

(四)技术间歇时间

在组织流水施工时,除要考虑相邻专业工作队之间的流水步距外,有时根据建筑材料或现浇构件等的工艺性质,还要考虑合理的工艺等待时间,这个等待时间称为技术间歇时间,如混凝土浇筑后的养护时间、砂浆抹面和油漆面的干燥时间等,技术间歇时间以 $Z_{j,j+1}$ 表示。

(五)组织间歇时间

在流水施工中,由于施工技术或施工组织的因素,造成的在流水步距以外增加的间歇时间,称为组织间歇时间。例如,墙体砌筑前的墙身位置弹线,施工人员、机械转移,回填土前地下管道检查验收等,组织间歇时间以 $G_{j,j+1}$ 表示。

任务三　流水施工组织

常用的专业流水方式有等节拍专业流水、异节拍专业流水和无节奏专业流水等几种。

一、等节拍专业流水

等节拍专业流水是指在组织流水施工时,所有的施工过程在各个施工段上的流水节拍彼此相等,也称为固定节拍流水或全等节拍流水。其基本特点如下:

(1)如有 n 个施工过程,流水节拍彼此相等。

(2)流水步距彼此相等,而且等于流水节拍。

(3)每个专业工作队都能够连续施工,施工段没有空闲。

(4)专业工作队数等于施工过程数。

工期可按式(2-5)进行计算:

$$T = (m + n - 1) \cdot K + \sum Z_{j,j+1} + \sum G_{j,j+1} - \sum C_{j,j+1} \qquad (2-5)$$

式中　T——流水施工总工期;

　　　m——施工段数;

　　　n——施工过程数;

　　　K——流水步距;

　　　j——施工过程编号,$1 \leqslant j \leqslant n$;

　　　$Z_{j,j+1}$——j 与 $j+1$ 两施工过程间的技术间歇时间;

　　　$G_{j,j+1}$——j 与 $j+1$ 两施工过程间的组织间歇时间;

　　　$C_{j,j+1}$——j 与 $j+1$ 两施工过程间的平行搭接时间。

【例2-1】　某分部工程由四个分项工程组成,划分成五个施工段,流水节拍均为 3 d,无技术、组织间歇,试确定流水步距,计算工期,并绘制流水施工进度表。

解: 由已知条件 $t_i = t = 3$ 可知,本分部工程宜组织等节拍专业流水。

(1)确定流水步距。由等节拍专业流水的特点知:$K = t = 3$ d。

(2)计算工期。由式(2-5)得:$T = (m + n - 1) \cdot K = (5 + 4 - 1) \times 3 = 24$(d)。

(3)绘制流水施工进度表,如图 2-5 所示。

二、异节拍专业流水

由于施工段所能容纳的人数或机械台数不同,可能使某些施工过程的流水节拍与其他施工过程的流水节拍不相等,从而形成异节拍专业流水。其基本特点如下:

(1)同一施工过程在各施工段上的流水节拍彼此相等,不同的施工过程在同一施工段上的流水节拍彼此不同,但互为倍数关系。

(2)流水步距彼此相等,且等于流水节拍的最大公约数。

(3)各专业工作队都能够保证连续施工,施工段没有空闲。

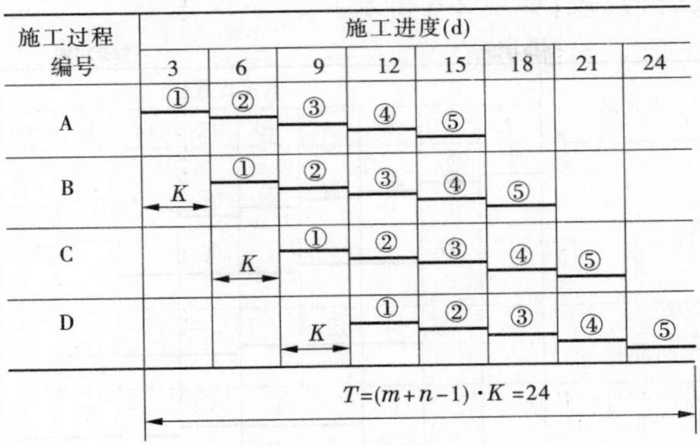

施工过程编号	施工进度(d)							
	3	6	9	12	15	18	21	24
A	①	②	③	④	⑤			
B	K	①	②	③	④	⑤		
C		K	①	②	③	④	⑤	
D			K	①	②	③	④	⑤
				$T=(m+n-1)\cdot K=24$				

图2-5　流水施工进度表

(4)专业工作队数(n_1)大于施工过程数(n),即$n_1>n$。

流水步距为各流水节拍的最大公约数,专业工作队数:

$$b_j = \frac{t^j}{K_b} \tag{2-6}$$

$$n_1 = \sum_{j=1}^{n} b_j \tag{2-7}$$

式中　t^j——施工过程j在各施工段上的流水节拍;

　　　b_j——施工过程j所要组织的专业工作队数;

　　　K_b——流水步距;

　　　j——施工过程编号,$1 \leqslant j < n$。

计划工期按式(2-5)计算。

【例2-2】　某项目由Ⅰ、Ⅱ、Ⅲ等三个施工过程组成,流水节拍分别为$t^1 = 2$ d,$t^2 = 6$ d,$t^3 = 4$ d,试组织等步距的异节拍专业流水,并绘制流水施工进度表。

解:(1)确定流水步距$K_b =$最大公约数$\{2,6,4\} = 2$ d

(2)由式(2-6)、式(2-7)求专业工作队数:

$$b_1 = \frac{t^1}{K_b} = \frac{2}{2} = 1(个)$$

$$b_2 = \frac{t^2}{K_b} = \frac{6}{2} = 3(个)$$

$$b_3 = \frac{t^3}{K_b} = \frac{4}{2} = 2(个)$$

$$n_1 = \sum_{j=1}^{3} b_j = 1 + 3 + 2 = 6(个)$$

(3)求施工段数。为了使各专业工作队都能连续工作,取$m = n_1 = 6$段。

(4)计算工期:

$$T = (6 + 6 - 1) \times 2 = 22(d)$$

或

$$T = (6 - 1) \times 2 + 3 \times 4 = 22(d)$$

（5）绘制流水施工进度表，如图 2-6 所示。

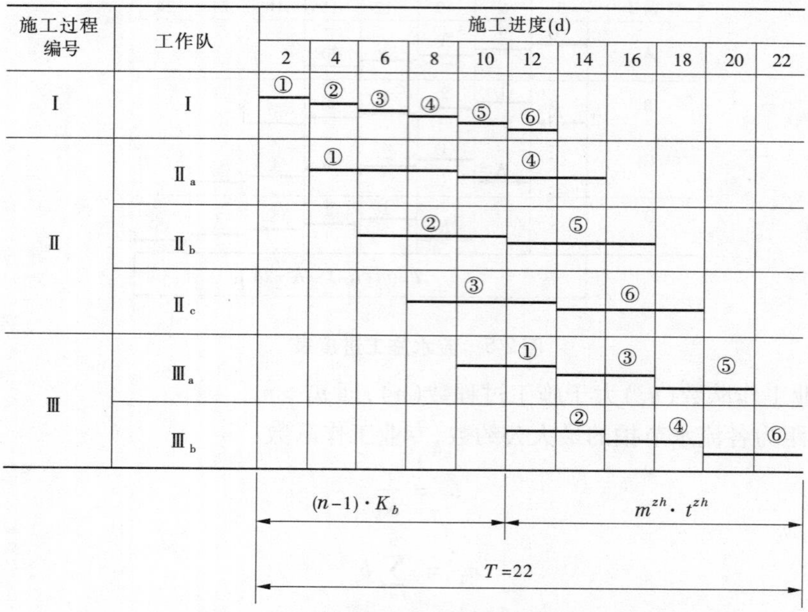

施工过程编号	工作队	施工进度(d)										
		2	4	6	8	10	12	14	16	18	20	22
I	I	①	②	③	④	⑤	⑥					
II	II_a		①				④					
	II_b				②			⑤				
	II_c					③			⑥			
III	III_a						①		③		⑤	
	III_b							②		④		⑥

$$\overbrace{\qquad\qquad}^{(n-1)\cdot K_b} \quad \overbrace{\qquad\qquad\qquad}^{m^{zh}\cdot t^{zh}}$$

$$T = 22$$

图 2-6　等步距异节拍专业流水施工进度表

三、无节奏专业流水

在实际施工中，通常每个施工过程在各个施工段上的工程量彼此不等，各专业工作队的生产效率相差较大，导致大多数的流水节拍也彼此不相等，不可能组织成等节拍专业流水或异节拍专业流水。在这种情况下，往往利用流水施工的基本概念，在保证施工工艺、满足施工顺序要求的前提下，按照一定的计算方法，确定相邻专业工作队之间的流水步距，使其在开工时间上最大限度地、合理地搭接起来，形成每个专业工作队都能连续作业的流水施工方式，称为无节奏专业流水，也叫分别流水。它的基本特点如下：

（1）每个施工过程在各个施工段上的流水节拍不尽相等。

（2）在多数情况下，流水步距彼此不相等，而且流水步距与流水节拍二者之间存在着某种函数关系。

（3）各专业工作队都能连续施工，个别施工段可能有空闲。

（4）专业工作队数(n_1)等于施工过程数(n)，即 $n_1 = n$。

相邻两个专业工作队之间的流水步距可采用潘特考夫斯基法，也称为累加数列错位相减求最大差法计算。其计算步骤如下：

（1）根据专业工作队在各施工段上的流水节拍，求累加数列。

（2）根据施工顺序，对所求相邻的两累加数列错位相减。

（3）根据错位相减的结果，确定相邻专业工作队之间的流水步距，即相减结果中数值最大者。

计划工期按式（2-8）计算：

$$T = \sum_{j=1}^{n-1} K_{j,j+1} + \sum_{i=1}^{m} t_i^{zh} + \sum Z + \sum G - \sum C_{j,j+1} \qquad (2-8)$$

式中 T——流水施工的计划工期;

$K_{j,j+1}$——j 与 $j+1$ 两专业工作队之间的流水步距;

t_i^{zh}——最后一个施工过程在第 i 个施工段上的流水节拍;

$\sum Z$——技术间歇时间总和;

$\sum G$——组织间歇时间之和;

$\sum C_{j,j+1}$——相邻两专业工作队 j 与 $j+1$ 之间的平行搭接时间之和$(1 \leqslant j \leqslant n-1)$。

【例2-3】 某项目经理部拟承建一工程,该工程有Ⅰ、Ⅱ、Ⅲ、Ⅳ、Ⅴ等五个施工过程。施工时在平面上划分成四个施工段,每个施工过程在各个施工段上的流水节拍如表2-1所示。规定施工过程Ⅱ完成后,其相应施工段至少养护2 d;施工过程Ⅳ完成后,其相应施工段要留1 d的准备时间。为了尽早完工,允许施工过程Ⅰ与Ⅱ之间搭接施工1 d,试编制流水施工方案。

表2-1 各个施工段上的流水节拍 （单位:d)

施工段	施工过程				
	Ⅰ	Ⅱ	Ⅲ	Ⅳ	Ⅴ
①	3	1	2	4	3
②	2	3	1	2	4
③	2	5	3	3	2
④	4	3	5	3	1

解:根据题设条件,该工程只能组织无节奏专业流水。

(1)求流水节拍的累加数列。

$$Ⅰ: 3,5,7,11$$
$$Ⅱ: 1,4,9,12$$
$$Ⅲ: 2,3,6,11$$
$$Ⅳ: 4,6,9,12$$
$$Ⅴ: 3,7,9,10$$

(2)确定流水步距(潘特考夫斯基法,即累加数列错位相减求最大差法)。

①$K_{Ⅰ,Ⅱ}$:

$$\begin{array}{r} 3,5,7,11 \\ - \quad 1,4,\ 9,12 \\ \hline 3,4,3,\ 2,-12 \end{array}$$

则 $K_{Ⅰ,Ⅱ} = \max\{3,4,3,2,-12\} = 4$ d。

②$K_{Ⅱ,Ⅲ}$:

$$1,4,9,12$$
$$-\quad 2,3,6,11$$

$$\overline{\qquad\qquad\qquad}$$

$$1,2,6,6,-11$$

则 $K_{\text{Ⅱ}\cdot\text{Ⅲ}} = \max\{1,2,6,6,-11\} = 6\ \text{d}_\circ$

③ $K_{\text{Ⅲ}\cdot\text{Ⅳ}}$：

$$2,3,6,11$$
$$-\quad 4,6,9,12$$

$$\overline{\qquad\qquad\qquad}$$

$$2,-1,0,2,-12$$

则 $K_{\text{Ⅲ}\cdot\text{Ⅳ}} = \max\{2,-1,0,2,-12\} = 2\ \text{d}_\circ$

④ $K_{\text{Ⅳ}\cdot\text{Ⅴ}}$：

$$4,6,9,12$$
$$-\quad 3,7,9,10$$

$$\overline{\qquad\qquad\qquad}$$

$$4,3,2,3,-10$$

则 $K_{\text{Ⅳ}\cdot\text{Ⅴ}} = \max\{4,3,2,3,-10\} = 4\ \text{d}$

（3）确定计划工期。由题给条件可知：$Z_{\text{Ⅱ}\cdot\text{Ⅲ}} = 2\ \text{d}$，$G_{\text{Ⅳ}\cdot\text{Ⅴ}} = 1\ \text{d}$，$C_{\text{Ⅰ}\cdot\text{Ⅱ}} = 1\ \text{d}$，代入式(2-8)得：

$$T = (4+6+2+4) + (3+4+2+1) + 2 + 1 - 1 = 28(\text{d})$$

（4）绘制流水施工进度表，如图2-7所示。

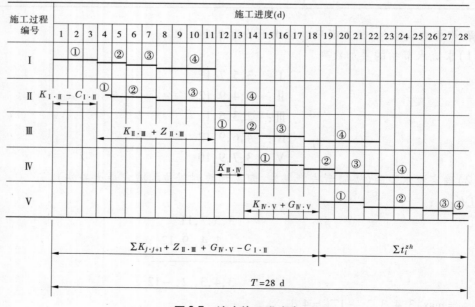

图2-7　流水施工进度表

习 题

2-1 简述流水施工的组织方式和特点。

2-2 流水施工的经济技术效果如何?

2-3 流水施工如何分级? 表达方式有哪几种?

2-4 试述流水施工主要参数的种类和概念。

2-5 简述施工过程数目划分的影响因素和方法。

2-6 简述施工段划分的目的和原则。

2-7 简述流水节拍的确定方法和适用条件。

2-8 试述流水步距确定的原则。

2-9 试述等节拍专业流水、异节拍专业流水、无节奏专业流水的概念和组织步骤。

2-10 某水闸翼墙钢筋混凝土工程由支模板、绑钢筋、浇混凝土、拆模板和回填土五个分项工程组成;在平面上划分为 6 个施工段。各分项工程在各个施工段上的施工持续时间如表 2-2 所示。在混凝土浇筑后至拆模板必须有养护时间 2 d。试编制该工程流水施工方案。

表 2-2 施工持续时间

分项工程名称	持续时间（d）					
	①	②	③	④	⑤	⑥
支模板	3	3	2	3	2	3
绑钢筋	3	3	4	4	3	3
浇混凝土	2	1	2	2	1	2
拆模板	1	2	1	1	2	1
回填土	2	3	2	2	3	2

2-11 某堤防工程由清基、填筑、护坡三个施工过程组成,它在平面上划分为 6 个施工段。各施工过程在各个施工段上的流水节拍均为 3 d。填筑完成后,其相应施工段至少应有施工期沉降技术间歇时间 2 d。试绘制流水施工方案。

项目三　网络计划技术

　　双代号网络计划技术,单代号网络计划技术,时标网络计划技术,网络计划的优化。

　　掌握双代号网络图绘制和时间参数计算,双代号时标网络图绘制,单代号网络图绘制和时间参数计算;熟悉网络计划的优化方法,网络计划在水利工程中的应用。

任务一　网络计划技术类型

　　在水利工程编制的各种进度计划中,常常采用网络计划技术。网络计划技术是20世纪50年代后期发展起来的一种科学的计划管理和系统分析的方法,在水利工程中应用网络计划技术,对于缩短工期、提高效益和工程质量都有着重要意义。

　　早期的进度计划大多采用横道图的形式。1956年,美国杜邦化学公司的工程技术人员和数学家共同开发了关键线路法(简称CPM);1958年,美国海军军械局针对舰载洲际导弹项目研究,开发了计划评审技术(简称PERT)。这两种方法也是至今在水利工程中最常见的网络计划技术。1965年,华罗庚先生将网络计划技术引入我国,得到了广泛的重视和研究。尤其是在20世纪70年代后期,网络计划技术广泛应用于工业、农业、国防以及科研计划与管理中,许多网络计划技术的计算和优化软件也随之产生并得到应用,都取得了较好的效果。

　　采用网络计划技术的大体步骤:收集原始资料,绘制网络图;组织数据,计算网络参数;根据要求,对网络计划进行优化控制;在实施过程中,定期检查、反馈信息、调整修订。它借助网络图的基本理论对项目的进展及内部逻辑关系进行综合描述和具体规划,有利于计划系统优化、调整和计算机的应用。

一、网络计划技术的基本原理

　　网络图:是网络计划的基础,它由箭线(用一端带有箭头的实线或虚线表示)和节点(用圆圈表示)组成,是用来表示一项工程或任务进行顺序的有向、有序的网状图。

　　网络计划:是用网络图表达任务构成、工作顺序,并加注工作时间参数的进度计划。网络计划的时间参数可以帮我们找到工程中的关键工作和关键线路,方便我们在具体实施中对资源、费用等进行调整。

　　网络计划技术:是利用网络计划对工作任务进行安排和控制,不断优化、控制、调整网络计划,以保证实现预定目标的计划管理技术。它应贯穿于网络计划执行的全过程。

二、网络计划的基本类型

（一）按性质分类

1. 肯定型网络计划

各工作之间的逻辑关系以及工作持续时间都是肯定的网络计划,称肯定型网络计划。肯定型网络计划包括关键线路法网络计划和搭接网络计划。

2. 非肯定型网络计划

各工作之间的逻辑关系和工作持续时间两者中任一项或多项不肯定的网络计划,称非肯定型网络计划。非肯定型网络计划包括计划评审技术、图示评审技术、决策网络计划和风险评审技术。

在本书中只介绍肯定型网络计划。

（二）按工作和事件在网络图中的表示方法分类

1. 单代号网络计划

单代号网络计划指以单代号网络图表示的网络计划。单代号网络图是以节点及其编号表示工作,以箭线表示工作之间的逻辑关系的网状图,也称节点式网络图。

2. 双代号网络计划

双代号网络计划指以双代号网络图表示的网络计划。双代号网络图以箭线及其两端节点的编号表示工作,以节点衔接表示工作之间的逻辑关系的网状图,也称箭线式网络图（见图3-1）。

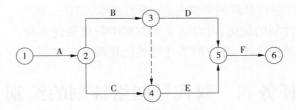

图 3-1　双代号网络图

（三）按有无时间坐标分类

1. 时标网络计划

时标网络计划指以时间坐标为尺度绘制的网络计划。在网络图中,工作箭线的水平投影长度与工作的持续时间长度成正比。

2. 非时标网络计划

非时标网络计划指不以时间坐标为尺度绘制的网络计划。在网络图中,工作箭线的长度与其持续时间的长度无关,可按需要绘制。

（四）按网络计划包含范围分类

1. 局部网络计划

局部网络计划指以一个建筑物或构筑物中的一部分,或以一个施工段为对象编制的网络计划。

2. 单位工程网络计划

单位工程网络计划指以一个单位工程为对象编制的网络计划。

3. 综合网络计划

综合网络计划指以一个单项工程或一个建设项目为对象编制的网络计划。

(五)按目标分类

1. 单目标网络计划

单目标网络计划指只有一个终点节点的网络计划,即网络计划只有一个最终目标。

2. 多目标网络计划

多目标网络计划指终点节点不只一个的网络计划,即网络计划有多个独立的最终目标。

这两种网络计划都只有一个起始节点,即网络图的第一个节点。本书中只涉及单目标网络计划。

三、网络计划的优点

水利工程进度计划编制的方法主要有横道图和网络图两种。横道图计划的优点是编制容易、简单、明了、直观、易懂,缺点是不能明确反映出各项工作之间错综复杂的逻辑关系。随着计算机技术在水利工程中应用的不断扩大,网络计划得到进一步的普及和发展。网络计划与横道图计划相比,具有明显优点,主要表现为以下几点:

(1)利用网络图模型,各工作项目之间关系清楚,明确表达出各项工作的逻辑关系。

(2)通过网络图时间参数计算,能确定出关键工作和关键线路,可以显示出各个工作的机动时间,从而可以进行合理的资源分配、降低成本、缩短工期。

(3)通过对网络计划的优化,可以从多个方案中找出最优方案。

(4)运用计算机辅助手段,方便网络计划的优化调整与控制等。

任务二　双代号网络计划的编制

一、双代号网络图

双代号网络图是应用较为普遍的一种网络计划形式。在双代号网络图中,用有向箭线表示工作,工作的名称写在箭线的上方,工作所持续的时间写在箭线的下方,箭尾表示工作的开始,箭头表示工作的结束。箭头和箭尾衔接的地方画上圆圈并编上号码,用箭头与箭尾的号码(i、j、k)作为工作的代号(见图3-2)。

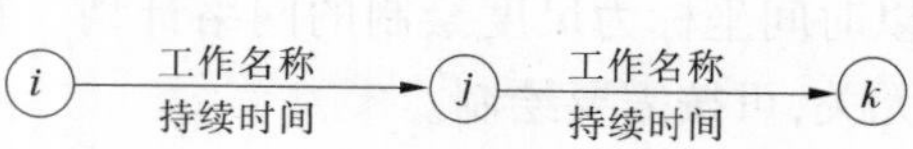

图3-2　双代号网络图的表示方法

(一)基本要素

双代号网络图由箭线、节点和线路三个基本要素组成,其具体含义如下。

1. 箭线（工作）

（1）在双代号网络图中，一条箭线表示一项工作，工作也称活动，是指完成一项任务的过程。工作既可以是一个建设项目、一个单项工程，也可以是一个分项工程乃至一个工序。

（2）箭线有实箭线和虚箭线两种。实箭线表示该工作需要消耗的时间和资源（如支模板、浇筑混凝土等），或者该工作仅消耗时间而不消耗资源（如混凝土养护、抹灰干燥等技术间歇）；虚箭线表示该工作是既不消耗时间也不消耗资源的工作——虚工作，用以反映一些工作与另外一些工作之间的逻辑制约关系。虚工作一般起着工作之间的联系、区分、断路三个作用。联系作用是指应用虚箭线正确表达工作之间相互依存的关系；区分作用是指双代号网络图中每一项工作必须用一条箭线和两个代号表示，若两项工作的代号相同，应使用虚工作加以区分；断路作用是指用虚箭线断掉多余联系（在网络图中，若把无联系的工作联系上了，应加上虚工作将其断开）。

（3）在无时间坐标限制的网络图中，箭线长短不代表工作时间长短，可以任意画，箭线可以是直线、折线或斜线，但其进行方向均应从左向右；在有时间坐标限制的网络图中，箭线长度必须根据工作持续时间按照坐标比例绘制。

（4）双代号网络图中，工作之间的相互关系有以下几种：

①紧前工作：相对于某工作而言，紧排其前的工作称为该工作的紧前工作，工作与其紧前工作之间可能会有虚工作存在。

②紧后工作：相对于某工作而言，紧排其后的工作称为该工作的紧后工作，工作与其紧后工作之间也可能会有虚工作存在。

③平行工作：相对于某工作而言，可以与该工作同时进行的工作即为该工作的平行工作。

④先行工作：自起始工作至本工作之前各条线路上的所有工作。

⑤后续工作：自本工作至结束工作之后各条线路上的所有工作。

2. 节点

节点也称事件或接点，指表示工作的开始、结束或连接关系的圆圈。任何工作都可以用其箭线前、后的两个节点的编码来表示，起点节点编码在前，终点节点编码在后，如图3-1中的A工作可用1—2来表示。

节点只是前后工作的交接点，表示一个"瞬间"，既不消耗时间也不消耗资源。

箭线的箭尾节点表示该工作的开始，箭线的箭头节点表示该工作的结束。

1）节点类型

（1）起始节点：网络图的第一个节点为整个网络图的起始节点，也称开始节点或源节点，意味着一项工程的开始，它只有外向箭线。如图3-1中的节点1。

（2）终点节点：网络图的最后一个节点叫终点节点或结束节点，意味着一项工程的完成，它只有内向箭线。如图3-1中的节点6。

（3）中间节点：网络图中除起点节点和终点节点外的节点均称为中间节点，意味着前项工作的结束和后项工作的开始，它既有内向箭线，又有外向箭线。如图3-1中的节点2、

3、4、5。

2)节点编号的顺序

从起始节点开始,依次向终点节点进行。编号原则:每一条箭线的箭头节点必须大于箭尾节点编号,并且所有节点的编号不能重复出现。

3. 线路

从起始节点出发,沿着箭头方向直至终点节点,中间由一系列节点和箭线构成的若干条"通道",称为线路。完成某条线路的全部工作所需的总持续时间,即该条线路上全部工作的工作历时之和,称为线路时间或线路长度。根据线路时间的不同,线路又分为关键线路和非关键线路。

(1)关键线路指在网络图中线路时间最长的线路(注:肯定型网络),或自始至终全部由关键工作组成的线路。关键线路至少有一条,也可能有多条。关键线路上的工作称为关键工作,关键工作的机动时间最少,它们完成的快慢直接影响整个工程的工期。

(2)非关键线路指网络图中线路时间短于关键线路的任何线路。除关键工作外其余均为非关键工作。非关键工作有机动时间可利用,但拖延了某些非关键工作的持续时间,非关键线路有可能转化为关键线路。同样,缩短某些关键工作持续时间,关键线路有可能转化为非关键线路。

如图3-3所示,共有3条线路:1—2—3—4、1—2—4、1—3—4,根据各工作持续时间可知,线路1—2—4持续时间最长,为关键线路,这条线路上的各项工作均为关键工作。

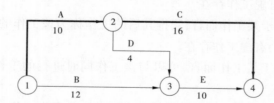

图3-3　某工程双代号网络计划

(二)逻辑关系

网络图中的逻辑关系是指一项工作与其他有关工作之间相互联系与制约的关系,即各个工作在工艺上、组织管理上所要求的先后顺序关系。项目之间的逻辑关系取决于工程项目的性质和轻重缓急、施工组织、施工技术等许多因素。逻辑关系包括工艺关系和组织关系。

1. 工艺关系

工艺关系即由施工工艺决定的施工顺序关系。这种关系是确定的、不能随意更改的,如土坝坝面作业的工艺顺序为铺土、平土、晾晒或洒水、压实、刨毛等。这些在施工工艺上都有必须遵循的逻辑关系,不能违反。

2. 组织关系

组织关系即由施工组织安排决定的施工顺序关系。这种关系是工艺没有明确规定先后顺序关系的工作,考虑到其他因素的影响而人为安排的施工顺序关系。例如,采用全段围堰明渠导流时,要求在截流以前完成明渠施工、截流备料、戗堤进占等工作。由组织关系所决定的衔接顺序一般是可以改变的。

二、双代号网络图的绘制

(一)绘制原则

(1)双代号网络图必须正确表达已定的逻辑关系。

(2)在双代号网络图中,严禁出现循环回路。

所谓循环回路,是指从网络图中的某一节点出发,顺着箭线方向又回到了原来出发点的线路。绘制时尽量避免逆向箭线,逆向箭线容易造成循环回路,如图3-4所示。

(3)网络图中不允许出现双向箭线和无箭头箭线(见图3-5)。进度计划是有向图,沿着方向进行施工,箭线的方向表示工作的进行方向,箭尾表示工作的开始,箭头表示工作的结束。双向箭线或无箭头箭线将使逻辑关系含糊不清。

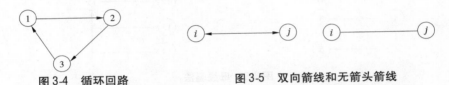

图3-4　循环回路　　　　　图3-5　双向箭线和无箭头箭线

(4)在双代号网络图中,严禁出现没有箭头节点或没有箭尾节点的箭线。

没有箭尾节点的箭线,不能表示它所代表的工作在何时开始;没有箭头节点的箭线,不能表示它所代表的工作何时完成,如图3-6所示。

图3-6　没有箭尾节点或没有箭头节点的箭线

(5)在双代号网络图中,严禁出现节点代号相同的箭线,如图3-7所示。

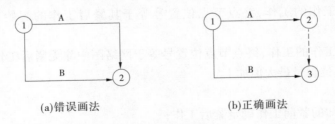

(a)错误画法　　　　　　　　(b)正确画法

图3-7　重复编号

(6)在绘制网络图时,应尽可能避免箭线交叉,若不可能避免,应采用过桥法、断线法或指向法来表示,如图3-8所示。

(7)当网络图的起点节点有多条外向箭线或终点节点有多条内向箭线时,为使图形简洁,可采用母线法绘制,但应满足一项工作用一条箭线和相应的一对节点表示(见图3-9)。

(8)双代号网络图中应只有一个起始节点和一个终点节点,其他节点均应为中间

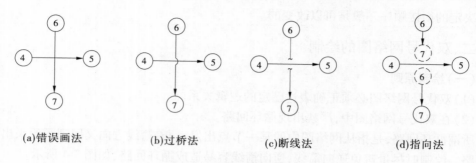

(a)错误画法　　　(b)过桥法　　　(c)断线法　　　(d)指向法

图3-8　箭线交叉表示方法

图3-9　母线画法

节点。

(二)绘制方法和步骤

1. 绘制方法

为使双代号网络图绘制简洁、美观,宜用水平箭线和垂直箭线表示。在绘制之前,先确定出各个节点的位置号,再按照节点位置及逻辑关系绘制网络图。

节点位置号确定方法如下:

(1)无紧前工作的工作,起始节点位置号为0;

(2)有紧前工作的工作,起始节点位置号等于其紧前工作的起始节点位置号的最大值加1;

(3)有紧后工作的工作,终点节点位置号等于其紧后工作的起始节点位置号的最小值;

(4)无紧后工作的工作,终点节点位置号等于网络图中除无紧后工作的工作外,其他工作的终点节点位置号最大值加1。

2. 绘制步骤

(1)根据已知的紧前工作确定紧后工作;

(2)确定出各工作的起始节点位置号和终点节点位置号;

(3)根据节点位置号和逻辑关系绘出网络图。

在绘制时,若工作之间没有出现相同的紧后工作或者工作之间只有相同的紧后工作,则肯定没有虚箭线;若工作之间既有相同的紧后工作,又有不同的紧后工作,则肯定有虚箭线;到相同的紧后工作用虚箭线,到不同的紧后工作则无虚箭线。

(三)绘制双代号网络图示例

【例3-1】　已知某工程项目的各工作之间的逻辑关系如表3-1所示,绘出网络图。

表3-1　各工作之间的逻辑关系

工作	A	B	C	D	E	F
紧前工作	无	无	无	B	B	C、D

解:(1)列出关系表,确定紧后工作和各工作的节点位置号,如表3-2所示。

表3-2　各工作之间的关系表

工作	紧前工作	紧后工作	起始节点位置号	终点节点位置号
A	无	无	0	3
B	无	D、E	0	1
C	无	F	0	2
D	B	F	1	2
E	B	无	1	3
F	C、D	无	2	3

(2)根据逻辑关系和节点位置号,绘出网络图,如图3-10所示。

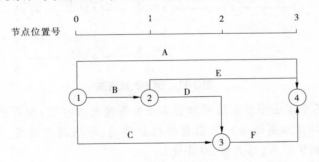

图3-10　例3-1网络图

由表3-2可知,工作C、D只有相同的紧后工作F,工作B和工作C、D没有相同的紧后工作,所以这个网络图中不存在虚箭线的情况。

【例3-2】 已知某工程项目的各工作之间的逻辑关系如表3-3所示,绘出网络图。

表3-3　各工作之间的逻辑关系

工作	A	B	C	D	E	F	G	H	I
紧前工作	无	A	B	B	B	C、D	C、E	C	F、G、H

解:(1)列出关系表,确定紧后工作和各工作的节点位置号,如表3-4所示。

(2)根据逻辑关系和节点位置号,绘出网络图,如图3-11所示。

由表3-4可知,显然工作C和D有共同的紧后工作F和不同的紧后工作G、H,所以有虚箭线;工作C和E有共同的紧后工作G和不同的紧后工作F、H,所以也有虚箭线。其他均无虚箭线。

表3-4　各工作之间的关系表

工作	紧前工作	紧后工作	起始节点位置号	终点节点位置号
A	无	B	0	1
B	A	C、D、E	1	2
C	B	F、G、H	2	3
D	B	F	2	3
E	B	F、G	2	3
F	C、D	I	3	4
G	C、E	I	3	4
H	C	I	3	4
I	F、G、H	无	4	5

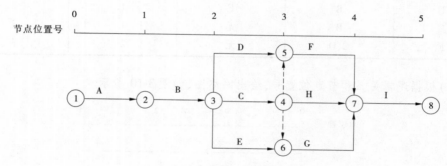

图3-11　例3-2 网络图

【例3-3】　某中型土坝枢纽除险加固工程主要建设内容有:砌石护坡拆除、砌石护坡重建、土方填筑(坝体加高培厚)、深层搅拌桩截渗墙、坝顶沥青道路、混凝土防浪墙和管理房等。计划工期9个月(每月按30 d 计)。

根据逻辑关系和工期安排编制逻辑关系表,如表3-5 所示。

表3-5　各工作之间的逻辑关系表

工作名称	工作代码	持续时间(d)	紧前工作
施工准备	A	30	无
护坡拆除 I	B	15	A
护坡拆除 II	C	15	B
土方填筑 I	D	30	B
土方填筑 II	E	30	C、D
砌石护坡 I	F	45	D
砌石护坡 II	G	45	E、F
截渗墙 I	H	50	D
截渗墙 II	I	50	E、H
管理房	J	120	A
防浪墙	K	30	G、I、J
坝顶道路	L	50	K
完工整理	M	15	L

解：根据逻辑关系表，绘制网络图，如图 3-12 所示。

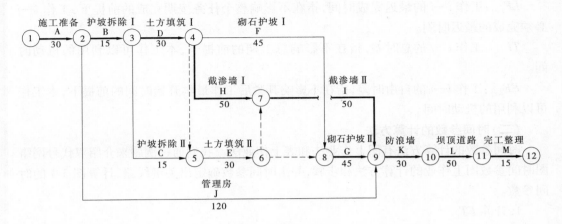

图 3-12 例 3-3 网络图

三、双代号网络计划时间参数计算

通过网络计划时间参数计算，我们可以：①确定工期；②确定关键线路、关键工作、非关键工作；③确定非关键工作的机动时间（时差）。

（一）时间参数的概念及其符号

1. 工作持续时间（D_{i-j}）

工作持续时间是对一项工作规定的从开始到完成的时间。在双代号网络计划中，工作 $i—j$ 的持续时间用 D_{i-j} 表示。

2. 工期（T）

工期泛指完成任务所需的时间，一般有以下三种：

（1）计算工期。根据网络计划时间参数计算出来的工期，用 T_c 表示。

（2）要求工期。任务委托人所要求的工期，用 T_r 表示。

（3）计划工期。在计算工期和要求工期的基础上综合考虑需要和可能确定的工期，用 T_p 表示。网络计划的计划工期 T_p 应按照下列情况分别确定：当已规定了要求工期 T_r 时，$T_p \leqslant T_r$；当未规定要求工期时，可令计划工期等于计算工期，$T_p = T_c$。

3. 节点最早时间和最迟时间

ET_i：节点最早时间，表示以该节点为起始节点的各项工作的最早开始时间。

LT_i：节点最迟时间，表示以该节点为终点节点的各项工作的最迟完成时间。

4. 工作的六个时间参数

ES_{i-j}：工作 $i—j$ 的最早开始时间，指在紧前工作约束下，工作有可能开始的最早时刻，即工作 $i—j$ 之前的所有紧前工作全部完成后，工作 $i—j$ 有可能开始的最早时刻。

EF_{i-j}：工作 $i—j$ 的最早完成时间，指在紧前工作约束下，工作有可能完成的最早时刻，即工作 $i—j$ 之前的所有紧前工作全部完成后，工作 $i—j$ 有可能完成的最早时刻。

LS_{i-j}：工作 $i—j$ 的最迟开始时间，指在不影响整个任务按期完成的前提下，工作 $i—j$

必须开始的最迟时刻。

LF_{i-j}：工作 $i—j$ 的最迟完成时间,指在不影响整个任务按期完成的前提下,工作 $i—j$ 必须完成的最迟时刻。

TF_{i-j}：工作 $i—j$ 的总时差,指在不影响总工期的前提下,本工作可以利用的机动时间。

FF_{i-j}：工作 $i—j$ 的自由时差,指在不影响其紧后工作最早开始时间的前提下,本工作可以利用的机动时间。

(二)时间参数的计算方法

时间参数的计算方法有图上作业法和表上作业法。我们通过例题来介绍双代号网络图时间参数图上作业的计算方法和步骤,并由时间参数确定出关键线路,计算图 3-3 的时间参数。

1. 计算 ET_i

计算方法:从网络图的起始节点开始,顺着箭线方向相加,遇见箭头相碰的节点取最大值,直至终点节点,起始节点的 ET_i 假定为0。

计算公式为

$$\begin{cases} ET_i = 0 & (i = 1) \\ ET_j = \max(ET_i + D_{i-j}) & (j > 1) \end{cases} \tag{3-1}$$

$$ET_1 = 0, \quad ET_2 = ET_1 + D_{1-2} = 0 + 10 = 10$$

$$ET_3 = \max \begin{cases} ET_2 + D_{2-3} = 10 + 4 = 14 \\ ET_1 + D_{1-3} = 0 + 12 = 12 \end{cases} = 14$$

$$ET_4 = \max \begin{cases} ET_2 + D_{2-4} = 10 + 16 = 26 \\ ET_3 + D_{3-4} = 14 + 10 = 24 \end{cases} = 26$$

2. 计算 LT_i

计算方法:从网络图的终点节点开始,逆着箭头方向相减,遇见箭尾相碰的节点取最小值,直至起始节点。当工期有规定时,终点节点的最迟时间就等于规定工期;当工期没有规定时,最迟时间就等于终点节点的最早时间。

计算公式为

$$\begin{cases} LT_n = ET_n\,(或规定工期) & (n \text{ 为结束节点}) \\ LT_i = \min(LT_j - D_{i-j}) \end{cases} \tag{3-2}$$

$$LT_4 = ET_4 = 26, \quad LT_3 = LT_4 - D_{3-4} = 26 - 10 = 16$$

$$LT_2 = \min \begin{cases} LT_4 - D_{2-4} = 26 - 16 = 10 \\ LT_3 - D_{2-3} = 16 - 4 = 12 \end{cases} = 10$$

$$LT_1 = \min \begin{cases} LT_3 - D_{1-3} = 16 - 12 = 4 \\ LT_2 - D_{1-2} = 10 - 10 = 0 \end{cases} = 0$$

3. 计算 ES_{i-j}

各项工作的最早开始时间等于其起始节点的最早时间。

计算公式为

$$ES_{i-j} = ET_i \tag{3-3}$$

$$ES_{1-2} = ET_1 = 0, \quad ES_{1-3} = ET_1 = 0, \quad ES_{2-3} = ET_2 = 10$$

$$ES_{2-4} = ET_2 = 10, \quad ES_{3-4} = ET_3 = 14$$

4. 计算 EF_{i-j}

各项工作的最早完成时间等于其起始节点的最早时间加上持续时间。

计算公式为

$$EF_{i-j} = ES_{i-j} + D_{i-j} = ET_i + D_{i-j} \tag{3-4}$$

$$EF_{1-2} = ES_{1-2} + D_{1-2} = 0 + 10 = 10$$

$$EF_{1-3} = ES_{1-3} + D_{1-3} = 0 + 12 = 12$$

$$EF_{2-3} = ES_{2-3} + D_{2-3} = 10 + 4 = 14$$

$$EF_{2-4} = ES_{2-4} + D_{2-4} = 10 + 16 = 26$$

$$EF_{3-4} = ES_{3-4} + D_{3-4} = 14 + 10 = 24$$

5. 计算 LF_{i-j}

各项工作的最迟完成时间等于其终点节点的最迟时间。

计算公式为

$$LF_{i-j} = LT_j \tag{3-5}$$

$$LF_{1-2} = LT_2 = 10, \quad LF_{1-3} = LT_3 = 16, \quad LF_{2-3} = LT_3 = 16$$

$$LF_{2-4} = LT_4 = 26, \quad LF_{3-4} = LT_4 = 26$$

6. 计算 LS_{i-j}

各项工作的最迟开始时间等于其最迟完成时间减去工作持续时间。

计算公式为

$$LS_{i-j} = LF_{i-j} - D_{i-j} = LT_j - D_{i-j} \tag{3-6}$$

$$LS_{1-2} = LF_{1-2} - D_{1-2} = 10 - 10 = 0$$

$$LS_{1-3} = LF_{1-3} - D_{1-3} = 16 - 12 = 4$$

$$LS_{2-3} = LF_{2-3} - D_{2-3} = 16 - 4 = 12$$

$$LS_{2-4} = LF_{2-4} - D_{2-4} = 26 - 16 = 10$$

$$LS_{3-4} = LF_{3-4} - D_{3-4} = 26 - 10 = 16$$

7. 计算 TF_{i-j}

工作总时差等于其最迟开始时间减去最早开始时间,或等于工作最迟完成时间减去最早完成时间。

计算公式为

$$TF_{i-j} = LS_{i-j} - ES_{i-j} \quad 或者 \quad TF_{i-j} = LF_{i-j} - EF_{i-j} \tag{3-7}$$

$$TF_{1-2} = LS_{1-2} - ES_{1-2} = 0 - 0 = 0$$

$$TF_{1-3} = LS_{1-3} - ES_{1-3} = 4 - 0 = 4$$

$$TF_{2-3} = LS_{2-3} - ES_{2-3} = 12 - 10 = 2$$

$$TF_{2-4} = LS_{2-4} - ES_{2-4} = 10 - 10 = 0$$

$$TF_{3-4} = LS_{3-4} - ES_{3-4} = 16 - 14 = 2$$

8. 计算 FF_{i-j}

如果工作 i—j 的紧后工作是 j—k,其自由时差应为工作 j—k 的最早开始时间减去工作 i—j 的最早完成时间。

计算公式为

$$FF_{i-j} = ES_{j-k} - EF_{i-j} = ES_{j-k} - ES_{i-j} - D_{i-j} = ET_j - ET_i - D_{i-j} \tag{3-8}$$
$$FF_{1-2} = ET_2 - ET_1 - D_{1-2} = 10 - 0 - 10 = 0$$
$$FF_{1-3} = ET_3 - ET_1 - D_{1-3} = 14 - 0 - 12 = 2$$
$$FF_{2-3} = ET_3 - ET_2 - D_{2-3} = 14 - 10 - 4 = 0$$
$$FF_{2-4} = ET_4 - ET_2 - D_{2-4} = 26 - 10 - 16 = 0$$
$$FF_{3-4} = ET_4 - ET_3 - D_{3-4} = 26 - 14 - 10 = 2$$

工作的自由时差不会影响其紧后工作的最早开始时间,属于工作本身的机动时间,与后续工作无关;而总时差是属于某条线路上工作所共有的机动时间,不仅为本工作所有,也为经过该工作的线路所有,动用某工作的总时差超过该工作的自由时差就会影响后续工作的总时差。

(三)关键线路的确定

1. 关键工作的确定

根据计算工期 T_c 和计划工期 T_p 的大小关系,关键工作的总时差可能出现下列三种情况:

当 $T_p = T_c$ 时,关键工作的 $TF_{i-j} = 0$;

当 $T_p > T_c$ 时,关键工作的 $TF_{i-j} > 0$;

当 $T_p < T_c$ 时,关键工作的 $TF_{i-j} < 0$。

关键工作是施工过程中的重点控制对象,根据 T_p 与 T_c 的大小关系及总时差的计算公式,总时差最小的工作为关键工作。以图3-3为例,$T_p = T_c$,所以工作1—2和2—4是关键工作。

2. 关键线路的确定

在双代号网络图中,关键工作的连线为关键线路;总时间持续最长的线路为关键线路;当 $T_p = T_c$ 时,$TF_{i-j} = 0$ 的工作相连的线路为关键线路。

把计算出的时间参数标注在网络图上,如图3-13所示。

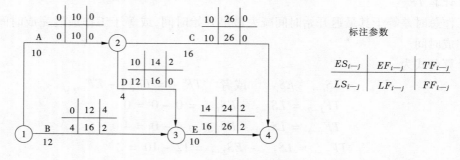

图3-13　网络计划时间参数

四、标号法确定关键线路

标号法是一种快速确定双代号网络计划的计算工期和关键线路的方法。其具体运用步骤如下：

（1）设双代号网络计划的起始节点标号值为零，即 $b_1 = 0$。

（2）其他节点的标号值等于以该节点为完成节点的各工作的起始节点标号值加其持续时间之和的最大值，即

$$b_j = \max(b_i + D_{i-j}) \tag{3-9}$$

需要注意的是，虚工作的持续时间为零。网络计划的起始节点从左向右顺着箭线方向，按节点编号从小到大的顺序逐次算出标号值，标注在节点上方，并用双标号法进行标注。所谓双标号法，是指用源节点（得出标号值的节点）作为第一标号，用标号值作为第二标号。需要特别注意的是，如果起始节点有多个，应将所有起始节点标出。

（3）网络计划终点节点的标号值即为计算工期。

（4）将节点都标号后，从网络计划终点节点开始，从右向左逆着箭线方向按起始节点寻求出关键线路。

【例3-4】 已知网络计划如图3-14所示，试用标号法确定其关键线路。

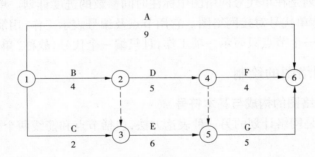

图3-14 双代号网络计划

解：（1）节点1的标号值为零，即 $b_1 = 0$；

（2）其他节点的标号值，按节点编号从小到大的顺序逐个进行计算，即

$$b_2 = b_1 + D_{1-2} = 0 + 4 = 4$$

$$b_3 = \max\begin{Bmatrix} b_1 + D_{1-3} = 0 + 2 = 2 \\ b_2 + D_{2-3} = 4 + 0 = 4 \end{Bmatrix} = 4$$

$$b_4 = b_2 + D_{2-4} = 4 + 5 = 9$$

$$b_5 = \max\begin{Bmatrix} b_4 + D_{4-5} = 9 + 0 = 9 \\ b_3 + D_{3-5} = 4 + 6 = 10 \end{Bmatrix} = 10$$

$$b_6 = \max\begin{Bmatrix} b_1 + D_{1-6} = 0 + 9 = 9 \\ b_4 + D_{4-6} = 9 + 4 = 13 \\ b_5 + D_{5-6} = 10 + 5 = 15 \end{Bmatrix} = 15$$

（3）其计算工期就等于终点节点6的标号值15。

（4）关键线路应从网络计划的终点节点开始,逆着箭线方向按起始节点确定。从终点节点 6 开始,逆着箭线方向从右向左,根据起始节点(节点的第一个标号)可以寻求关键线路:1—2—3—5—6,见图 3-15 中的粗箭线。

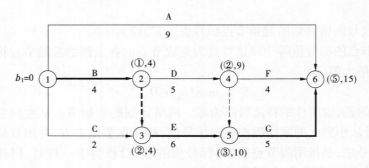

图 3-15　标号法确定关键线路

任务三　单代号网络计划的编制

单代号网络计划是在单代号网络图中标注时间参数的进度计划。单代号网络图又称节点式网络图,也称单代号对接网络图。它用节点及编号表示工作,用箭线表示工作之间的逻辑关系。由于一个节点只表示一项工作,且只编一个代号,故称"单代号"。

一、单代号网络图的绘制

（一）单代号网络图的构成与基本符号

单代号网络图是网络计划的另一种表达方法,包括节点和箭线两个要素。

1. 节点

单代号网络图的节点表示工作,可以用圆圈或者方框表示,如图 3-16 所示。节点表示的工作名称、持续时间和工作编号等应标注在节点内。

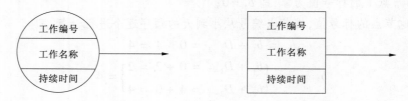

图 3-16　单代号表示方法

节点可连续编号或间断编号,但不允许重复编号。一个工作必须有唯一的一个节点和编号。

2. 箭线

在单代号网络图中,箭线表示工作之间的逻辑关系。箭线的形状和方向可根据绘图的需要设置,可画成水平直线、折线或斜线等。单代号网络图中不设虚箭线,箭线的箭尾节点的编号应小于箭头节点的编号,水平投影的方向应自左至右,表示工作的进行方向。

(二)单代号网络图的绘制规则

单代号网络图的绘制必须遵循一定的逻辑规则,当违背了这些规则,可能出现逻辑混乱,无法判别工作之间的关系和进行参数计算,这些规则与双代号网络图的规则基本相似。

(1)在单代号网络图中必须正确表述已定的逻辑关系。

(2)在单代号网络图中严禁出现循环回路。

(3)在单代号网络图中严禁出现双向箭线和无箭线的连线。

(4)工作编号不允许重复,任何一个编号只能表示唯一的工作。

(5)不允许出现无箭头节点的箭线和无箭尾节点的箭线。

(6)绘制网络图时,箭线不宜交叉,当交叉不可避免时,可采用过桥法、指向法或断线法来表示。

(7)单代号网络图中应只有一个起始节点和终点节点,当网络图中有多项起始节点和多项终点节点时,应在网络图两端分别设置一项虚工作,作为网络图的起始节点和终点节点。

(三)单代号网络图绘制的方法和步骤

(1)根据已知的紧前工作确定出其紧后工作。

(2)确定出各工作的节点位置号。令无紧前工作的工作节点位置号为0,其他工作的节点位置号等于其紧前工作的节点位置号最大值加1。

(3)根据节点位置号和逻辑关系绘制出网络图。

【例3-5】 已知网络图的资料如表3-6所示,绘制出单代号网络图。

表3-6 各工作之间逻辑关系

工作	A	B	C	D	E	F	G	I
紧前工作	无	无	无	无	A、B	B、C	C、D	E、F

解:(1)列出关系表,确定节点位置号,如表3-7所示。

表3-7 各工作之间关系表

工作	紧前工作	紧后工作	节点位置号
A	无	E	0
B	无	E、F	0
C	无	F、G	0
D	无	G	0
E	A、B	I	1
F	B、C	I	1
G	C、D	无	1
I	E、F	无	2

（2）根据节点位置号和逻辑关系绘出单代号网络图，如图 3-17 所示。

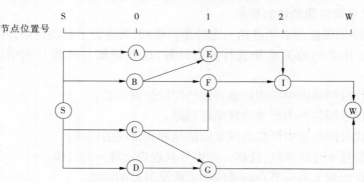

图 3-17　例 3-5 单代号网络图

二、单代号网络计划时间参数计算

单代号网络计划与双代号网络计划只是表现形式不同，但是表达内容是完全一样的。

单代号网络计划时间参数的计算通常也是在图上直接进行计算的，主要时间参数如下。

（一）工作最早开始时间 ES_i 和最早完成时间 EF_i

工作最早开始时间是从网络计划的起始节点开始，顺着箭线方向自左至右，依次逐个计算。

网络计划起始节点的最早开始时间若无规定，其值等于零，即

$$ES_i = 0 \quad (i = 1)$$

其他工作的最早开始时间等于该工作紧前工作的最早完成时间的最大值，即

$$ES_j = \max\{EF_i\} = \max\{ES_i + D_i\} \tag{3-10}$$

工作的最早完成时间等于工作的最早开始时间加上该工作的工作历时，即

$$EF_i = ES_i + D_i \tag{3-11}$$

（二）网络计划计算工期和计划工期

1. 网络计划计算工期

网络计划计算工期 T_c 等于网络计划终点节点的最早完成时间，即 $T_c = EF_n$。

2. 网络计划计划工期

当规定了要求工期 T_r 时，计划工期 T_p 应等于或小于要求工期 T_r；当未规定要求工期 T_r 时，可取计划工期 T_p 等于计算工期 T_c。

（三）相邻两项工作之间的时间间隔

在单代号网络计划中引入时间间隔概念。时间间隔是指本工作的最早完成时间与其紧后工作最早开始时间之间的差值，工作 i 与其紧后工作 j 之间的时间间隔用 LAG_{i-j} 表示，即

$$LAG_{i-j} = ES_j - EF_i \tag{3-12}$$

（四）工作最迟完成时间和最迟开始时间的计算

工作最迟完成时间应从网络计划的终点节点开始，逆着箭线方向自右至左，依次逐个计算。

终点节点所代表的工作最迟完成时间 $LF_n = T_p$。

其他节点工作最迟完成时间等于该工作的紧后工作的最迟开始时间的最小值，即

$$LF_i = \min\{LS_j\} \tag{3-13}$$

节点工作最迟开始时间等于工作最迟完成时间减去该工作的工作历时，即

$$LS_i = LF_i - D_i \tag{3-14}$$

（五）工作总时差计算

工作总时差应从网络计划的终点节点开始，逆着箭线方向自右至左，依次逐个计算。

网络计划终点节点所代表的工作 n 的总时差为零，即 $TF_n = 0$。

其他工作的总时差等于该工作与其紧后工作之间的时间间隔加该紧后工作的总时差之和的最小值，即

$$TF_i = \min\{LAG_{i-j} + TF_j\} \tag{3-15}$$

当已知各项工作的最迟完成时间或最迟开始时间时，工作总时差也可按式（3-16）计算，即

$$TF_i = LF_i - EF_i \quad \text{或} \quad TF_i = LS_i - ES_i \tag{3-16}$$

（六）工作自由时差计算

工作自由时差等于该工作与其紧后工作之间的时间间隔的最小值，即

$$FF_i = \min\{LAG_{i-j}\} \tag{3-17}$$

三、单代号网络计划关键工作与关键线路的确定

（一）利用关键工作确定关键线路

总时差最小的工作为关键工作。这些关键工作相连，并保证相邻两项工作之间的时间间隔为零而构成的线路就是关键线路。

（二）利用相邻两项工作之间的时间间隔确定关键线路

从网络计划的终点节点开始，逆着箭线方向依次找出相邻两项工作之间时间间隔为零的线路就是关键线路。

（三）利用总持续时间确定关键线路

线路上工作总持续时间最长的线路为关键线路。

四、单代号网络计划时间参数计算示例

【例3-6】　已知单代号网络图如图3-18所示。试计算该网络计划的时间参数，并标注在网络图上。

解：1. 计算 ES_i 和 EF_i

$$ES_1 = 0, \quad EF_1 = ES_1 + D_1 = 0 + 0 = 0$$

$$ES_2 = EF_1 = 0, \quad EF_2 = ES_2 + D_2 = 0 + 7 = 7$$

$$ES_3 = EF_1 = 0, \quad EF_3 = ES_3 + D_3 = 0 + 5 = 5$$

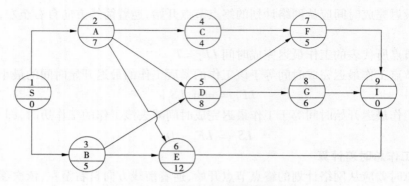

图3-18　例3-6 单代号网络图

$$ES_4 = EF_2 = 7, \quad EF_4 = ES_4 + D_4 = 7 + 4 = 11$$

$$ES_5 = \max\begin{Bmatrix} ES_2 + D_2 = 0 + 7 = 7 \\ ES_3 + D_3 = 0 + 5 = 5 \end{Bmatrix} = 7$$

$$EF_5 = ES_5 + D_5 = 7 + 8 = 15$$

$$ES_6 = \max\begin{Bmatrix} ES_2 + D_2 = 0 + 7 = 7 \\ ES_3 + D_3 = 0 + 5 = 5 \end{Bmatrix} = 7$$

$$EF_6 = ES_6 + D_6 = 7 + 12 = 19$$

$$ES_7 = \max\begin{Bmatrix} ES_4 + D_4 = 7 + 4 = 11 \\ ES_5 + D_5 = 7 + 8 = 15 \end{Bmatrix} = 15$$

$$EF_7 = ES_7 + D_7 = 15 + 5 = 20$$

$$ES_8 = ES_5 + D_5 = 7 + 8 = 15$$

$$EF_8 = ES_8 + D_8 = 15 + 6 = 21$$

$$ES_9 = \max\begin{Bmatrix} ES_6 + D_6 = 7 + 12 = 19 \\ ES_7 + D_7 = 15 + 5 = 20 \\ ES_8 + D_8 = 15 + 6 = 21 \end{Bmatrix} = 21$$

$$EF_9 = ES_9 + D_9 = 21 + 0 = 21$$

2. 计算 T_c 和 T_p

网络计划计算工期 $T_c = EF_9 = 21$。在本例中,没有规定要求工期,所以网络计划计划工期 $T_p = T_c = 21$。

3. 计算 LAG_{i-j}

$$LAG_{1-2} = ES_2 - EF_1 = 0 - 0 = 0$$

$$LAG_{1-3} = ES_3 - EF_1 = 0 - 0 = 0$$

$$LAG_{2-4} = ES_4 - EF_2 = 7 - 7 = 0$$

$$LAG_{2-5} = ES_5 - EF_2 = 7 - 7 = 0$$

$$LAG_{2-6} = ES_6 - EF_2 = 7 - 7 = 0$$

$$LAG_{3-5} = ES_5 - EF_3 = 7 - 5 = 2$$

$$LAG_{3-6} = ES_6 - EF_3 = 7 - 5 = 2$$
$$LAG_{4-7} = ES_7 - EF_4 = 15 - 11 = 4$$

余下工作的工作之间的时间间隔由同学们自己完成。

4. 计算 LF_i 和 LS_i

$$LF_9 = T_p = 21$$
$$LS_9 = LF_9 - D_9 = 21 - 0 = 21$$
$$LF_8 = LS_9 = 21$$
$$LS_8 = LF_8 - D_8 = 21 - 6 = 15$$
$$LF_7 = LS_9 = 21$$
$$LS_7 = LF_7 - D_7 = 21 - 5 = 16$$
$$LF_6 = LS_9 = 21$$
$$LS_6 = LF_6 - D_6 = 21 - 12 = 9$$
$$LF_5 = \min\{LS_7, LS_8\} = \min\{16, 15\} = 15$$
$$LS_5 = LF_5 - D_5 = 15 - 8 = 7$$

余下工作的最晚完成时间和最早开始时间由同学们自己完成。

5. 计算 TF_i

$$TF_9 = LF_9 - EF_9 = 21 - 21 = 0$$
$$TF_8 = LF_8 - EF_8 = 21 - 21 = 0$$
$$TF_7 = LF_7 - EF_7 = 21 - 20 = 1$$
$$TF_6 = LF_6 - EF_6 = 21 - 19 = 2$$
$$TF_5 = LF_5 - EF_5 = 15 - 15 = 0$$

其余依次类推,余下工作的 TF_i 由同学们自己完成。

6. 计算 FF_i

$$FF_1 = \min\{LAG_{1-2}, LAG_{1-3}\} = \min\{0, 0\} = 0$$
$$FF_2 = \min\{LAG_{2-4}, LAG_{2-5}, LAG_{2-6}\} = \min\{0, 0, 0\} = 0$$
$$FF_3 = \min\{LAG_{3-5}, LAG_{3-6}\} = \min\{2, 2\} = 2$$
$$FF_4 = LAG_{4-7} = 4$$

其余依次类推,余下工作的 FF_i 由同学们自己完成。

7. 确定出关键线路

将计算的各时间参数标在网络图上,时间参数标注形式如图 3-19 所示,绘制出网络计划,并用粗线标出关键线路,如图 3-20 所示。我们利用工作之间的时间间隔为零的特征,逆着箭线,从右向左依次找出关键工作,从而得到关键线路。

五、单代号搭接网络计划时间参数的计算

(一)单代号搭接网络图

在单代号搭接网络图中,绘制方法、绘制规则同一般单代号网络图,不同的是工作间的搭接关系用时距关系表达。时距就是前后工作的开始或结束之间的时间间隔,可表达出五种搭接关系。

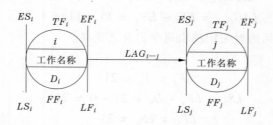

图 3-19   单代号网络计划时间参数标注形式

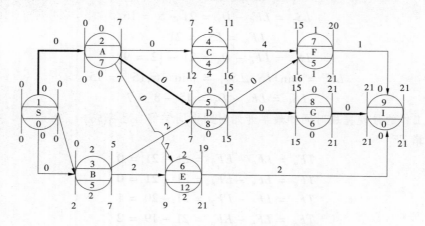

图 3-20   例 3-6 单代号网络计划关键线路

1. 开始到开始的关系(STS_{i-j})

前项工作开始到后项工作开始之间的时间间隔,表示前项工作开始后,要经过 STS_{i-j} 时距,后项工作才能开始。如图 3-21 所示,某基坑挖土(A 工作)开始 3 d 后,完成了一个施工段,垫层(B 工作)才可开始。

2. 结束到开始的关系(FTS_{i-j})

前项工作结束到后项工作开始之间的时间间隔,表示前项工作结束后,要经过 FTS_{i-j} 时距,后项工作才能开始。如图 3-22 所示,某工程窗户油漆(A 工作)结束 3 d 后,油漆干燥了,再安装玻璃(B 工作)。

图 3-21   单代号 STS_{i-j} 搭接网络图   图 3-22   单代号 FTS_{i-j} 搭接网络图

当 FTS_{i-j} 时距等于零时,即紧前工作完成到本工作开始之间的时间间隔为零,这就是一般单代号网络图的正常连接关系。所以,我们可以将一般单代号网络图看成是单代号搭接网络图的一个特殊情况。

3. 开始到结束的关系（STF_{i-j}）

前项工作开始到后项工作结束之间的时间间隔，表示前项工作开始后，经过 STF_{i-j} 时距，后项工作必须结束。如图 3-23 所示，某工程梁模板（A 工作）开始后，钢筋加工（B 工作）何时开始与模板没有直接关系，只要保证在 10 d 内完成即可。

4. 结束到结束的关系（FTF_{i-j}）

前项工作结束到后项工作结束之间的时间间隔，表示前项工作结束后，经过 FTF_{i-j} 时距，后项工作必须结束。如图 3-24 所示，某工程楼板浇筑（A 工作）结束后，模板拆除（B 工作）安排在 15 d 内结束，以免影响上一层施工。

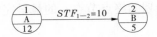

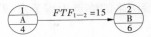

图 3-23　单代号 STF_{i-j} 搭接网络图　　　图 3-24　单代号 FTF_{i-j} 搭接网络图

5. 混合连接关系

在搭接网络计划中除上面的四种基本连接关系外，还有一种情况，就是同时由 STS_{i-j}、FTS_{i-j}、STF_{i-j}、FTF_{i-j} 四种基本连接关系中的两种以上来限制工作间的逻辑关系。

（二）单代号搭接网络计划时间参数的计算

1. 计算工作的最早开始时间和最早完成时间

工作最早开始时间和最早完成时间的计算应从网络计划的起始节点开始，顺着箭线方向依次进行。

一般搭接网络的起始节点为虚节点，故与网络计划起始节点相联系的工作，其最早开始时间为零，即

$$ES_i = 0 \tag{3-18}$$

与网络计划起始节点相联系的工作，其最早完成时间应等于其最早开始时间与持续时间之和，即

$$EF_i = D_i \tag{3-19}$$

其他工作的最早开始时间和最早完成时间应根据时距按下列公式计算：

相邻时距为 STS_{i-j} 时

$$ES_j = ES_i + STS_{i-j} \tag{3-20}$$

相邻时距为 FTF_{i-j} 时

$$ES_j = ES_i + D_i + FTF_{i-j} - D_j \tag{3-21}$$

相邻时距为 STF_{i-j} 时

$$ES_j = ES_i + STF_{i-j} - D_j \tag{3-22}$$

相邻时距为 FTS_{i-j} 时

$$ES_j = ES_i + D_i + FTS_{i-j} \tag{3-23}$$

当有多项紧前工作或有混合连接关系时，分别按式（3-20）～式（3-23）计算，取最大值为工作的最早开始时间。

当出现最早开始时间为负值时,应将该工作与起始节点用虚箭线相连接,并确定其时距为

$$STS_{i \rightarrow j} = 0 \tag{3-24}$$

工作最早完成时间按下式计算:

$$EF_j = ES_j + D_j \tag{3-25}$$

当出现有最早完成时间的最大值的中间工作时,应将该工作与终点节点用虚箭线相连接,并确定其时距为

$$FTF_{i \rightarrow j} = 0 \tag{3-26}$$

2. 网络计划的计算工期 T_c

一般搭接网络的终点为虚节点,T_c 等于网络计划的终点节点 n 的最早完成时间 EF_n,即

$$T_c = EF_n \tag{3-27}$$

3. 相邻两项工作之间的时间间隔 $LAG_{i \rightarrow j}$

相邻两项工作除满足时距外,如还有多余的时间间隔,则按下列公式计算:

相邻时距为 $STS_{i \rightarrow j}$ 时,如 $ES_j > ES_i + STS_{i \rightarrow j}$,则时间间隔为

$$LAG_{i \rightarrow j} = ES_j - (ES_i + STS_{i \rightarrow j}) \tag{3-28}$$

相邻时距为 $FTF_{i \rightarrow j}$ 时,如 $EF_j > EF_i + FTF_{i \rightarrow j}$,则时间间隔为

$$LAG_{i \rightarrow j} = EF_j - (EF_i + FTF_{i \rightarrow j}) \tag{3-29}$$

相邻时距为 $STF_{i \rightarrow j}$ 时,如 $EF_j > ES_i + STF_{i \rightarrow j}$,则时间间隔为

$$LAG_{i \rightarrow j} = EF_j - (ES_i + STF_{i \rightarrow j}) \tag{3-30}$$

相邻时距为 $FTS_{i \rightarrow j}$ 时,如 $ES_j > EF_i + FTS_{i \rightarrow j}$,则时间间隔为

$$LAG_{i \rightarrow j} = ES_j - (EF_i + FTS_{i \rightarrow j}) \tag{3-31}$$

当相邻两项工作存在混合连接关系时,分别按式(3-28)~式(3-31)计算,取最小值为工作的时间间隔。

当相邻两项工作无时距时,为一般单代号网络,按式(3-12)计算:

$$LAG_{i \rightarrow j} = ES_j - EF_i$$

4. 工作总时差 TF_i

工作 i 的总时差 TF_i 应从网络计划的终点节点开始,逆着箭线方向依次逐项计算。

网络计划终点节点 n 的总时差 TF_n,如计划工期等于计算工期,其值为零,即 $TF_n = 0$。

其他工作 i 的总时差 TF_i 等于该工作的各个紧后工作 j 的总时差 TF_j 加该工作与其紧后工作之间的时间间隔 $LAG_{i \rightarrow j}$ 之和的最小值,按式(3-15)计算:

$$TF_i = \min \{ TF_j + LAG_{i \rightarrow j} \}$$

5. 工作自由时差 FF_i

网络计划终点节点 n 的自由时差 FF_i 等于计划工期 T_p 减去该工作的最早完成时间 EF_n,按式(3-32)计算:

$$FF_n = T_p - EF_n \tag{3-32}$$

其他工作 i 的自由时差 FF_i 等于该工作与其紧后工作 j 之间的时间间隔 LAG_{i-j} 最小值,按式(3-17)计算:

$$FF_i = \min\{LAG_{i-j}\}$$

6. 工作的最迟开始时间和最迟完成时间

网络计划终点节点 n 的最迟完成时间 LF_n 应按网络计划的计划工期确定,按式(3-33)计算:

$$LF_n = T_p \qquad (3-33)$$

其他工作 i 的最迟完成时间 LF_i 等于该工作的最早完成时间 EF_i 加上其总时差 TF_i 之和,按式(3-34)计算:

$$LF_i = EF_i + TF_i \qquad (3-34)$$

工作 i 的最迟开始时间 LS_i 等于该工作的最早开始时间 ES_i 加上其总时差 TF_i 之和,按式(3-35)或式(3-36)计算:

$$LS_i = ES_i + TF_i \qquad (3-35)$$

或

$$LS_i = LF_i - D_i \qquad (3-36)$$

(三)单代号搭接网络计划关键工作和关键线路的确定

(1)关键工作:总时差最小的工作是关键工作。

(2)关键线路按以下规定确定:从起始节点开始到终点节点均为关键工作,且所有工作的时间间隔为零的线路为关键线路。

(四)单代号搭接网络计划时间参数计算示例

【例3-7】 如图3-25所示,在图上计算各工作时间参数,并标出关键线路。

解:计算结果见图3-25。

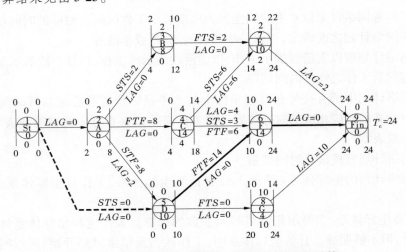

图3-25 某工程单代号搭接网络计划时间参数计算

根据计算结果,总时差为零的工作:D、F为关键工作;从起点节点开始到终点节点均为关键工作,且所有工作之间的时间间隔为零的线路:

St－D－F－Fin 为关键线路,用粗箭线标示在图3-25中。

任务四　双代号时标网络计划

一、双代号时标网络计划的概念

一般网络计划不带时标,工作持续时间由箭线下方标注的数字说明,而与箭线本身长短无关,这种非时标网络计划看起来不太直观,不能一目了然地在网络图上直接反映各项工作的开始时间和完成时间,同时不能按天统计资源、编制资源需要量计划。

双代号时标网络计划简称时标网络计划,是以时间坐标为尺度编制的网络计划,该网络计划既有一般网络计划的优点,又具有横道图直观、易懂的优点,清晰地把时间参数直观地表达出来,同时表明网络计划中各工作之间的逻辑关系,如图 3-26 所示为双代号时标网络图。

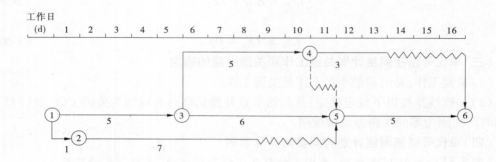

图 3-26　双代号时标网络图

双代号时标网络计划以水平时间坐标为尺度表示工作时间。时标的时间单位应根据需要在编制网络计划之前确定,可以是小时、天、周、月或季度等。

时标网络计划应以实箭线表示工作,以虚箭线表示虚工作,以波形线表示工作的自由时差或者与紧后工作之间的时间间隔。

时标网络计划中所有符号在时间坐标上的水平投影位置都必须与其时间参数相对应。节点中心必须对应相应的时标位置。虚工作必须以垂直方向的虚箭线表示,用自由时差加波形线表示。

时标网络计划宜按最早时间编制。

时标网络计划的坐标体系(见表 3-8)有计算坐标体系、工作日坐标体系、日历坐标体系。

(1)计算坐标体系:主要用作网络时间参数的计算。采用这种坐标体系计算时间参数较为简单,但不够明确。计算坐标体系中,工作从当天结束时刻开始,所以网络计划从零天开始,也就是从零天结束时刻开始、零天下班时刻开始,即为第一天开始。

(2)工作日坐标体系:可明确示出工作开工后第几天开始、第几天完成。工作日坐标示出的开工时间和工作开始时间等于计算坐标示出的开工时间和工作开始时间加1,工作日坐标示出的完工时间和工作完成时间等于计算坐标示出的完工时间和工作完工时间。

表 3-8　时标网络计划的坐标体系

计算坐标 0		1	2	3	4	5	6	7	8	9
日历(月-日)	04-24	04-25	04-26	04-27	04-30	05-02	05-03	05-04	05-07	
周	二	三	四	五	一	三	四	五	一	
工作日	1	2	3	4	5	6	7	8	9	
网络计划										

（3）日历坐标体系：可以明确示出工程的开工日期和完工日期，以及工作的开始日期和完成日期。编制时要注意扣除节假日休息时间。

二、时标网络计划的绘制方法

时标网络计划的绘制方法有间接绘制法和直接绘制法两种。

（一）间接绘制法

间接绘制法是先计算无时标网络计划草图的时间参数，然后在时标网络计划表中进行绘制的方法。

使用这种方法时，首先，应对无时标网络计划进行计算，算出其最早时间；其次，按每项工作的最早开始时间将其箭尾节点定位在时标表上；最后，用规定线型绘制出工作及其自由时差，形成网络计划。绘制时，一般先绘制出关键线路，再绘制非关键线路。

绘制步骤如下：

（1）先绘制网络计划图，计算工作最早时间并标注在网络图上；

（2）在时标表上，按最早开始时间确定每项工作的起始节点位置号，节点的中心线必须对准时标刻度线；

（3）按工作的时间长度画出相应工作的实线部分，使其水平投影长度等于工作时间，由于虚工作不占用时间，所以应以垂直虚线表示；

（4）用波形线把实线部分与其紧后工作的起始节点连接起来，以表示自由时差。

间接绘制法也可以用标号法确定出双代号网络图的关键线路。绘制时按照工作时间长度，先绘出双代号网络图关键线路，再绘制非关键线路，完成时标网络计划的绘制。

【**例 3-8**】　已知网络计划的有关资料如表 3-9 所示，试用间接绘制法绘制时标网络计划。

表 3-9　网络计划有关资料

工作	A	B	C	D	E	F	G	H	I
紧前工作	无	A	A	B	B、C	B、C	D、E	D、E、F	G、H
持续时间	2	2	3	2	3	1	3	1	1

解:(1)根据关系表绘制出双代号时标网络图。

(2)计算时间参数,确定关键线路,如图3-27所示。

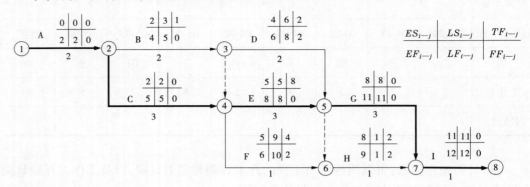

图3-27 双代号时标网络计划时间参数计算

(3)在时间坐标上,绘制出双代号时标网络计划关键线路,如图3-28所示。

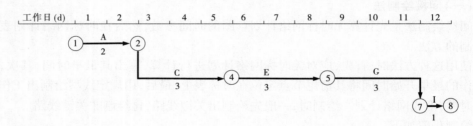

图3-28 画出时标网络计划的关键线路

(4)绘出双代号时标网络计划非关键线路,完成时标网络计划绘制,如图3-29所示。

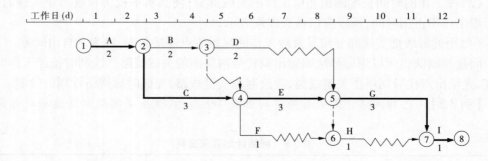

图3-29 完成时标网络计划

另外,也可以根据标号法确定出关键线路,再来绘制时标网络计划。

（二）直接绘制法

直接绘制法是不经时间参数计算而直接按无时标网络计划图绘制出时标网络计划。绘制步骤如下：

（1）将起始节点定位在时标计划表的起始刻度上；

（2）按工作持续时间在时标计划表上绘制出以网络计划起始节点为起始节点的工作的箭线；

（3）其他工作的起始节点必须在其所有紧前工作都绘出以后，定位在这些紧前工作最早完成时间最大值的时间刻度上，某些工作的箭线长度不足以到达该节点时，用波形线补足，箭头画在波形线与节点连接处；

（4）用上述方法自左至右依次确定其他节点位置，直至网络计划终点节点定位，绘图完成。

【例3-9】 用直接绘制法绘制如图3-27所示的时标网络图。

绘图步骤如图3-30～图3-32所示。

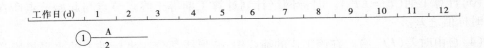

图3-30 直接绘制法第一步

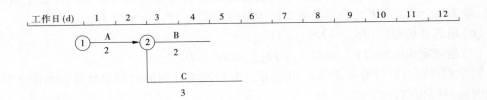

图3-31 直接绘制法第二步

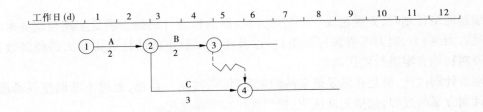

图3-32 直接绘制法第三步

从左向右依次确定其他节点位置，直至网络计划终点节点定位，绘图完成。

三、时标网络计划关键线路的判定和时间参数的确定

（一）关键线路的判定

时标网络计划关键线路应自右至左,逆向进行观察,凡自始至终没有波形线的线路,即为关键线路。

判断是否是关键线路仍然是根据这条线路上各项工作是否有总时差。在这里,根据是否有自由时差来判断是否有总时差。因为有自由时差的线路必有总时差,而波形线即表示工作的自由时差。如图 3-26 所示,关键线路为 1—3—5—6。

（二）时间参数的确定

（1）最早开始时间（$ES_{i-j} = ET_i$）。每条实箭线左端箭尾节点中心所对应的时标值为该工作的最早开始时间。

（2）最早完成时间（$EF_{i-j} = ES_{i-j} + D_{i-j}$）。如果箭线右端无波形线,则该箭线右端节点中心所对应的时标值为该工作的最早完成时间;如果箭线右端有波形线,则实箭线右端末所对应的时标值为该工作的最早完成时间。

（3）计算工期（$T_c = ET_n$）。时标网络计划计算工期等于终点节点与起始节点所在位置的时标值之差。

（4）自由时差（FF_{i-j}）。在该工作的箭线中,波形线部分在坐标轴上的水平投影长度为自由时差的数值。

（5）总时差（TF_{i-j}）。时标网络计划中总时差的计算应自右至左逆向进行,且符合下列规定:①以终点节点（$j = n$）为箭头节点的工作的总时差应按网络计划的计划工期计算确定,即 $TF_{i-n} = T_p - EF_{i-n}$。②其他工作的总时差应为 $TF_{i-j} = \min\{TF_{j-k}\} + FF_{i-j}$。

（6）最迟开始时间（$LS_{i-j} = ES_{i-j} + TF_{i-j}$）。

（7）最迟完成时间（$LF_{i-j} = EF_{i-j} + TF_{i-j} = LS_{i-j} + D_{i-j}$）。

同学们可以自己计算一下图 3-29 所示的时标网络计划的时间参数是否与图 3-27 标注的时间参数相符合。

任务五　网络计划的优化

编制网络计划时,先编制成一个初始方案,然后检查计划是否满足工期控制要求,是否满足人力、物力、财力等资源控制条件,以及能否以最小的消耗取得最大的经济效益。这就要对初始方案进行优化调整。

网络计划优化,就是在满足既定的约束条件下,按某一目标,通过不断调整寻求最优网络计划方案的过程,包括工期优化、费用优化和资源优化。

一、工期优化

网络计划的计算工期与计划工期若相差太大,为了满足计划工期,则需要对计算工期进行调整:当计划工期大于计算工期时,应放缓关键线路上各项目的延续时间,以减少资源消耗强度;当计划工期小于计算工期时,应紧缩关键线路上各项目的延续时间。

工期优化的步骤如下：

（1）找出网络计划中的关键工作和关键线路（如采用标号法），并计算工期。

（2）按计划工期计算应压缩的时间 ΔT。

（3）选择被压缩的关键工作，在确定优先压缩的关键工作时，应考虑以下几个因素：①缩短工作持续时间后，对质量和安全影响不大的关键工作；②有充足资源的关键工作；③缩短工作的持续时间所需增加的费用最少。

（4）将优先压缩的关键工作压缩到最短的工作持续时间，并找出关键线路和计算出网络计划的工期；如果被压缩的工作变成了非关键工作，则应将其工作持续时间延长，使之仍然是关键工作。

（5）若已达到工期要求，则优化完成。若计算工期仍超过计划工期，则按上述步骤依次压缩其他关键工作，直到满足工期要求或工期已不能再压缩为止。

（6）当所有关键工作的工作持续时间均已经达到最短工期仍不能满足要求时，应对计划的技术、组织方案进行调整，或对计划工期重新审定。

【例3-10】 已知网络计划如图3-33所示，箭线下方括号外为正常持续时间，括号内为最短持续时间，箭线上方括号内数字表示压缩一天增加的费率，以元/d计。假定工期是120 d，对网络计划进行工期优化。

解：（1）用标号法找出关键线路，如图3-34所示。网络计划的关键线路是1—3—4—6，计算工期是160 d。

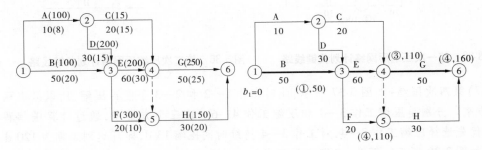

图3-33　待优化的网络计划　　　　图3-34　网络计划关键线路

（2）计算应压缩的时间 ΔT。要求工期是120 d，而由网络计划计算出的工期是160 d，所以需要缩短时间 $\Delta T = 160 - 120 = 40 (d)$。

（3）选择被压缩的关键工作。网络计划只有一条关键线路，关键工作是1—3、3—4、4—6，压缩这三个工作到最短时间所需费用分别为 $100 \times 30 = 3\,000$（元）、$200 \times 30 = 6\,000$（元）、$250 \times 25 = 6\,250$（元），选择缩短工作的持续时间所需增加的费用最少的1—3工作作为压缩对象，如图3-34所示。

（4）第一次压缩：将1—3工作的工作时间压缩到最短持续时间20 d，用标号法确定关键线路后，发现1—3工作不再是关键工作。为了使1—3工作仍为关键工作，把1—3工作持续时间延长至40 d，再用标号法确定关键线路，如图3-35所示。此时出现两条关键线路，工期为150 d。

（5）第二次压缩：对于图 3-35 有四个压缩方案，分别是同时压缩工作 1—3 和 1—2、同时压缩工作 1—3 和 2—3、压缩工作 3—4 和压缩工作 4—6。对于第一种方案，工作 1—3 和 1—2 分别压缩 2 d，则所需增加费用为 $100 \times 2 + 100 \times 2 = 400$（元）；对于第二种方案，工作 1—3 和 2—3 分别压缩 15 d，则所需增加费用为 $100 \times 15 + 200 \times 15 = 4\ 500$（元）；对于第三种方案，工作 3—4 压缩至最短持续时间 30 d，所需增加费用为 $30 \times 200 = 6\ 000$（元）；对第四种方案，工作 4—6 压缩至最短持续时间 25 d，所需增加费用为 $25 \times 250 = 6\ 250$（元）。根据优先原则，选择压缩工作 1—3 和 1—2，分别压缩 2 d。压缩后可以再用标号法确定关键线路，并且此时工期为 148 d。

（6）第三次压缩：如图 3-36 所示，此时工作 1—2 不能再压缩，所以只有三个压缩方案，分别是同时压缩工作 1—3 和 2—3、压缩工作 3—4 和 4—6。这三个方案中，通过计算压缩费用可知，优先选择同时压缩工作 1—3 和 2—3，各压缩 15 d。压缩后可以再用标号法确定关键线路，并且此时工期为 133 d。

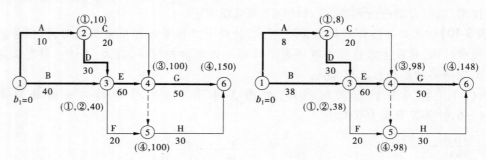

图 3-35　第一次压缩后网络计划关键线路　　　图 3-36　第二次压缩后网络计划关键线路

（7）第四次压缩：如图 3-37 所示，此时工作 1—2 和 2—3 不能再压缩，所以只有两个压缩方案。分别是压缩工作 3—4 和压缩工作 4—6。这三个方案中，通过计算压缩费用可知，优先选择压缩工作 3—4，对工作 3—4 持续时间压缩 13 d，即可达到工期为 120 d 的要求，如图 3-38 所示。至此，工期优化完成。

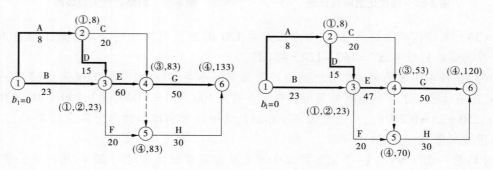

图 3-37　第三次压缩后网络计划关键线路　　　图 3-38　压缩完成后的网络计划

二、费用优化

费用优化又称工期成本优化,是指寻求工程费用最低时对应的总工期,或按要求工期寻求成本最低的计划安排过程。

(一)费用与工期的关系

工程总费用由直接费和间接费组成。直接费由人工费、材料费、机械费、措施费等组成。直接费一般与工作时间成反比,即增加直接费,如采用技术先进的设备、增加设备和人员、提高材料质量等都能缩短工作时间;相反,减少直接费,则会使工作时间延长。间接费包括与工程相关的管理费、占用资金应付的利息、机动车辆费等。间接费一般与工作时间成正比,即工期越长,间接费越高;工期越短,间接费越低。

工程总费用与工期的关系如图 3-39 所示,由图 3-39 可知,只要确定一个合理工期,就能使总费用达到最小,这就是费用优化的目的。

对于一个施工项目而言,工期的长短与该项目的工程量、施工方案条件有关,并取决于关键线路上各项作业时间之和,关键线路又由许多工作持续时间和费用各不相同的作业组成。当缩短工期到某一极限时,无论费用增加多少,工期都不能再缩短,这个极限对应的时间称为强化工期,强化工期对应的费用称为极限费用,此时的费用最高。反之,若延长工期,则直接费减少,但将工期延长至某极限时,无论怎样延长工期,直接费都不会减少,此时的极限对应的时间叫作正常工期,对应的费用叫作正常费用。将正常工期对应的费用和强化工期对应的费用连成一条曲线,称为费用曲线或 ATC 曲线(见图 3-40)。在图 3-40 中 ATC 曲线为一直线,这样单位时间内费用的变化就是一常数,把这条直线的斜率(缩短单位时间所需的直接费)称为直接费率。不同作业的费率是不同的,费率越大,意味着作业时间缩短一天,所增加的费用越大,或作业时间增加一天,所减少的费用越多。

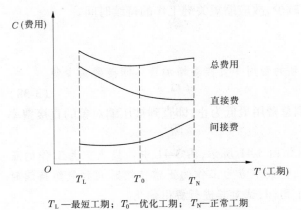

T_L—最短工期;T_0—优化工期;T_N—正常工期

图 3-39 工期—费用曲线

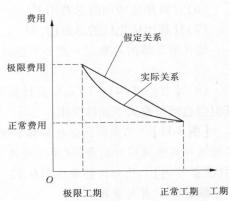

图 3-40 ATC 曲线

（二）费用优化方法

费用优化可按下述步骤进行：

（1）计算出工程总直接费。它等于组成该工程的全部工作的直接费之和，用$\sum C_{i-j}^{D}$表示。

（2）计算各项工作直接费增加率（简称直接费率）。工作$i—j$的直接费率为

$$\Delta C_{i-j} = \frac{CC_{i-j} - CN_{i-j}}{DN_{i-j} - DC_{i-j}} \tag{3-37}$$

式中 ΔC_{i-j}——工作$i—j$的直接费率；

       CC_{i-j}——将工作$i—j$持续时间缩短为极限时间后，完成该工作所需的直接费；

       CN_{i-j}——在正常时间内完成工作$i—j$所需的直接费；

       DN_{i-j}——工作$i—j$的正常持续时间；

       DC_{i-j}——工作$i—j$的极限持续时间。

（3）按工作的正常持续时间确定计算工期和关键线路。

（4）选择优化对象。当只有一条关键线路时，应找出直接费率最小的一项关键工作作为缩短持续时间的对象；当有多条关键线路时，应找出组合直接费率最小的一组关键工作作为缩短持续时间的对象。对于压缩对象，缩短后工作的持续时间不能小于其极限持续时间，缩短持续时间的关键工作也不能变成非关键工作，如果变成了非关键工作，需要将其持续时间延长，使其仍为关键工作。

（5）对于选定的压缩对象，首先要比较其直接费率或组合直接费率与间接费率的大小，然后进行压缩。压缩方法如下：①如果被压缩对象的直接费率或组合直接费率大于间接费率，说明压缩关键工作的持续时间会使工程总费用增加，此时应停止缩短关键工作的持续时间，在此之前的方案即为优化方案。②如果被压缩对象的直接费率或组合直接费率等于间接费率，说明压缩关键工作的持续时间不会使工程总费用增加，故应缩短关键工作的持续时间。③如果被压缩对象的直接费率或组合直接费率小于间接费率，说明压缩关键工作的持续时间会使工程的总费用减少，故应缩短关键工作的持续时间。

（6）计算相应增加的总费用C_i。

（7）计算出优化后的总费用，即

优化后工程的总费用 = 初始网络计划的费用 + 直接费增加费 − 间接费减少费

$$\tag{3-38}$$

（8）重复步骤（4）～（7），一直计算到总费用最低为止，即直到被压缩对象的直接费率或组合直接费率大于间接费率。

【例3-11】 已知待优化的网络计划如图3-41所示，图3-41中箭线上方为工作的正常费用和极限持续时间费用（见括号内），箭线下方为工作的正常持续时间和最短持续时间（见括号内）。已知间接费率为0.12千元/d，试对其进行费用优化。

解：（1）计算总费用。

$$\sum C_{i-j}^{D} = 1.5 + 7.5 + 4.0 + 5.0 + 12 + 8.5 + 9.5 + 4.5 = 52.5（千元）$$

（2）计算各项工作直接费率，如表3-10所示。

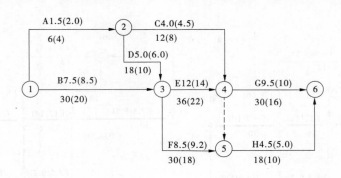

图3-41 例3-11 待优化的网络计划

表3-10 各项工作直接费率

工作	$CC_{i-j} - CN_{i-j}$（千元）	$DN_{i-j} - DC_{i-j}$（d）	ΔC_{i-j}（千元/d）
1—2	2.0 - 1.5	6 - 4	0.25
1—3	8.5 - 7.5	30 - 20	0.10
2—3	6.0 - 5.0	18 - 10	0.125
2—4	4.5 - 4.0	12 - 8	0.125
3—4	14 - 12	36 - 22	0.143
3—5	9.2 - 8.5	30 - 18	0.058
4—6	10 - 9.5	30 - 16	0.036
5—6	5.0 - 4.5	18 - 10	0.062

（3）按正常工作时间,用标号法确定出关键线路并求出计算工期,如图3-42所示。计算工期为96 d。

（4）第一次压缩。在图3-42中,关键线路是1—3—4—6,选择直接费率最小的工作4—6作为优化对象。工作4—6的直接费率为0.036千元/d,小于间接费率,所以压缩其工作时间至最短持续时间16 d。压缩后用标号法找出关键线路,此时工作4—6变为非关键工作。为了使工作4—6仍为关键工作,将工作4—6的工作历时延长至18 d,如图3-43所示。此时工期为84 d。

第一次压缩工作4—6持续时间缩短12 d,所以增加费用为

$$C_1 = 0.036 \times 12 = 0.432（千元）$$

（5）第二次压缩。在图3-43中,有三个压缩方案,分别为压缩工作1—3,压缩工作3—4,同时压缩工作4—6和5—6。三个方案对应的直接费率分别为0.10千元/d,0.143千元/d,0.098千元/d。故选择同时压缩工作4—6和5—6,其直接费率0.098千元/d小于间接费率,分别压缩2 d,如图3-44所示。此时工期为82 d。

第二次压缩后增加的总费用为

$$C_2 = C_1 + 0.098 \times 2 = 0.628（千元）$$

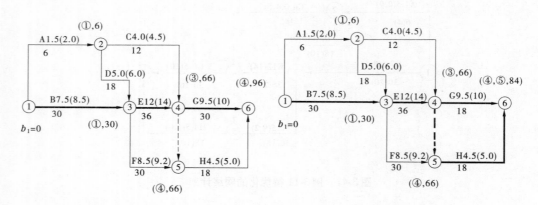

图 3-42　网络计划的关键线路　　　　　图 3-43　第一次压缩

（6）第三次压缩。在图 3-44 中,工作 4—6 和 5—6 已经不能再压缩了,所以有两个压缩方案,分别为压缩工作 1—3,压缩工作 3—4。两个方案对应的直接费率分别为 0.10 千元/d,0.143 千元/d。故选择压缩工作 1—3,其直接费率 0.10 千元/d 小于间接费率。压缩工作 1—3 至最短持续时间 20 d。压缩后用标号法找出关键线路,此时工作 1—3 变为非关键工作,为了使工作 1—3 仍为关键工作,将工作 1—3 的工作历时延长至 24 d,如图 3-45 所示。此时工期为 76 d。

第三次压缩后增加的总费用

$$C_3 = C_2 + 0.10 \times 6 = 0.628 + 0.6 = 1.228(千元)$$

在图 3-45 中,关键线路是三条。其中工作 4—6 和 5—6 已经不能再压缩,压缩方案有三个:同时压缩工作 1—2 和 1—3,同时压缩工作 1—3 和 2—3,压缩工作 3—4,三个方案的直接费率分别为 0.35 千元/d,0.225 千元/d,0.143 千元/d。三个方案中的最小直接费率 0.143 千元/d 大于间接费率,因此图 3-45 即为最优网络计划,优化工期为 76 d。

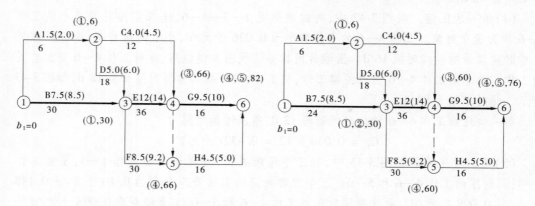

图 3-44　第二次压缩　　　　　　　图 3-45　第三次压缩

（7）计算优化后的总费用。

优化后工程的总费用 = 初始网络计划的费用 + 直接费增加费 - 间接费减少费

$$= 52.5 + 1.228 - 0.12 \times (96 - 76)$$

$$= 51.328(千元)$$

三、资源优化

资源是完成任务所需的人力、材料、机械设备、资金等的统称。

资源优化问题可归结为两种类型：一是资源有限，寻求最短工期；二是规定工期，寻求资源消耗均衡。无论是哪一类资源优化问题，都是通过重新调整安排某些工作项目，使网络计划的工期和资源分配情况得到改善。

资源优化中的几个常用术语如下：

(1)资源强度。指一项工作在单位时间内所需的某种资源数量，工作 $i—j$ 的资源强度用 $q_{i—j}$ 表示。

(2)资源需要量。指网络计划中各项工作在单位时间内所需某种资源量之和，第 t 天资源需要量常用 Q_t 表示。

(3)资源限量。指单位时间内可供使用的某种资源的最大数量，常用 Q_a 表示。

(一)资源有限 - 工期最短的优化

资源有限 - 工期最短的优化步骤如下：

(1)计算网络计划每天资源需要量 Q_t。

(2)从计划开始日期起，逐日检查每天资源需要量是否超过资源限量，如果在整个工期内每天资源需要量均不超过限量，则该方案即为优化方案，否则必须停止检查，对该计划进行调整。

(3)调整网络计划。对超过资源限量的时段进行分析，如果该时段内有几项平行工作，则应将一项工作安排在与之相平行的另一项工作之后进行，以减少该时段的每天资源需要量。平移一项工作后，工期延长的时间可按式(3-39)计算：

$$\Delta D_{m—n,i—j} = EF_{m—n} - LS_{i—j} \tag{3-39}$$

式中　$\Delta D_{m—n,i—j}$——在资源需要量超过资源限量的时段内的诸平行工作中，将工作 $i—j$ 安排在工作 $m—n$ 之后，工期延长的时间；

　　　　$EF_{m—n}$——工作 $m—n$ 最早完成时间；

　　　　$LS_{i—j}$——工作 $i—j$ 最迟开始时间。

对平行工作进行两两排序，即可得出若干个 $\Delta D_{m—n,i—j}$，选择其中最小的 $\Delta D_{m—n,i—j}$ 及与其对应的调整方案。

(4)重复以上步骤，直到网络计划整个工期范围内每个时间单位的资源需要量均满足资源限量。

【例3-12】　某工程网络计划的原始时标网络计划如图3-46所示，图3-46中箭线上方的数字表示该工作每日所需资源量，下方数字表示该工作历时。现在已知资源限量为工人数每日最多不超过40人。对该计划进行调整，使之在满足资源限量的条件下，工期最短。

解：(1)计算每日资源需要量(见图3-47)。

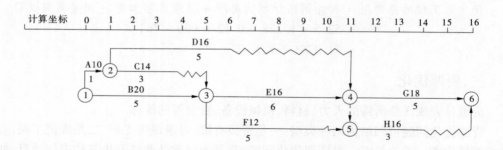

图 3-46　原始时标网络计划

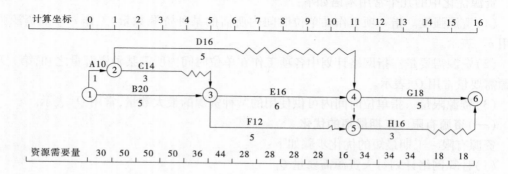

图 3-47　原始网络计划资源需要量

（2）第一次调整。逐日检查，在第 2、3、4 个工作日内，资源需要量大于资源限量 40 人，发生资源冲突，需要进行调整。

在第 2、3、4 个工作日内，有 B、C、D 三项工作，时间参数分别为工作 B：$EF_{1-3}=5$，$LS_{1-3}=0$；工作 C：$EF_{2-3}=4$，$LS_{2-3}=2$；工作 D：$EF_{2-4}=6$，$LS_{2-4}=6$。

调整方案如表 3-11 所示。

表 3-11　网络计划调整方案

工作代号	方案编号	安排在后面的工作	工期延长时间 $\Delta D_{m-n,i-j}$	工期
1—3	a	2—3	3	19
	b	2—4	−1	16
2—3	c	1—3	4	20
	d	2—4	−2	16
2—4	e	1—3	6	22
	f	2—3	4	20

工期延长值为负值，说明调整后还未到原工期，故工期为原工期不变。选择方案 d 进行调整，即把工作 2—4 移到工作 2—3 后，调整后重新计算资源需要量（见图 3-48）。

（3）第二次调整。由图 3-48 可知，在第 6、7、8、9 个工作日内，资源需要量大于资源限

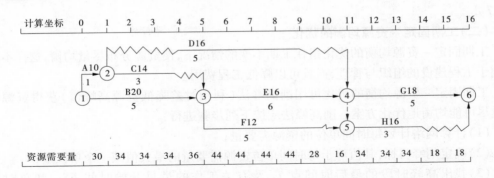

图 3-48 第一次调整后网络计划

量,需要再次进行调整。在第 6、7、8、9 个工作日内,有三项工作,时间参数分别为工作 2—4:$EF_{2-4}=9$,$LS_{2-4}=6$;工作 3—4:$EF_{3-4}=11$,$LS_{3-4}=5$;工作 3—5:$EF_{3-5}=10$,$LS_{3-5}=8$。调整方案如表 3-12 所示,通过比较,方案 h 延长时间最小,选择方案 h 进行调整,即把工作 3—5 移到工作 2—4 后进行,调整后重新计算资源需要量(见图 3-49)。

表 3-12 网络计划第二次调整方案

工作代号	方案编号	安排在后面的工作	工期延长时间 $\Delta D_{m-n,i-j}$	工期
2—4	g	3—4	4	20
	h	3—5	1	17
3—4	i	2—4	5	21
	j	3—5	3	19
3—5	k	2—4	4	20
	l	3—4	5	21

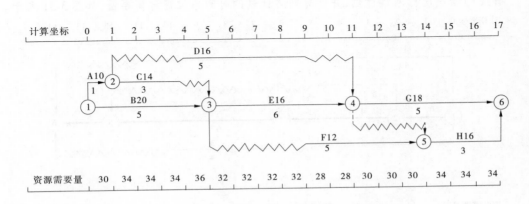

图 3-49 第二次调整后网络计划

在图 3-49 中,各日的资源需要量都没有超过资源限量,调整结束,但是工期延长 1 d,

为 17 d。

(二)工期固定 – 资源均衡的优化

工期固定 – 资源均衡的优化指在工期不变的情况下,使资源分布尽量均衡,这样不仅有利于工程建设的组织与管理,而且可以降低工程费用。

工期固定 – 资源均衡的优化可用削高峰法(利用时差降低资源高峰值)获得资源消耗量尽可能均衡地优化方案。削高峰法应按下列步骤进行:

(1)计算网络计划每时间单位的资源需要量;

(2)确定削峰目标,其值等于每时间单位资源需要量的最大值减一个单位量;

(3)找出高峰时段的最后时间点 T_h 及有关工作的最早开始时间 ES_{i-j} 和总时差 TF_{i-j};

(4)计算有关工作的时间差值 $\Delta T_{i-j} = TF_{i-j} - (T_h - ES_{i-j})$,优先以时间差值最大的工作 $i-j$ 为调整对象,令 $ES_{i-j} = T_h$;

(5)当峰值不能再减小时,即得到优化方案;否则,重复以上步骤。

【例3-13】 已知待优化的网络计划如图 3-50 所示。图 3-50 中箭线上方为资源强度,箭线下方为工作持续时间,试对其进行资源优化。

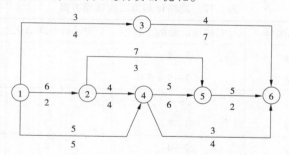

图 3-50　例 3-13 待优化的网络计划

解:(1)绘制时标网络计划,并计算网络计划的时间单位资源需要量,如图 3-51 所示。

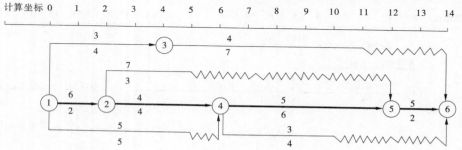

图 3-51　时标网络计划

(2)确定削峰目标。在图 3-51 中,资源需要量最大值减去一个单位量,即 20 - 1 = 19。

（3）找出高峰时段最后时间点 $T_h = 5$。在第 5 天有四项工作，分别是工作 1—4、工作 2—4、工作 2—5、工作 3—6。最早开始时间 $ES_{i—j}$ 和总时差 $TF_{i—j}$ 分别为 $ES_{1—4} = 0$，$ES_{2—4} = 2$，$ES_{2—5} = 2$，$ES_{3—6} = 4$；$TF_{1—4} = 1$，$TF_{2—4} = 0$，$TF_{2—5} = 7$，$TF_{3—6} = 3$。

（4）有关工作的时间差值：

$$\Delta T_{1—4} = TF_{1—4} - (T_h - ES_{1—4}) = 1 - (5 - 0) = -4$$

$$\Delta T_{2—4} = TF_{2—4} - (T_h - ES_{2—4}) = 0 - (5 - 2) = -3$$

$$\Delta T_{2—5} = TF_{2—5} - (T_h - ES_{2—5}) = 7 - (5 - 2) = 4$$

$$\Delta T_{3—6} = TF_{3—6} - (T_h - ES_{3—6}) = 3 - (5 - 4) = 2$$

其中工作 2—5 的时间差值最大，故优先将该工作向右移动 3 d，即第 5 天以后开始工作，然后计算每日资源需要量，观察峰值是否小于或等于削峰目标（19）。

（5）从图 3-52 可知，经过第一次调整，资源需要量最大值为 19，故削峰目标为 18。逐日检查至第 7 天，资源需要量超过削峰目标。下界时间点 $T_h = 8$，在第 8 天中有工作 3—6、工作 2—5、工作 4—5、工作 4—6，最早开始时间 $ES_{i—j}$ 和总时差 $TF_{i—j}$ 分别为 $ES_{3—6} = 4$，$ES_{2—5} = 5$，$ES_{4—5} = 6$，$ES_{4—6} = 6$；$TF_{3—6} = 3$，$TF_{2—5} = 7$，$TF_{4—5} = 0$，$TF_{4—6} = 4$。

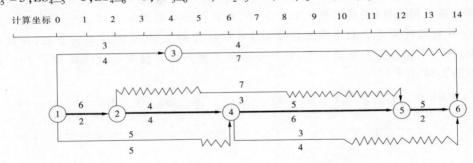

图 3-52　第一次调整

有关工作时间差值：

$$\Delta T_{3—6} = TF_{3—6} - (T_h - ES_{3—6}) = 3 - (8 - 4) = -1$$

$$\Delta T_{2—5} = TF_{2—5} - (T_h - ES_{2—5}) = 7 - (8 - 5) = 4$$

$$\Delta T_{4—5} = TF_{4—5} - (T_h - ES_{4—5}) = 0 - (8 - 6) = -2$$

$$\Delta T_{4—6} = TF_{4—6} - (T_h - ES_{4—6}) = 4 - (8 - 6) = 2$$

按理应该调整工作 2—5，但是工作 2—5 的资源需要量是 7，持续时间是 3 d，移动后还是不能满足削峰目标，所以移动工作 4—6，向右移动 2 d，第 8 天以后开始工作，再计算资源需要量（见图 3-53）。

（6）由图 3-53 中可知，经过第二次调整，资源需要量最大值为 16，削峰目标为 15。下界时间点为 $T_h = 8$。在第 8 天中，有工作 2—5、工作 3—6、工作 4—5，最早开始时间 $ES_{i—j}$ 和总时差 $TF_{i—j}$ 分别为 $ES_{2—5} = 5$，$ES_{3—6} = 4$，$ES_{4—5} = 6$；$TF_{2—5} = 7$，$TF_{3—6} = 3$，$TF_{4—5} = 0$。

有关工作时间差值：

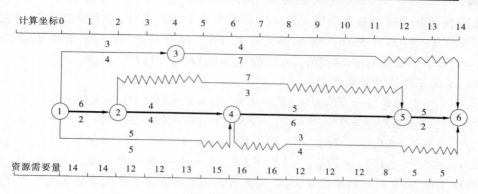

图3-53　第二次调整

$$\Delta T_{2-5} = TF_{2-5} - (T_h - ES_{2-5}) = 7 - (8 - 5) = 4$$

$$\Delta T_{3-6} = TF_{3-6} - (T_h - ES_{3-6}) = 3 - (8 - 4) = -1$$

$$\Delta T_{4-5} = TF_{4-5} - (T_h - ES_{4-5}) = 0 - (8 - 6) = -2$$

按理应该调整工作2—5,但是工作2—5的资源需要量是7,持续时间是3 d,移动后还是不能满足削峰目标,所以移动工作3—6,向右移动4 d,第8天以后开始工作。但是,工作3—6持续时间是7 d,最多只能移到3 d以后开始工作,而且这次调整后,峰值不能再减少,因为不论再怎么移动工作,每日资源需要量的高峰值都会大于或等于16。优化结果如图3-54所示。

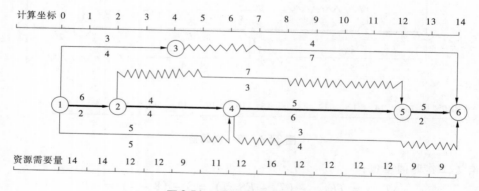

图3-54　网络计划优化结果

任务六　网络计划技术在水利工程中的应用

【案例3-1】　某土坝枢纽工程除险加固的主要内容有:①坝基帷幕灌浆30 d;②坝顶道路重建20 d;③上游护坡重建160 d;④上游坝体培厚90 d;⑤发电隧洞加固170 d;⑥泄洪隧洞加固180 d;⑦新建混凝土截渗墙120 d;⑧下游护坡拆除重建120 d;⑨新建防浪墙40 d。当地汛期为7~9月,无法安排施工,所有加固工程均安排在非汛期施工。

(1)根据项目部研究"上游护坡重建"第一个非汛期完成128 d工程的量,在第一个非汛期应施工至汛期最高水位以上,剩余工程量安排在第二个非汛期施工。

(2)考虑到泄洪洞加固在第一个非汛期完成后,为加固泄洪洞和上游护坡担负施工导流任务;同时考虑先施工混凝土截渗墙后进行帷幕灌浆,从而可以保证垂直防渗体的连接和帷幕灌浆质量。

问题:根据以上工程背景及施工工艺的逻辑关系,尽量安排平行作业绘制双代号网络图。

解:由于发电隧洞加固、泄洪隧洞加固和坝体上的施工项目都不在同一个作业面上,可以组织平行作业;考虑垂直防渗体系的连接可靠性,先施工地基截渗墙后进行帷幕灌浆;坝体护坡施工先上游后下游。

承包人编制的施工网络计划图如图 3-55 所示。

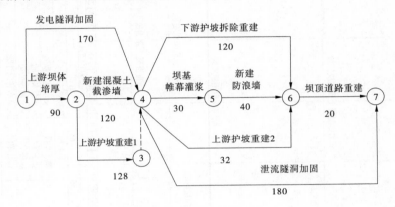

图 3-55 双代号网络图

【案例 3-2】 某节制闸除险加固工程,部分工程修补和拆除重建。施工总进度计划表明:本工程开工日期 2005 年 3 月 5 日,竣工日期 2005 年 6 月 11 日,计划总工期 99 d。本工程分三个作业面进行施工:

(1)闸室部分。施工准备、闸门拆除、启闭机拆除、闸门安装、竣工验收。

(2)护坡部分。施工准备、原护坡拆除、清基清淤、砂垫层、混凝土预制块砌筑、竣工验收。

(3)进闸道路部分。施工准备、清基、基层碎石施工、沥青混凝土路面施工、竣工验收。

各主要工程项目的施工进度计划分述如下:

施工准备:2005 年 3 月 5 日开始,2005 年 3 月 25 日前全部完工;拆除护坡混凝土:2005 年 3 月 26 日开始,2005 年 4 月 1 日完工;清淤土方:2005 年 4 月 1 日开始,2005 年 4 月 5 日完工;砂垫层:2005 年 4 月 6 日开始,2005 年 4 月 1 日完工;C15 混凝土预制块护坡:2005 年 4 月 12 日开始,2005 年 5 月 18 日完工;其他工作依次类推。

进闸道路施工:2005 年 3 月 26 日开始,2005 年 4 月 3 日完工。

竣工验收:2005 年 5 月 6 日开始进行资料整理竣工验收,直至工程结束。

绘制时标网络图如图 3-56 所示。

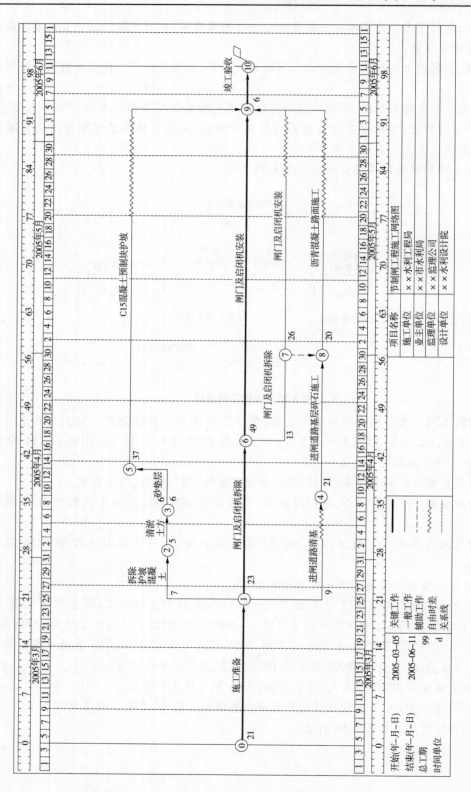

图 3-56　某节制闸工程施工网络图

习 题

3-1 什么是网络图？什么是网络计划？

3-2 双代号网络图的绘制规则有哪些？

3-3 单代号网络计划和双代号网络计划有什么区别？

3-4 单代号网络图的绘制规则有哪些？

3-5 网络计划优化的内容有哪些？工期如何优化？

3-6 已知工作之间的逻辑关系如表 3-13 所示，绘制双代号网络图和单代号网络图。

表 3-13 习题 3-6 表

工作	A	B	C	D	E	F	G	H	I	J
紧前工作	无	无	无	无	B、C、D	A、B、C	F	G	G	H、I

3-7 某网络计划的有关资料如表 3-14 所示，试绘制双代号网络计划，并且计算出其各个时间参数，用粗箭线标出关键线路。

表 3-14 习题 3-7 表

工作	A	B	C	D	E	F	G	H	I	J
持续时间	2	3	4	5	6	3	4	7	2	3
紧前工作	无	A	A	A	B	C、D	D	B	E、F、G	F

3-8 某网络计划的有关资料如表 3-15 所示，试绘制单代号网络计划，并绘图标出各时间参数，用粗箭线标出关键线路。

表 3-15 习题 3-8 表

工作	A	B	C	D	E	F
持续时间	12	10	5	7	6	4
紧前工作	无	无	无	B	B	C、D

3-9 已知网络计划的资料如表 3-16 所示，试绘出双代号时标网络计划，并计算时间参数，确定出关键线路。如开工日期是 9 月 24 日（星期二），每周休息两天，国家规定的节假日亦应休息，试列出该网络计划有主要时间参数的日历形象进度表。

表 3-16 习题 3-9 表

工作	A	B	C	D	E	F	G	H	I	J
持续时间	2	3	4	5	6	3	4	7	2	3
紧前工作	无	A	A	B	B	D	F	E、F	C、E、F	G、H

3-10 已知网络计划如图 3-57 所示，图 3-57 中箭线下方为正常持续时间，括号内为最短持续时间，箭线上方括号内为优选系数。优选系数越小越应优先选择；若同时缩短多

个关键工作,则该工作关键的优选系数之和最小值亦应优先选择。假定工期是 12 d,试对其工期进行优化。

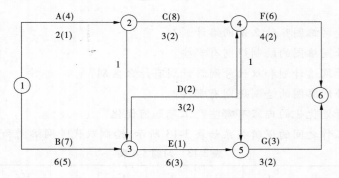

图 3-57　习题 3-10 图

3-11　已知网络计划如图 3-58 所示,箭线下方括号外数字为工作的正常持续时间,括号内数字为工作的最短持续时间;箭线上方括号外的数字为正常持续时间时的直接费,括号内数字为最短持续时间时的直接费,费用单位:千元,时间单位:d。如果间接费率为0.8 千元/d,则最低工程费用的工期为多少天?

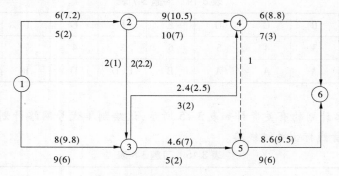

图 3-58　习题 3-11 图

项目四 初步设计阶段施工组织总设计

项目重点

施工组织总设计编制内容和依据,施工组织总设计中主体工程的施工方案,施工总进度计划及施工总体布置的内容和有关事项。

教学目标

了解施工组织总设计的内容与作用、施工辅助企业的作用和布置原则;熟悉施工组织总设计的组成、编制技巧与方法;通过职业能力训练,掌握编制简单项目的施工组织总设计。

任务一 施工组织总设计内容与编制依据

施工组织总设计是水利工程设计文件的重要组成部分,是编制工程投资估算、总概算和招标投标文件的主要依据,是工程建设和施工管理的指导性文件。认真做好施工组织总设计对正确选定坝址、坝型、枢纽布置、整体优化设计方案、合理组织工程施工、保证工程质量、缩短施工周期、降低工程造价都有十分重要的作用。

一、施工组织总设计的内容

(一)施工条件

施工条件包括工程条件、自然条件、物质资源供应条件以及社会经济条件等。施工条件分析需在简要阐明上述条件的基础上,着重分析它们对工程施工可能带来的影响和后果。

(二)施工导流

确定导流标准,划分导流时段,明确施工分期,选择导流设计流量、导流方式和导流建筑物,拟订截流、拦洪、排水、通航、过水、下闸封孔、供水、蓄水、发电等措施。

(三)料场选择与开采

对混凝土坝主要规划和选择砂石料场,土石坝主要进行主要料场和备用料场的规划和选择。

(四)主体工程施工

挡水、泄水、引水、发电、通航等主要建筑物,应根据各自的施工条件,对施工程序、施工方法、施工强度、施工布置、施工进度和施工设备等问题,进行分析比较和选择。必要时,对其中的关键技术问题,如特殊的基础处理、大体积混凝土温度控制、坝体拦洪度汛等问题做出专门的设计和论证。

（五）施工交通运输

施工交通运输包括对外交通和场内交通两部分。对外交通是联系工地与外部公路、铁路车站、水运港口之间的交通,担负施工期间外来物资的运输任务;场内交通是联系施工工地内部各工区、当地材料产地、弃料场,各生产、办公生活区之间的交通。场内交通须与对外交通衔接。

（六）施工工厂设施和大型临建工程

施工工厂设施,如混凝土骨料开采加工系统、土石料场和土石料加工系统、混凝土生产系统、机械修配系统、汽车修配厂、钢筋加工厂、预制构件厂,以及风、水、电、通信、照明系统等,均应根据施工的任务和要求分别确定各自位置、规模、设备容量、生产工艺、工艺设备、平面布置、占地面积、建筑面积和土建安装工程量,并提出土建安装进度和分期投产的计划。

大型临建工程,如施工栈桥、过河桥梁、缆机平台等,要做出专门设计,确定其工程量和施工进度安排。

（七）施工总体布置

充分掌握和综合分析水利工程枢纽布置,主体建筑物规模、形式、特点、施工条件和工程所在地区的社会、自然等因素,确定并统筹规划布置为工程施工服务的各种临时设施,妥善处理施工场地内外关系。

（八）施工总进度

编制施工总进度时,应根据国民经济发展需要,采取积极有效的措施满足主管部门或业主对施工总工期提出的要求。如果确认要求工期过短或过长、施工难以实现或代价过大,应以合理工期报批。

（九）主要技术供应

根据施工总进度的安排和定额资料的分析,对主要建筑材料(如钢材、钢筋、木材、水泥、粉煤灰、油料、炸药等)和主要施工机械设备,列出总需要量和分年需要量计划。

二、施工组织总设计编制依据

在进行施工组织总设计编制时,应依据现状、相关文件和试验成果等,具体内容如下:

(1)可行性研究报告及审批意见、设计任务书、上级单位对本工程建设的要求或批件。

(2)工程所在地区有关基本建设的法规或条例、地方政府对本工程建设的要求。

(3)国民经济各有关部门(铁道、交通、林业、灌溉、旅游、环保、城镇供水等)对本工程建设期间的有关要求及协议。

(4)当前水利工程建设的施工装备、管理水平和技术特点。

(5)工程所在地区和河流的自然条件(地形、地质、水文、气象特征和当地建筑材料情况等)、施工电源、水源及水质、交通、环保、旅游、防洪、灌溉、航运、过木、供水等现状和近期发展规划。

(6)当地城镇现有修配、加工能力,生活、生产物资和劳动力供应条件,居民生活、卫生习惯等。

（7）施工导流及通航过木等水工模型试验、各种原材料试验、混凝土配合比试验、重要结构模型试验、岩土物理力学试验等成果。

（8）工程有关工艺试验或生产性试验成果。

（9）勘测、设计各专业有关成果。

任务二　主体工程施工方案

主体工程包括挡水、泄水、引水、发电、通航等主要建筑物,应根据各自的施工条件,对施工程序、施工方法、施工强度、施工布置、施工进度、施工机械等问题进行分析比较,选择合理施工方案。

一、施工方案选择原则

（1）施工期短、辅助工程量及施工附加量小、施工成本低。

（2）各个建筑物之间、土建工程与安装工程之间相互协调、穿插有序、干扰较小。

（3）技术先进、安全可靠。

（4）施工强度和施工设备、材料、劳动力等资源需求均衡。

二、施工设备选择及劳动力组合原则

（1）适应工地条件,符合设计和施工要求,保证工程质量,生产能力满足施工强度要求。

（2）设备性能机动、灵活、高效、能耗低、运行安全可靠。

（3）通过市场调查,应按各单项工程工作面、施工强度、施工方法进行设备配套选择,使各类设备均能充分发挥效率。

（4）通用性强,能在先后施工的工程项目中重复使用。

（5）设备购置及运行费用较低,易于获得零配件,便于维修、保养、管理、调度。

（6）在设备选择配套的基础上,应按工作面、工作班制、施工方法以混合工种结合国内平均先进水平进行劳动力优化组合设计。

三、主体工程施工

水利工程的主体工程施工包括土石方明挖、地基处理、混凝土施工、碾压式土石坝施工、堆砌石工程、安装工程等,下面以混凝土施工和碾压式土石坝施工项目为例,介绍主体工程施工方案选择。

（一）混凝土施工

混凝土施工方案选择应遵循以下原则:

（1）混凝土生产、运输、浇筑、温控防裂等各施工环节衔接合理。

（2）施工机械化程度符合工程实际,保证工程质量,加快工程进度和节约工程投资。

（3）施工工艺先进,设备配套合理,综合生产效率高。

（4）能连续生产混凝土,运输过程的中转环节少、运距短、温控措施简易、可靠。

(5)初、中、后期浇筑强度协调平衡。

(6)混凝土施工与机电安装之间干扰少。

混凝土浇筑程序、各期浇筑部位和高程应与供料线路、起吊设备布置和机电安装进度相协调,并符合相邻块高差及温控防裂等有关规定。各期工程形象进度应能适应截流、拦洪度汛、封孔蓄水等要求。

混凝土浇筑设备选择应遵循以下原则:

(1)起吊设备能控制整个平面和高程上的浇筑部位。

(2)主要设备型号单一、性能良好、生产率高,配套设备能发挥主要设备的生产能力。

(3)在固定的工作范围内能连续工作,设备利用率高。

(4)浇筑间歇能承担模板、金属构件及仓面小型设备吊运等辅助工作。

(5)不压浇筑块,或不因压块而延长浇筑工期。

(6)生产能力在能保证工程质量前提下满足高峰时段浇筑强度要求。

(7)混凝土宜直接起吊入仓,当用带式输送机或自卸汽车入仓卸料时,应有保证混凝土质量的可靠措施。

(8)当混凝土运距较远时,可用混凝土搅拌运输车,防止混凝土出现离析或初凝,保证混凝土质量。

模板选择应遵循以下原则:

(1)模板类型应适合结构物外形轮廓,有利于机械化操作和提高周转次数。

(2)有条件部位宜优先采用混凝土或钢筋混凝土模板,并尽量多用钢模、少用木模。

(3)结构形式应力求标准化、系列化,便于制作、安装、拆卸和提升,条件适合时应优先选用滑模和悬臂式钢模。

坝体分缝应结合水利工程相关要求确定。最大浇筑仓面尺寸在分析混凝土性能、浇筑设备能力、温控防裂措施和工期要求等因素后确定。

坝体接缝灌浆应考虑以下几个方面:

(1)接缝灌浆应待灌浆区及以上冷却层混凝土达到坝体稳定温度或设计规定值后进行,在采取有效措施情况下,混凝土龄期不宜短于4个月。

(2)同一坝缝内灌浆分区高度为 10~15 m。

(3)应根据双曲拱坝施工期应力确定封拱灌浆高程和浇筑层顶面间的允许高差。

(4)对空腹坝封顶灌浆,或受气温年变化影响较大的坝体接缝灌浆,宜采用较坝体稳定温度更低的超冷温度。

用平浇法浇筑混凝土时,设备生产能力应能确保在混凝土初凝前将仓面覆盖完毕;当仓面面积过大、设备生产能力不能满足时,可用台阶法浇筑。

大体积混凝土施工必须进行温控防裂设计,采取有效的温控防裂措施以满足温控要求。有条件时宜用系统分析法确定各种措施的最优组合。

在多雨地区雨季施工时,应掌握分析当地历年降雨资料,包括降雨强度、频度和一次降雨延续时间,并分析雨日停工对施工进度的影响和采取防雨措施的可能性与经济性。

低温季节混凝土施工必要性应根据总进度及技术经济比较论证后确定。在低温季节进行混凝土施工时,应做好保温防冻措施。

（二）碾压式土石坝施工

认真分析工程所在地区气象台（站）的长期观测资料。统计降水、气温、蒸发等各种气象要素不同量级出现的天数，确定对各种坝料施工的影响程度。

料场规划应遵循以下原则：

（1）料物物理力学性质符合坝体用料要求，质地较均一。

（2）储量相对集中，料层厚，总储量能满足坝体填筑需要量。

（3）有一定的备用料区，保留部分近料场作为坝体合龙和抢筑拦洪高程用料。

（4）按坝体不同部位合理使用各种不同的料场，减少坝料加工。

（5）料场剥离层薄，便于开采，获得率较高。

（6）采集工作面开阔、料物运距较短，附近有足够的废料堆场。

（7）不占或少占耕地、林场。

料场供应应遵循以下原则：

（1）必须满足坝体各部位施工强度要求。

（2）充分利用开挖渣料，做到就近取料、高料高用、低料低用，避免上、下游料物交叉使用。

（3）垫层料、过渡层和反滤料一般宜用天然砂石料，工程附近缺乏天然砂石料或使用天然砂石料不经济时，方可采用人工料。

（4）减少料物堆存、倒运，必须堆存时，堆料场宜靠近坝区上坝道路，并应有防洪、排水、防料物污染、防分离和散失的措施。

（5）力求使料物及弃渣的总运输量最小。做好料场平整，防止水土流失。

土料开采和加工处理要求如下：

（1）根据土层厚度、土料物理力学特性、施工特性和天然含水量等条件研究确定主次料场，分区开采。

（2）开采加工能力应能满足坝体填筑强度要求。

（3）若料场天然含水量偏高或偏低，应通过技术经济比较选择具体措施进行调整，增减土料含水量宜在料场进行。

（4）若土料物理力学特性不能满足设计和施工要求，应研究使用人工砾质土的可能性。

（5）统筹规划施工场地、出料线路和表土堆存场，必要时应做还耕规划。

坝料上坝运输方式应根据运输量，开采、运输设备型号，运距和运费，地形条件以及临建工程量等资料，通过技术经济比较后选定，并考虑以下原则：

（1）满足填筑强度要求。

（2）在运输过程中不得混掺、污染料物和降低料物物理力学性能。

（3）各种坝料尽量采用相同的上坝方式和通用设备。

（4）临时设施简易，准备工程量小。

（5）运输的中转环节少。

（6）运输费用较低。

施工上坝道路布置应遵循以下原则：

（1）各路段标准应满足坝料运输强度要求，在认真分析各路段运输总量、使用期限运输车型和当地气象条件等因素后确定。

（2）能兼顾地形条件,各期上坝道路能衔接使用,运输不致中断。

（3）能兼顾其他施工运输,两岸交通和施工期过坝运输,尽可能与永久公路结合。

（4）在限制坡长条件下,道路最大纵坡不大于15%。

防渗体土料用自卸汽车运输上坝时,宜用进占法卸料。铺土厚度根据土料性质和压实设备性能通过现场试验或工程类比法确定,压实设备可根据土料性质、细颗粒含量和含水量等因素选择。

土料施工尽可能安排在少雨季节,若在雨季或多雨地区施工,应选用适合的土料和施工方法,并采取可靠的防雨措施。

当寒冷地区当日平均气温低于 0 ℃时,黏性土按低温季节施工;当日平均气温低于 – 10 ℃时,一般不宜填筑土料,否则应进行技术经济论证。

面板堆石坝的面板垫层为级配良好的半透水细料,要求压实度较高。垫层下游排水必须通畅。

混凝土面板堆石坝上游坝坡用振动平碾,在坝面顺坡分级压实,分级长度一般为10 ~ 20 m ;也可用夯板随坝面升高逐层夯实。压实平整后的边坡用沥青乳胶或喷混凝土固定。

混凝土面板垂直缝间距应以有利于滑模操作、适应混凝土供料能力、便于组织仓面作业为准,一般用高度不大的面板,坝一般不设水平缝。高面板坝由于坝体施工期度汛或初期蓄水发电需要,混凝土面板可设置水平缝分期度汛。

混凝土面板浇筑宜用滑模自下而上分条跳块进行,滑模滑行速度通过试验选定。

沥青混凝土面板堆石坝的沥青混合料宜用汽车配保温吊罐运输,坝面上设喂料车、摊铺机、振动碾和牵引卷扬台车等专用设备。面板宜一期铺筑,当坝坡长大于120 m 或因度汛需要,也可分两期铺筑,但两期间的水平缝应做加热处理。纵向铺筑宽度一般为 3 ~ 4 m。

沥青混凝土心墙的铺筑层厚宜通过碾压试验确定,一般可采用 20 ~ 30 cm。铺筑层与两侧过渡层填筑尽量平起平压,两者离差不大于 3 m。

寒冷地区沥青混凝土施工不宜裸露越冬,越冬前已浇筑的沥青混凝土应采取保护措施。

坝面作业规划如下:

（1）土质防渗体应与其上、下游反滤料及坝壳部分平起填筑。

（2）垫层料与部分坝壳料均宜平起填筑,当反滤料或垫层料施工滞后于堆后棱体时,应预留施工场地。

（3）混凝土面板及沥青混凝土面板宜安排在少雨季节施工,坝面上应有足够的施工场地。

（4）各种坝料铺料方法及设备宜尽量一致,并重视结合部位填筑措施,力求减少施工辅助设施。

碾压式土石坝施工机械选型配套应遵循以下原则:

（1）提高施工机械化水平。

（2）各种坝料坝面作业的机械化水平应协调一致。

（3）各种设备数量按施工高峰时段的平均强度计算,适当留有余地。

（4）振动碾的碾型和碾重根据料场性质、分层厚度、压实要求等条件确定。

任务三　施工总进度计划

编制施工总进度时,应根据国民经济发展需要,采取积极有效的措施满足主管部门或业主对施工总工期提出的要求。如果确认要求工期过短或过长、施工难以实现或代价过大,应以合理工期报批。

一、工程建设阶段划分

根据《水利水电工程施工组织设计规范》(SL 303—2004),工程建设一般划分为四个施工阶段。

(一)工程筹建期

工程筹建期指工程正式开工前由业主单位负责为承包单位进场开工创造条件所需的时间。筹建工作有对外交通、施工用电、通信、征地、移民以及招标、评标、签约等。

(二)工程准备期

工程准备期指从准备工程开工起至河床基坑开挖(河床式)或主体工程开工(引水式)前的工期。所做的必要准备工程一般包括场地平整、场内交通、导流工程、临时建房和施工工厂等。

(三)主体工程施工期

主体工程施工期指一般从河床基坑开挖或从引水道或厂房开工起,至第一台机组发电或工程开始受益为止的期限。

(四)工程完建期

工程完建期指自水电站第一台机组投入运行或工程开始受益起,至工程竣工的工期。

工程施工总工期为后三项工期之和,并非所有工程的四个建设阶段均能截然分开,某些工程的相邻两个阶段工作也可交错进行。

二、施工总进度的表示形式

施工总进度根据工程情况不同分别采用以下三种形式表示:

(1)横道图。具有简单、直观等优点。

(2)网络图。可从大量工程项目中表示控制总工期的关键线路,便于反馈、优化。

(3)斜线图。易于体现流水作业。

三、主体工程施工进度编制

(一)坝基开挖与地基处理工程施工进度

坝基岸坡开挖一般与导流工程平行施工,并在河流截流前基本完成。平原地区的水利工程和河床式水电站工程若施工条件特殊,可两岸坝基与河床坝基交叉进行开挖,但以不延长总工期为原则。

基坑排水一般安排在围堰水下部分防渗设施基本完成之后、河床地基开挖之前进行。对于土石围堰与软质地基的基坑,应控制排水下降速度。

不良地质地基处理宜安排在建筑物覆盖前完成。固结灌浆时间可与混凝土浇筑交叉作业,经过论证,也可在混凝土浇筑前进行。帷幕灌浆可在坝基面或廊道内进行,不占直线工期,并应在蓄水前完成。

两岸岸坡有地质缺陷的坝基,应根据地基处理方案安排施工工期,当处理部位在坝基范围以外或地下时,可考虑与坝体浇筑(填筑)同时进行,在水库蓄水前按设计要求处理完毕。

采用过水围堰导流方案时,应分析围堰过水期限及过水前后对工期带来的影响,在多泥沙河流上应考虑围堰过水后清淤所需工期。

地基处理工程进度应根据地质条件、处理方案、工程量、施工程序、施工水平、设备生产能力和总进度要求等因素研究确定。对于复杂、技术要求高、对总工期起控制作用的深覆盖层的地基处理应做深入分析,合理安排工期。

根据基坑开挖面积、岩土等级、开挖方法及按工作面分配的施工设备性能、数量等分析计算坝基开挖强度及相应的工期。

(二)混凝土工程施工进度

在安排混凝土工程施工进度时,应分析有效工作天数,大型工程经论证后若需加快浇筑进度,可分别在冬、雨、夏季采取确保施工质量的措施后施工。一般情况下,混凝土浇筑的月工作日数可按 25 d 计。对于控制直线工期工程的工作日数,宜将气象因素影响的停工天数从设计日历天数中扣除。

混凝土的平均升高速度与坝型、浇筑块数量、浇筑块高、浇筑设备能力以及温控要求等因素有关,一般通过浇筑排块确定。大型工程宜尽可能应用计算机模拟技术,分析坝体浇筑强度、升高速度和浇筑工期。

混凝土坝施工期历年度汛高程与工程面貌按施工导流要求确定,若施工进度难以满足导流要求,则可相互调整,确保工程安全度汛。

混凝土的接缝灌浆进度(包括厂坝间接缝灌浆)应满足施工期度汛与水库蓄水安全要求,并结合温控措施与二期冷却进度要求确定。

混凝土坝浇筑期的月不均衡系数:大型工程宜小于2,中型工程宜小于2.3。

(三)碾压式土石坝施工进度

碾压式土石坝施工进度应根据导流与安全度汛要求安排,研究坝体的拦洪方案,论证上坝强度,确保大坝按期达到设计拦洪高程。

坝体填筑强度的拟订应遵循以下原则:

(1)满足总工期以及各高峰期的工程形象要求,且各强度较为均衡。

(2)月高峰填筑量与填筑总量比例协调,一般可取 1:20 ~ 1:40。

(3)坝面填筑强度应与料场出料能力、运输能力协调。

(4)水文、气象条件对土石坝各种坝料的施工进度有不同程度的影响,须分析相应的有效施工工作日。一般应按照有关规范要求结合本地区水文、气象条件参考附近已建工程综合分析确定。

(5)土石坝上升速度主要由塑性心墙(或斜墙)的上升速度控制,而心墙或斜墙的上升速度又和土料性能、有效工作日、工作面、运输与碾压设备性能以及压实参数有关,一般宜通过现场试验确定。

(6)碾压式土石坝填筑期的月不均衡系数宜小于2。

(四)地下工程施工进度

地下工程施工进度受工程地质和水文地质影响较大,各单项工程施工程序互相制约,安排时应统筹兼顾开挖、支护、浇筑、灌浆、金属结构、机电安装等各个工序。

地下工程一般可全年施工,具体安排施工进度时,应根据各工程项目规模、地质条件、施工方法及设备配套情况,用关键线路法确定施工程序及各洞室、各工序间的相互衔接和最优工期。

地下工程月进度指标根据地质条件、施工方法、设备性能及工作面情况分析确定。

(五)金属结构及机电安装进度

施工总进度中应考虑预埋件、闸门、启闭设备、引水钢管、水轮发电机组及电气设备的安装工期,妥善协调安装工程与土建工程施工的交叉衔接,并适当留有余地。

对于控制安装进度的土建工程(如斜井开挖、支墩浇筑、厂房吊车梁及厂房顶板、副厂房、开关站基础等),交付安装的条件与时间均应在施工进度文件中逐项研究确定。

(六)施工劳动力及主要资源供应

单位工程施工进度计划编制确定以后,根据施工图纸、工程量计算资料、施工方案、施工进度计划等有关技术资料,着手编制劳动力需要量计划,各种主要材料、构件和半成品需要量计划及各种施工机械的需要量计划。它们不仅是为了明确各种技术工人和各种技术物资的需要量,而且是做好劳动力与物资的供应、平衡、调度、落实的依据,也是施工单位编制月、季生产作业计划的主要依据之一和保证施工进度计划顺利执行的关键。

1.劳动力需要量计划

劳动力需要量计划主要是作为平衡、调配劳动力和衡量劳动力耗用指标、安排生活福利设施的依据。其编制方法是将施工进度计划表内所列各施工过程每天(或旬、月)所需工人人数按工种汇总而得。其表格形式如表4-1所示。

表4-1 劳动力需要量计划表

序号	工种名称	需要人数	需要时间						备注
			××月			××月			
			上旬	中旬	下旬	上旬	中旬	下旬	

2.主要材料需要量计划

主要材料需要量计划是备料、供料和确定仓库、堆场面积及组织运输的依据。其编制方法是将施工进度计划表中各施工过程的工程量,按材料名称、规格、数量、使用时间计算汇总而得。其表格形式如表4-2所示。

表 4-2　　主要材料需要量计划表

序号	材料名称	规格	需要量		需要时间						备注
			单位	数量	××月			××月			
					上旬	中旬	下旬	上旬	中旬	下旬	

　　当某分部(分项)工程是由多种材料组成时,应按各种材料分类计算,如混凝土工程应换算成水泥、砂、石、外加剂和水的数量列入表格。

　　3. 构件和半成品需要量计划

　　建筑结构构件、配件和其他加工半成品的需要量计划主要用于落实加工订货单位,并按照所需规格、数量、时间,组织加工、运输和确定仓库或堆场,可根据施工图和施工进度计划编制。其表格形式如表 4-3 所示。

表 4-3　　构件和半成品需要量计划表

序号	构件、半成品名称	规格	图号、型号	需要量		使用部位	制作单位	供应日期	备注
				单位	数量				

　　4. 施工机械需要量计划

　　施工机械需要量计划主要用于确定施工机械的类型、数量、进场时间,可据此落实施工机械来源,组织进场。其编制方法是将单位工程施工进度计划表中的每一个施工过程及每天所需的机械类型、数量和施工日期进行汇总,即得施工机械需要量计划。其表格形式如表 4-4 所示。

表 4-4　　施工机械需要量计划表

序号	机械名称	型号	需要量		现场使用起止时间	机械进场或安装时间	机械退场或拆卸时间	供应单位
			单位	数量				

四、实例介绍——横道图

当用横道图表达施工总进度计划时,项目的排列可按施工总体方案所确定的工程开展程序排列。横道图上应表达出各施工项目的开、竣工时间及其施工持续时间。其表格形式如表4-5所示。

表4-5 某堤防施工总进度计划表

序号	主要工程项目	2006年				
		2月	3月	4月	5月	6月
1	准备工作	—				
2	清基及削坡		—			
3	堤身填筑及整形					
4	浆砌石脚槽			—		
5	干砌石护坡			—		
6	抛石					
7	导滤料		—		—	
8	草皮护坡				—	
9	锥探灌浆		—			
10	竣工资料整理及工程验收				—	

任务四 施工辅助企业

为施工服务的施工工厂设施(简称施工工厂)主要有砂石加工、混凝土生产、预冷、预热、压缩空气、供水、供电和通信、机械修配及加工系统等。其任务是制备施工所需的建筑材料,供应水、电和风,建立工地与外界通信联系,维修和保养施工设备,加工制作少量非标准件和金属结构。

一、一般规定

(1)施工工厂的规划布置。施工工厂设施规模的确定,应研究利用当地工矿企业进行生产和技术协作以及结合本工程与梯级电站施工需要的可能性和合理性。

厂址宜靠近服务对象和用户中心,设于交通运输和水电供应方便处。

生活区应该与生产区分开,协作关系密切的施工工厂宜集中布置。

(2)施工工厂的设计应积极、慎重地推广和采用新技术、新工艺、新设备、新材料,提高机械化、自动化水平,逐步推广装配式结构,力求设计系列化、定型化。

(3)尽量选用通用及多功能设备,提高设备利用率,降低生产成本。

(4)需在现场设置施工工厂时,其生产人员应根据工厂生产规模,按工作班制定岗、定员计算所需生产人员。

二、砂石加工系统

砂石加工系统(简称砂石系统)主要由采石场和砂石厂组成。

砂石原料需要量根据混凝土和其他砂石用料及开采加工运输损耗量和弃料量确定。砂石系统规模可按砂石厂的处理能力和采料场年开采量划分为大、中、小型,划分标准见表 4-6。

表 4-6　砂石系统规模划分标准

规模类型	砂石厂处理能力		采料场
	小时生产能力(t/h)	月生产能力(万 t/月)	年开采量(万 t/年)
大型	>500	>15	>120
中型	120~500	4~15	30~120
小型	<120	<4	<30

(一)砂石料源确定

根据优质、经济、就近取材的原则,选用天然、人工砂石料或两者结合的料源。

(1)工程附近天然砂石储量丰富,质量符合要求,级配及开采、运输条件较好时,应优先作为砂石料源。

(2)在主体工程附近无足够合格的天然砂石料时,应研究就近开采加工人工骨料的可能性和合理性。

(3)尽量不占或少占耕地。

(4)开挖渣料数量较多,且质量符合要求,应尽量利用。

(5)当料物较多或情况较复杂时,宜采用系统分析法优选料源。

(二)料场开采规划原则

(1)尽可能机械化集中开采,合理选择采、挖、运设备。

(2)若料场比较分散,上游料场用于浇筑前期,近距离料场宜用于生产高峰期。

(3)力求天然级配与混凝土需用级配接近,并能连续均衡开采。

(4)受洪水或冰冻影响的料场应有备料、防洪或冬季开采等措施。

(三)砂石厂厂址选择原则

(1)设在料场附近;多料场供应时,设在主料场附近;砂石利用率高、运距近、场地许可时,亦可设在混凝土工厂附近。

(2)砂石厂人工骨料加工的粗碎车间宜设在离开采场 1~2 km 内,且尽可能靠近混凝土系统,以便共用成品堆料场。

(3)主要设施的地基稳定,有足够的承受能力。

成品堆料场容量尚应满足砂石自然脱水要求。当堆料场总容量较大时,宜多堆毛料或半成品,毛料或半成品可采用较大的堆料高度。

（四）成品骨料堆存和运输要求

（1）有良好的排水系统。

（2）必须设置隔墙避免各级骨料混杂,隔墙高度可按骨料动摩擦角34°～37°加0.5 m超高确定。

（3）尽量减少转运次数,粒径大于40 mm的骨料抛料落差大于3 m时,应设缓降设备。碎石与砾石、人工砂与天然砂混合使用时,碎砾石混合比例波动范围应小于10%,人工、天然砂料的波动范围应小于15%。

（五）大、中型砂石系统堆料场设计注意事项

大、中型砂石系统堆料场一般宜采用地弄取料,设计时应注意以下几点:

（1）地弄进口高出堆料地面。

（2）地弄底板一般宜设大于5‰的纵坡。

（3）各种成品骨料取料口不宜小于3个。

（4）不宜采用事故停电时不能自动关闭的弧门。

（5）较长的独头地弄应设有安全出口。

石料加工以湿法除尘为主,工艺设计应注意减少生产环节,降低转运落差,密闭尘源。应采取措施降低噪声或减少噪声影响。

三、混凝土生产系统

混凝土生产必须满足质量、品种、出机口温度和浇筑强度的要求,小时生产能力可按月高峰强度计算,月有效生产时间可按500 h计,不均匀系数按1.5考虑,并按充分发挥浇筑设备的能力进行校核。

拌和加冰和掺和料以及生产干硬性或低坍落度混凝土时,均应核算拌和楼的生产能力。

混凝土生产系统（简称混凝土系统）规模按生产能力分为大、中、小型,划分标准见表4-7。

表4-7 混凝土系统规模划分标准

规模定型	小时生产能力（m³/h）	月生产能力（万 m³/月）
大型	>200	>6
中型	50～200	1.5～6
小型	<50	<1.5

独立大型混凝土系统拌和楼总数以1～2座为宜,一般不超过3座,且规格、型号应尽可能相同。

（一）混凝土系统布置原则

（1）拌和楼尽可能靠近浇筑地点,并应满足爆破安全距离要求。

（2）妥善利用地形减少工程量,主要建筑物应设在稳定、坚实、承载能力满足要求的地基上。

(3)统筹兼顾前、后期施工需要,避免中途搬迁,不与永久性建筑物相互干扰。高层建筑物应与输电设备保持足够的安全距离。

(二)混凝土系统分散设厂

混凝土系统尽可能集中布置,下列情况可考虑分散设厂:

(1)水工建筑物分散或高差悬殊、浇筑强度过大,集中布置使混凝土运距过远、供应有困难。

(2)两岸混凝土运输线不能沟通。

(3)砂石料场分散,集中布置骨料运输不便或不经济。

(三)混凝土系统内部布置原则

(1)利用地形高差。

(2)各个建筑物布置紧凑,制冷、供热、供水泥、供粉煤灰设施等均宜靠近拌和楼。

(3)原材料进料方向与混凝土出料方向错开。

(4)系统分期建成投产或先后拆迁能满足不同施工期混凝土浇筑要求。

(四)拌和楼出料线布置原则

(1)出料能力能满足多品种、多强度等级混凝土的发运,保证拌和楼不间断地生产。

(2)出料线路平直、畅通。若采用尽头线布置,应核算其发料能力。

(3)每座拌和楼有独立发料线,使车辆进出互不干扰。

(4)出料线高程应和运输线路相适应。

轮换上料时,骨料供料点至拌和楼的输送距离宜在300 m以内。输送距离过长,一条带式输送机向两座拌和楼供料或采用风冷、水冷骨料时,均应核算储仓容量和供料能力。

混凝土系统成品堆料场总储量一般不超过混凝土浇筑月高峰日平均3~5 d的需要量,特别困难时,可减少到1 d的需要量。

砂石与混凝土系统相距较近并选用带式输送机运输时,成品堆料场可以共用,或混凝土系统仅设容积为1~2班用料量的调节料仓。

水泥应力求固定厂家计划供应,品种在2~3种以内为宜。应积极创造条件,多用散装水泥。

仓库储存水泥量应根据混凝土系统的生产规模、水泥供应及运输条件、施工特点及仓库布置条件等综合分析确定,既要保证混凝土连续生产,又要避免储存过多、过久,影响水泥质量,水泥和粉煤灰在工地的储备量一般按可供工程使用日数而定:材料由陆路运输为4~7 d,由水路运输为5~15 d,当中转仓库距工地较远时,可增加2~3 d。

袋装水泥仓库容量以满足初期临建工程需要为原则。仓库宜设在干燥处,有良好的排水及通风设施。水泥量大时,宜用机械化装卸、拆包和运输。

运输散装水泥优先选用气压式卸载车辆。站台卸载能力、输送管道气压与输送高度应与所用车辆的技术特性相适应。受料仓和站台长度按同时卸载车辆的长度确定。尽可能从卸载点直接送至水泥仓库,避免中转站转送。

四、混凝土预冷、预热系统

(一)混凝土预冷系统

混凝土的拌和出机口温度较高、不能满足温控要求时,拌和料应进行预冷。

拌和料预冷方式可采用骨料堆场降温、加冷水、粗骨料预冷等单项或多项综合措施。加冷水或加冰拌和不能满足出机口温度时,结合风冷或冷水喷淋冷却粗骨料,水冷骨料须用冷风冷却。骨料进一步冷却,需风冷、淋冷水并用。粗骨料预冷可用水淋法、风冷法、水浸法、真空汽化法等。直接水冷法应有脱水措施,使骨料含水率保持稳定;风冷法在骨料进入冷却仓前宜冲洗脱水,5~20 mm 骨料的表面水含量不得超过 1%。

(二)混凝土预热系统

低温季节混凝土施工须有预热设施。

优先用热水拌和以提高混凝土拌和料温度,若还不能满足浇筑温度要求,再进行骨料预热,水泥不得直接加热。

混凝土材料加热温度应根据室外气温和浇筑温度通过热平衡计算确定,拌和水温一般不宜超过 60 ℃ 。骨料预热设施根据工地气温情况选择,当地最低月平均气温在 -10 ℃ 以上时,可在露天料场预热;在 -10 ℃ 以下时,宜在隔热料仓内预热。预热骨料宜用蒸汽排管间接加热法。

供热容量除满足低温季节混凝土浇筑高峰时期加热骨料和拌和水外,尚应满足料仓、骨料输送廊道、地弄、拌和楼、暖棚等设施预热时耗热量。

供热设施宜集中布置,尽量缩短供热管道减少热耗,并应满足防火、防冻要求。

混凝土组成材料在冷却、加热生产、运输过程中,必须采取有效的隔热、降温或采暖措施,预冷、预热系统均需围护隔热材料。

有预热要求的混凝土在日平均气温低于 -5 ℃时,对输送骨料的带式输送机廊道、地弄、装卸料仓等均需采暖,骨料卸料口要采取措施防止冻结。

五、压缩空气与施工供水、供电和通信系统

(一)压缩空气

压气系统主要供石方开挖、混凝土施工、水泥输送、灌浆、机电及金属结构安装所需压缩空气。

根据用气对象的分布、负荷特点、管网压力损失和管网设置的经济性等综合分析确定集中或分散供气方式,大型风动凿岩机及长隧洞开挖应尽可能采用随机移动式空压机供气,以减少管网和能耗。

压气站位置应尽量靠近耗气负荷中心,接近供电和供水点,处于空气洁净、通风良好、交通方便、远离需要安静和防振的场所。

同一压气站内的机型不宜超过两种规格,空压机一般为 2~3 台,备用 1 台。

(二)施工供水

施工供水量应满足不同时期日高峰生产用水和生活用水需要,并按消防用水量进行

校核。

水源选择应遵循以下原则:

(1)水量充沛可靠,靠近用户。

(2)满足水质要求,或经过适当处理后能满足要求。

(3)符合卫生标准的自流或地下水应优先作为生活饮用水源。

(4)冷却水或其他施工废水应根据环保要求与论证确定回收净化作为施工循环用水源。

(5)水量有限而与其他部门共用水源时,应签订协议,防止用水矛盾。

水泵型号及数量根据设计供水量的变化、水压要求、调节水池的大小、水泵效率、设备来源等因素确定。同一泵站的水泵型号尽可能统一。

泵站内应设备用水泵,当供水保证率要求不高时,可根据具体情况少设或不设。

(三)施工供电

供电系统应保证生产、生活高峰负荷需要。电源选择应结合工程所在地区能源供应和工程具体条件,经技术经济比较确定。一般优先考虑电网供电,并尽可能提前架设电站永久性输电线路;施工准备期间,若无其他电源,可建临时发电厂供电,电网供电后,电厂作为备用电源。

各施工阶段用电最高负荷按需要系数法计算;当资料缺乏时,用电高峰负荷可按全工程用电设备总容量的25% ~40%估算。

对工地因停电可能造成人身伤亡或设备事故、引起国家财产严重损失的一类负荷必须保证连续供电,设两个以上电源;若单电源供电,须另设发电厂作备用电源。

自备电源容量确定应遵循以下原则:

(1)用电负荷全由自备电源供给时,其容量应能满足施工用电最高负荷要求。

(2)作为系统补充电源时,其容量为施工用电最高负荷与系统供电容量的差值。

(3)作为事故备用电源时,其容量必须满足系统供电中断时工地一类负荷用电要求。

(4)自备电源除满足施工供电负荷和大型电动机启动电压要求外,尚应考虑适当的备用容量或备用机组。

供电系统中的输、配电采用的电压等级,根据输送半径及容量确定。

(四)施工通信

施工通信系统应符合迅速、准确、安全、方便的原则。

通信系统组成与规模应根据工程规模大小、机械程度高低、施工设施布置以及用户分布情况确定。一般以有线通信为主,机械化程度较高的大型工程,需增设无线通信系统。有线调度电话总机和施工管理通信的交换机容量可按用户数加20% ~30%的备用量确定,当资料缺乏时,可按每百人5~10门确定。

水情预报、远距离通信以及调度施工现场流动人员,设备可采用无线电通信。其工作频率应避免与该地区无线电设备干扰。

供电部门的通信主要采用电力载波。当变电站距供电部门较近且架设通信线经济时,可架设通信线。

与工地外部通信一般应通过邮电部门挂长途电话方式解决,其中继线数量一般可按每百门设双向中继线 2~3 对;有条件时,可采用电力载波、电缆载波、微波中继、卫星或租用邮电系统的通道等方式通信,并与电力调度通信及对外永久通信的通道并用。

六、机械修配厂(站)、加工厂

机械修配厂(站)主要进行设备维修和零部件更换,尽量减少在工地的设备加工、修理工作量,使机械修配厂(站)向小型化、轻装化发展,接近施工现场,便于施工机械和原材料运输,附近有足够场地存放设备、材料,并靠近汽车修配厂。

机械修配厂(站)各车间的设备数量应按承担的年工作量(总工时或实物工作量)和设备年工作时数(或生产率)计算,最大规模设备应与生产规模相适应。尽可能采用通用设备,以提高设备利用率。

汽车大修时尽可能不在工地进行。当汽车数量较多且使用期超过大修周期、工地又远离城市或基地时,方可在工地设置汽车修理厂。大型或利用率较低的加工设备尽可能与修配厂(站)合用。当汽车大修量较小时,汽车修理厂可与机械修配厂(站)合并。

压力钢管加工制作地点主要根据钢管直径、管壁厚度、加工运输条件等因素确定。大型钢管一般宜在工地制作;直径较小且管壁较厚的钢管可在专业工厂内加工成节或瓦状,运至工地组装。

木材加工厂承担工程锯材、制作细木构件、木模板和房屋建筑构件等加工任务。根据工程所需原木总量,木材来源及其运输方式,锯材、构件、木模板的需要量和供应计划,场内运输条件等确定加工厂的规模。

当工程布置比较集中时,木材加工厂宜和钢筋加工、混凝土构件预制共同组成综合加工厂,厂址应设在公路附近装、卸料方便处,并应远离火源和生活办公区。

钢筋加工厂承担主体及临时工程和混凝土预制厂所用钢筋的冷处理、加工及预制钢筋骨架等任务。规模一般按高峰月日平均需要量确定。

混凝土构件预制厂供应临建工程和永久工程所需的混凝土预制构件,混凝土构件预制厂规模根据构件的种类、规格、数量、最大质量、供应计划、原材料来源及供应运输方式等计算确定。

当预制件量小于 3 000 m³/年时,一般只设简易预制场。预制构件应优先采用自然养护,大批量生产或寒冷地区低温季节才采取蒸汽养护。

当混凝土预制与钢筋加工、木材加工组成综合加工厂时,可不设钢筋、木模加工车间;当由附近混凝土系统供应混凝土时,可不设或少设拌和设备。木材、钢筋、混凝土预制厂在南方以工棚为主,少雨地区尚可露天作业。

任务五　施工总体布置

施工总体布置方案应遵循因地制宜、因时制宜、有利生产、方便生活、易于管理、安全可靠、经济合理的原则,经全面系统比较论证后选定。

一、施工总体布置方案比较

施工总体布置方案比较有以下几项指标:

(1)交通道路的主要技术指标,包括工程质量、造价、运输费及运输设备需要量。

(2)各方案土石方平衡计算成果,场地平整的土石方工程量和形成时间。

(3)风、水、电系统管线的主要工程量、材料和设备等。

(4)生产、生活设施的建筑物面积和占地面积。

(5)有关施工征地移民的各项指标。

(6)施工工厂的土建、安装工程量。

(7)站场、码头和仓库装卸设备需要量。

(8)其他临建工程量。

二、施工总体布置及场地选择

施工总体布置应根据施工需要分阶段逐步形成,满足各阶段施工需要,做好前后衔接,尽量避免后阶段拆迁。初期场地平整范围按施工总体布置最终要求确定。施工总体布置应着重研究以下内容:

(1)施工临时设施项目的划分、组成、规模和布置。

(2)对外交通衔接方式、站场位置、主要交通干线及跨河设施的布置情况。

(3)可资利用场地的相对位置、高程、面积和占地赔偿。

(4)供生产、生活设施布置的场地。

(5)临建工程和永久设施的结合。

(6)前后期结合和重复利用场地的可能性。

若枢纽附近场地狭窄、施工布置困难,可适当利用或重复利用库区场地,布置前期施工临建工程,充分利用山坡进行小台阶式布置;提高临时房屋建筑层数和适当缩小间距;利用弃渣填平河滩或冲沟作为施工场地。

三、施工分区规划

(一)施工总体布置一般分区

(1)主体工程施工区。

(2)施工工厂区。

(3)当地建材开采与加工区。

(4)仓库、站、场、厂、码头等储运系统。

(5)机电、金属结构和大型施工机械设备安装场地。

(6)工程存、弃料堆放区。

(7)施工管理中心及生活营区。

（8）工程建设管理及生活区。

要求各分区间交通道路布置合理，运输方便可靠，能适应整个工程施工进度和工艺流程要求，尽量避免或减少反向运输和二次倒运。

（二）施工分区规划布置原则

（1）以混凝土建筑物为主的枢纽工程，施工区布置宜以砂石料开采、加工，混凝土拌和浇筑系统为主；以当地材料坝为主的枢纽工程，施工区布置宜以土石料采挖、加工，堆料场和上坝运输线路为主。

（2）机电设备、金属结构安装场地宜靠近主要安装地点。

（3）施工管理中心设在主体工程、施工工厂和仓库区的适中地段。各施工区应靠近各施工对象。

（4）生活设施应考虑风向、日照、噪声、绿化、水源水质等因素，其生产、生活设施应有明显的界限。

（5）特殊材料仓库（炸药、雷管库、油库等）应根据有关安全规程的要求布置。

（6）主要施工物资仓库、站场、转运站等储运系统一般布置在场内外交通衔接处。

当外来物资的转运站远离工区时，应在工区按独立系统设置仓库、道路、管理及生活区。

四、施工总平面图

（一）施工总平面图的主要内容

（1）施工用地范围。

（2）一切地上和地下的既有和拟建的建筑物、构筑物及其他设施的平面位置与外轮廓尺寸。

（3）永久性和半永久性坐标位置，必要时标出建筑场地的等高线。

（4）场内取土和弃土的区域位置。

（5）为施工服务的各种临时设施的位置。这些设施包括：①施工导流建筑物，如围堰、隧洞等；②交通运输系统，如公路、铁路、车站、码头、车库、桥涵等；③料场及其加工系统，如土料场、石料场、砂砾料场、骨料加工厂等；④各种仓库、料堆、弃料场等；⑤混凝土制备及浇筑系统；⑥机械修配系统；⑦金属结构、机电设备和施工设备安装基地；⑧风、水、电供应系统；⑨其他施工工厂，如钢筋加工厂、木材加工厂、预制构件厂等；⑩办公及生活用房，如办公室、宿舍等；⑪安全防火设施及其他，如消防站、警卫室、安全警戒线等。

（二）施工总平面图的设计要求

（1）在保证施工顺利进行的前提下，尽量少占耕地。在进行大规模水利水电工程施工时，要根据各阶段施工平面图的要求，分期分批地征用土地，以便做到少占土地或缩短占用土地时间。

（2）临时设施最好不占用拟建永久性建筑物和设施的位置，以避免拆迁这些设施造成损失和浪费。在特殊情况下，当被占用位置上的建筑物施工时期较晚，并与其上所布置的设施使用时间不冲突时,才可以使用该场地。

(3)在满足施工要求的前提下,最大限度地降低工地运输费。为了降低运输费用,必须合理地布置各种仓库、起重设备、加工厂及其他工厂设施,正确地选择运输方式和铺设工地运输道路。

(4)在满足施工需要的条件下,临时工程的费用应尽量减少。为了降低临时工程的费用,首先应该力求减少临时建筑和设施的工程量,主要方法是尽最大可能利用现有的建筑物以及可供施工使用的设施,争取提前修建拟建的永久性建筑物、道路以及供电线路等。

(5)工地上各项设施应尽量使工人在工地上因往返而损失的时间最少,应合理规划行政管理及文化福利用房的相对位置,并考虑卫生、防火安全等方面的要求。

(6)遵循劳动保护和安全生产等要求。必须使各房屋之间保持一定的距离,如储存燃料及易燃物品(如汽油、柴油等)的仓库,距拟建工程及其他临时性建筑物不得小于 50 m。

在铁路与公路及其他道路交叉处应设立明显的标志;在工地内应设立消防站、消火栓、警卫室等。

五、施工总体布置实例

三峡水利枢纽是当今世界上最大的水利枢纽工程,它位于长江三峡的西陵峡中段,坝址在湖北宜昌三斗坪。工程由大坝及泄水建筑物、厂房、通航建筑物等组成,具有防洪、发电、航运、供水等巨大的综合利用效益。坝顶高程 185 m,坝长 2 309.47 m,总库容 1 820 万 m^3,总装机容量 1 820 万 kW。

三峡水利枢纽大坝为混凝土重力坝,左右两岸布置电站厂房,左岸布置升船机和永久船闸。主体建筑物土石挖方 10 400 万 m^3,填方 4 149.2 万 m^3,使用混凝土 2 671.4 万 m^3。

初步设计推荐的施工总进度安排仍按三期施工。施工准备及一期工程 5 年,二期工程 6 年,三期工程 6 年,总工期 17 年。一期工程主要围护右岸,挖明渠,建纵向围堰;二期工程围护左岸,主河床施工,修建溢流坝及左厂房;三期工程围护右岸,主要施工右厂房。

(一)场地布置条件

坝址河流宽阔,两岸为低山丘陵,沟谷发育。右岸沿江有 75 ~ 90 m 高程带状台地,坝线下游沿江 6 km 范围内有三斗坪、高家冲、白庙子、东岳庙、杨家湾等场地,坝线上游有徐家冲、茅坪溪等缓坡地可资利用。左岸台地较少,而冲沟较发育,坝线下游 7 km 范围内有覃家沱、许家冲、陈家冲、瓦窑坪、坝河口、杨淌河等较大冲沟,山脊普遍高程为 100 ~ 140 m,沟底高程为 78 ~ 90 m,另有面积约 100 万 m^2 的陈家坝滩地,地面高程 65 m 左右;坝线上游有刘家河、苏家坳等场地。左右岸共有可利用场地 15 km^2,可满足施工场地布置要求。

(二)场地布置原则

(1)主要施工场地和交通道路布置在 20 年一遇洪水位 77 m 高程以上。

(2)以宜昌市为后方基地,充分利用已建施工工厂、仓库、车站、码头、生活系统。坝址附近主要布置砂石、混凝土拌和及制冷系统,机电、金属结构安装基地,汽车机械保养、中小修配加工企业和办公生活房屋。

(3)由于两岸都布置有主体建筑物,左岸尤为集中,故采用两岸布置并以左岸为主的方式。

(4)生产与生活区相对分开。

(5)节约用地,多利用荒山坡地布置施工工厂和生活区,利用基坑开挖弃渣填滩造地,布置后期使用的安装基地和施工设施。

(6)根据主体工程高峰年施工需要,坝区布置相应规模的生产、交通、生活、服务系统,按两岸采用公路运输方式进行施工总体规划。

(三)左岸布置

1. 覃家沱—古树岭区

该区是左岸前方施工主要基地。布置有 120 m 高程、82 m 高程及 98.7 m 高程三个混凝土生产系统。120 m 高程混凝土系统设 4×4 m^3 和 6×4 m^3 拌和楼各 1 座,供应大坝 120 m 高程以上及临时船闸、升船机和永久船闸一部分混凝土浇筑;82 m 高程混凝土系统设 4×4 m^3 和 6×3 m^3 拌和楼各 1 座,供应溢流坝、厂房坝段下游面 120 m 高程以下部位和电厂混凝土浇筑;98.7 m 高程混凝土系统设 2 座 4×3 m^3 拌和楼,月产量 20 万 m^3,供应永久船闸混凝土浇筑。各混凝土系统分设水泥、粉煤灰储存罐及供风站。古树岭布置人工骨料加工系统,设备生产能力为 2 108 m^3/h,承担左岸 4 个混凝土系统砂石料供应。

2. 刘家河—苏家坳区

该区是左岸坝上游施工基地,苏家坳 90 m 高程布置 4×3 m^3 及 4×6 m^3 拌和楼各 1 座,供应溢流坝、厂房坝段上游面和混凝土纵向围堰 90 m 高程以上混凝土浇筑。刘家河、瞿家湾一带为弃渣场和二期围堰土石料备料堆场,弃渣量约 600 万 m^3。上游引航道 130 m 平台至左坝头 185 m 平台一带在弃渣场上布置有钢筋、混凝土预制、木材加工厂、机械修配厂(站)、汽车停放保养场及承包商营地等。

3. 陈家冲—望家坝区

除望家坝约 1 万 m^2 地面高程在 70 m 以上外,其余高程均在 60 m 左右,葛洲坝蓄水后常年被淹。作为左岸主要弃渣场,结合主体工程弃渣填筑场地,布置后期投入使用的企业,如金属结构、压力钢管安装场和机电设备仓库,以及二期围堰土石料堆场。弃渣容量约 1 600 万 m^3。

4. 许家冲—黎家湾区

许家冲、陈家冲布置容量约 800 万 m^3 的岩石利用料堆场及 220 kV 施工变电所。柳树湾布置生产能力为 200 m^3/h 的前期砂砾料加工系统。黎家湾布置物资仓库、材料仓库和承包商营地等。

5. 瓦窑坪—坝河口区

该区为左岸主要办公生活区。布置有业主、监理、设计、施工办公和生活各类设施,建有高水准的餐厅、医院、体育场馆、公园、游泳池、接待中心等,是三峡坝区的办公、商业、文化中心。

6. 坝河口 – 大象溪区

该区是对外交通与场内交通相衔接的区域。沿江峡大道布置有政府有关部门办事机构、保税仓库、鹰子嘴水厂、临时砂石码头、重件杂货码头,大象溪布置储量为 8 000 t 的油库,杨淌河布置前期临时货场、临时炸药库和爆破材料储放场地。

(四)右岸布置

1. 徐家冲—茅坪溪区

徐家冲弃渣场弃渣容量约 1 600 万 m³,谢家坪弃渣场弃渣容量约 450 万 m³。此两处为右岸主要弃渣场。茅坪溪布置围堰备料场、围堰施工土石料堆场和茅坪溪防护坝施工承包商营地。

2. 三斗坪 – 高家冲区

该区是右岸前方主要施工基地。青树湾布置 85 m 高程和 120 m 高程混凝土系统。85 m 高程布置 4×3 m³ 拌和楼 2 座和 6×3 m³ 拌和楼 1 座,担负混凝土纵向围堰和导流明渠上游碾压混凝土围堰 58 m 高程和 50 m 高程以下混凝土浇筑,二期工程拆迁至左岸的 75 m 和 79 m 高程混凝土系统安装使用,三期工程在 84 m 高程布置 2 座 4×3 m³ 拌和楼,担负右岸大坝 85 m 高程以下和电站厂房及三期上游横向混凝土围堰浇筑,120 m 高程新建 4×3 m³ 和 6×4 m³ 拌和楼各 1 座,担负三期碾压混凝土围堰、明渠坝段和厂房的混凝土供应。风箱沟布置生产能力为 815 m³/h 的砂石加工系统和砂石料堆场。高家冲、鸡公岭可弃渣 680 万 m³,布置容量为 3 000 万 m³ 的基岩利用料堆场,三斗坪布置汽车停放场、施工机械停放场、金属结构拼装场、基础处理基地。高家冲口布置生产能力为 200 m³/h 砂砾料加工系统、机电设备库、实验室等。

3. 白庙子 – 东岳庙区

白庙子布置混凝土预制、钢筋、木材加工厂,水厂,消防站,建材仓库和物资仓库。东岳庙布置葛洲坝集团办公生活中心营地。江边布置船上水厂基地和砂石码头。

4. 杨家湾区

该区布置对外交通水运码头、水泥和粉煤灰中转储存系统。右桥头布置有桥头公园。

(五)场内交通

三峡场内运输总量约 53 850 万 t,其中汽车运输量约 38 210 万 t。共兴建公路约 108 km,大中型公路桥梁 6 座,总长约 1 700 m。根据坝区场地条件,结合城镇发展,布置公路主干线连通施工辅助企业、仓库、生活区。左岸布置有江峡大道、江峡一路两条纵向主干道,坝址上、下游交通在临时船闸运行后由苏覃路改经苏黄路;右岸布置西陵大道,在导流明渠边坡加宽马道,以沟通坝区上、下游交通。

为满足施工期和未来两岸交通运输需要,在距坝轴线约 4 km 的望家坝—大沱修建西陵长江公路大桥。因三峡工程分期导流及航运需要,要求最好河床不建桥墩,经长期研究比较,选定悬索桥,主跨约 900 m,跨越下航道隔流堤,总长约 1 450 m。根据泥沙模型试验和实测资料,左岸滩地普遍淤积厚度较大,因此港口集中布置于右岸杨家湾,港区岸线约 1 km,布置水泥、重件杂货、客运等 4 座码头;左岸设重件码头,兼做杂货码头使用。

工程施工初期,于右岸茅坪溪、三斗坪和丝瓜槽,左岸覃家沱、坝河口、小湾和乐天溪共设置 7 座临时简易码头,担负两岸临时交通汽渡和施工机械设备进场运输。

(六)办公生活布置

初步设计文件估算施工高峰期职工人数 42 700 人,在坝区居住的有 39 700 人,共须修建办公生活房屋建筑面积 66 万 m²,其中生活房屋建筑面积 44.5 万 m²,公共房屋建筑面积 13.7 万 m²,办公房屋建筑面积 7.8 万 m²。右岸集中布置于东岳庙、高家冲两处,占地面积分别约 25 万 m²、7 万 m²;左岸集中布置于瓦窑坪一带,洞湾布置部分前期办公生活房屋。实施结果比原设计数字少一些,但大多数房屋与永久使用相结合。

(七)场地排水与环保

场内集水面积约 63 km²,设计排水量采用 10 年一遇、小时降雨量 80 mm 标准。以暗排为主,管网结构为箱涵或涵管,分区形成独立排水系统。考虑到施工附属企业一般不产生严重有害废水,施工期暂按混流制排水,即雨水、污水合用同一排水管道直接排入长江。排污管道与雨水道同时建成,先将排污管道封闭,工程建成后再改分流制,污水经处理后排入长江。各小区利用地形或行道树形成分隔带,降低噪声和灰尘,空地尽可能保留原有植被,场地绿化除选择适当地方重点绿化外,生产、生活小区利用零散场地植树种花进行绿化。晴天或干燥季节施工时要求路面洒水降尘。

(八)施工布置的特点与经验教训

三峡工程规模巨大,项目和标段繁多,施工总体布置的核心内容是如何适应这些项目及标段对施工场地、道路等方面的要求。三峡工程的施工总体布置在兼顾诸多因素的条件下满足了区域经济发展和国家宏观经济发展进程的要求。

施工总体布置格局较好地适应了施工管理模式和生产力水平。以左岸为主、右岸为辅,生产区、生活区相对分开。西陵大桥以上布置施工区,主要包括混凝土生产系统、弃渣场、综合加工厂、临时营地等;江峡大道以右布置仓储区及辅助工厂;西陵大桥以下,江峡大道与江峡一路之间布置办公、生活服务设施。右岸高家溪以上布置施工区,高家溪以下布置办公生活区及仓储、服务设施等。

施工交通规划和道路技术标准较合理,施工期间基本无交通堵塞和道路返修现象。

施工场地排水规划保障了坝区排水通畅。雨水与污水排放系统布置考虑近期与远期相结合。

施工景观布置与环境保护相结合。各小区利用行道树形成分隔带,空地尽可能保留原有植被,场地绿化除选择适当地方重点绿化外,生产、生活小区利用零散场地植树种花进行绿化,降低了噪声和灰尘,形成了良好的生产生活环境。

另外,根据工程施工实践,三峡工程施工总体布置在施工征地和考虑地方交通方面还有待改进。三峡工程施工的总体布置如图 4-1 所示。

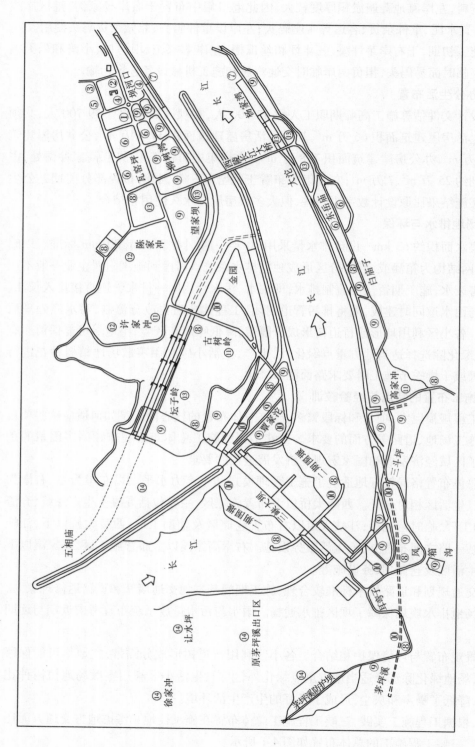

图 4-1　三峡工程施工总体布置

①—建设指挥中心；②—接待中心；③—培训中心；④—体育设施；⑤—急救中心；⑥—办公生活区；⑦—港口码头；⑧—变电所；⑨—生产区；⑩—混凝土拌和系统；⑪—混凝土骨料加工系统；⑫—混凝土骨料堆场；⑬—绿化区；⑭—弃渣场

习 题

4-1 施工组织总设计的作用和编制依据是什么?

4-2 试述施工总进度计划的作用和编制步骤。

4-3 混凝土坝枢纽和当地材料坝枢纽施工布置各以何为主线?

4-4 简述施工总进度计划与施工导流方案、施工方法、技术供应、施工总体布置设计之间的关系。

4-5 某水利枢纽加固改造工程包括以下工程项目:

(1)浅孔节制闸加固。主要内容包括底板及闸墩加固、公路桥及以上部分拆除重建等。浅孔节制闸设计洪水位29.5 m。

(2)新建深孔节制闸。主要内容包括闸室,公路桥,新挖上、下游河道等。深孔节制闸位于浅孔节制闸右侧(地面高程35.0 m左右)。

(3)新建一座船闸。主要内容包括闸室,公路桥,新挖上、下游航道等。

(4)上、下游围堰填筑。

(5)上、下游围堰拆除。

按工程施工需要,枢纽加固改造工程布置有混凝土拌和系统、钢筋加工厂、木工加工厂、预制构件厂、机修车间、地磅房、油料库、生活区、停车场等。枢纽布置示意图如图4-2所示。图4-2中①、②、③、④、⑤为临时设施(包括混凝土拌和系统、地磅房、油料库、生活区、预制构件厂)代号。有关施工基本要求有:

(1)施工导流采用深孔节制闸与浅孔节制闸互为导流。深孔节制闸在浅孔节制闸施工期内能满足非汛期10年一遇的导流标准。枢纽所处河道的汛期为每年的6月、7月、8月。

(2)在施工期间,连接河道两岸村镇的县级公路不能中断交通。施工前通过枢纽工程的县级公路的线路为 A→B→H→F→G。

(3)工程于2004年3月开工,2005年12月底完工,合同工期22个月。

(4)2005年汛期枢纽工程基本具备设计排洪条件。

问题:

(1)按照合理布置的原则,指出图4-2中代号①、②、③、④、⑤所对应的临时设施的名称。

(2)指出枢纽加固改造工程项目中哪些是控制枢纽工程加固改造工期的关键项目,并简要说明合理的工程项目建设安排顺序。

(3)指出新建深孔节制闸(完工前)、浅孔节制闸加固(施工期)、新建船闸(2005年8月)这三个施工阶段两岸的交通路线。

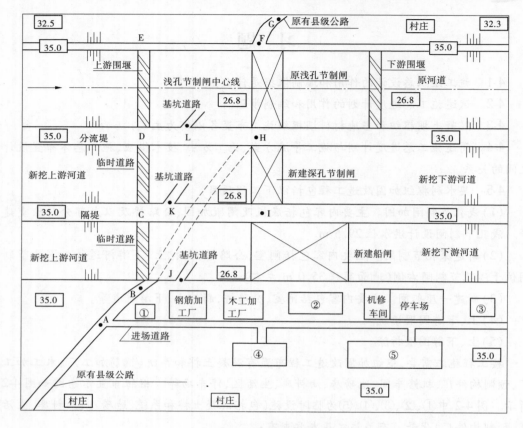

图 4-2　枢纽布置示意图

项目五 工程投标和施工阶段施工组织设计

项目重点

施工组织设计编制的内容,工程概况与施工条件分析,施工方案选择,施工进度计划编制,施工平面图布置。

教学目标

熟悉工程施工组织设计编制的原则、作用、依据,施工组织的选择和主要工程施工顺序及工艺,施工进度计划、施工布置的作用和依据;掌握合同项目施工组织设计编制、施工条件分析、施工方案选择、施工进度计划、平面图布置的内容和方法。

任务一 编制原则和内容

根据《水利水电工程标准施工招标文件》(2009年版)的有关规定,投标文件中的施工组织设计是确定报价的依据,是评标委员会评标的重要组成部分,是承包单位据以施工的重要依据。施工阶段施工组织设计是指导施工的技术文件,需要经监理机构审批。因此,施工单位必须重视这两个阶段的施工组织设计的编制。

一、编制原则

(一)全面响应原则

全面响应原则是对招标文件全部内容的全面响应,而不是有的响应,有的不响应,也不能单方面修改。

(二)技术可行原则

根据招标项目的具体情况及招标文件给定的施工条件,投标时编制的施工组织设计必须技术上可行,质量、进度、安全等保证达到表述的要求。

技术上可行是指施工组织设计中选定的施工方案、施工方法必须是可行的,符合当时施工水平、设备水平,所采用的施工平面布置是合理的,资源供给达到相对平衡合理,经过努力可以达到。

二、施工组织设计的作用与编制依据

(一)施工组织设计的作用

施工组织设计是决定中标的主要技术文件,评标委员除在报价评审时审查分项报价是否符合施工组织设计外,更重要的是对施工组织设计进行详细评审,以确定中标候选人。由于中标后,该施工组织设计是合同的一部分,所以除投标、中标外,还应该有组织施工,确定施工方案、施工总体布置、施工进度计划等作用。

(二)施工组织设计的编制依据

施工组织设计的主要编制依据是设计阶段的施工组织总设计、招标文件。

(1)施工组织总设计。施工组织设计必须按照设计阶段的施工组织总设计的各项指标和任务要求来编制,如进度计划的安排应符合总设计的要求。

(2)招标文件。投标阶段的施工组织计划,其主要目的是投标、中标,要想达到中标目的,就必须响应招标文件,所做的施工布置、进度要求、质量要求必须符合招标文件的具体要求;否则就是不响应招标文件,就不能中标,施工组织设计也只是空谈。因此,招标文件是该阶段施工组织设计的主要依据。

(3)工程所在地的气象资料。例如,施工期间的最低、最高气温及延续时间,雨季、雨量等。

(4)施工现场条件和地质勘察资料。例如,施工现场的地形地貌、地上与地下障碍物以及水文地质、交通运输道路、施工现场可占用的场地面积等。

(5)施工图及设计单位对施工的要求。包括单位工程的全部施工图样、会审记录和相关标准图等有关设计资料。

(6)本项目相关的技术资料。包括标准图集、地区定额手册、国家操作规定及相关的施工与验收规定、施工手册等,同时包括企业相关的经验资料、企业定额等。

三、施工组织设计的内容

(一)主要内容

施工组织设计的内容应根据工程的性质、规模和复杂程度,其内容、深度和广度要求不同,在编制时应从实际出发,确定各种生产要素,如材料、机械、资金、劳动力等,使其真正起到工程投标指导现场施工的目的。

施工组织设计一般包括以下几个方面的内容:

(1)工程概况及施工条件分析。

(2)施工方法与相应的技术组织措施,即施工方案。

(3)施工进度计划。

(4)劳动力、资料、构件和机械设备等需要量计划。

(5)施工准备工作计划。

(6)施工现场平面布置图。

(7)保证质量、安全,降低成本及文明施工等技术措施。

(8)冬、雨季施工保障措施。

(9)各项技术经济指标。

(二)各内容间的相关关系

施工组织设计各项内容中,劳动力、材料、构件和机械设备等需要量计划、施工准备工作计划、施工现场平面布置图,是指导施工准备工作的进行,为施工创造物质基础的技术条件。施工方案和进度计划则主要是指导施工过程的进行,规划整个施工活动的文件。

工程能否按期完成或提前交工主要取决于施工进度计划的安排,而施工进度计划的制订又必须以施工准备、场地条件以及劳动力、机械设备、材料的供应能力和施工技术水平等因素为基础。反之,各项施工准备工作的规模和进度、施工平面图的分期布置、各种资源的供应计划等又必须以施工进度计划为依据。因此,在编制时,应抓住关键环节,同时处理好各方面的相互关系,重点编好施工方案、施工进度计划和施工平面布置图,即常称的"一图、一案、一表"。抓住三个重点,突出"技术、时间和空间"三大要素,其他问题就会迎刃而解。

任务二　工程概况与施工条件分析

一、工程概况

施工组织设计是根据招标文件提供的工程概况进行编制和分析的。一般情况下,招标文件提供的工程概况都不详细,还需通过现场勘察了解,包括自然情况、社会经济情况以及工程情况等。

施工组织设计应对工程的基本情况做详细的说明,具体内容包括:

（1）工程概况。主要说明工程的规模、位置、内容、功能等。

（2）地质条件。包括水文地质、工程地质等。

（3）水文条件和气象条件。

（4）对外交通条件。

（5）工程项目和工作内容。

二、施工条件分析

（一）施工现场条件

施工组织设计应根据工程规模、现场条件确定。施工现场条件:在标前施工组织设计中应简要介绍和分析施工现场的施工导流和水流控制,包括围堰的情况（标准、度汛等）、建筑物的基坑排水情况等;施工现场的"四通一平"情况:拟建工程的位置、地形地貌、拆迁、移民、障碍物清除及地下水位等情况,周边建筑物以及施工现场周边的人文环境等。

（二）水文和气象资料分析

对施工项目所在地的水文和气象资料做全面的收集与分析,如河道的水文特性,洪水过程洪峰流量等,以及当地最低、最高气温及时间,冬、雨季施工的起止时间和主导风向等,特别是土方施工的项目应对雨天的频率进行分析计算,以满足施工要求。

（三）其他资料的调查分析

调查工程所在地的原材料、劳动力、机械设备的供应及价格情况,水、电、风等动力的供应情况,交通运输条件,施工临时设施可利用当地条件的情况,以及当地其他资源条件。以上这些资源情况直接影响到项目的施工管理、施工方案以及完成施工任务的进度等。

任务三　施工方案的选择

施工方案的选择是编制施工组织设计的重点,是整个施工组织设计的核心。它直接影响工程的质量、工期、经济效益,以及劳动安全、文明施工、环境保护。好的施工方案可以达到保证质量、节省资源、保证进度的目的。它关系到降低投资风险、提高投资效益、工程建设成败。因此,施工方案的选择是非常关键的工作。

施工方案的选择主要包括施工工序或流向、施工组织、施工机械和主要分部(分项)工程施工方法的选择等内容。

一、施工流向的确定

施工流向是指工程在平面上或竖向上各个开始的部位和进展的方向。对施工流向的确定一般遵循"四先四后"的原则,即先准备后施工,先地下后地上,先土建后安装,先主体后附属的次序。同时,针对具体的工程,在确定施工流向时应考虑以下因素:生产使用的先后,施工区段的划分,材料、构件、土方的运输方向不发生矛盾,适应主导工程。

施工顺序是指各项工程之间或施工过程之间的先后次序。施工顺序应根据实际的工程施工条件和采用的施工方法确定。

确定施工顺序具体应注意以下几点:

(1)主导工程(工程量大、技术复杂、占用时间长的施工过程)的施工顺序是确定施工流向的关键因素。影响主导工程进度的应先施工。

(2)对生产或使用有要求的部位先施工。

(3)技术复杂、工期长的区段或部位应先施工。

(4)基础深浅不一的应先深后浅,上部结构轻重不一应先重后轻。

(5)土方开挖运输时,施工起点一般由远而近进行,土方填筑应分层填筑、分层压实。

二、施工组织的选择

(一)考虑的因素

没有一种固定不变的施工顺序,但这并不是说施工顺序是可以随意改变的。水利水电工程施工顺序有其一般性,也有其特殊性,因此确定施工顺序应考虑以下几个方面的因素:

(1)遵循施工顺序。施工顺序应在不违背施工程序的前提下确定。

(2)符合施工工艺。施工顺序应与施工工艺顺序相一致,如钢筋混凝土面板堆石坝的垂直缝施工顺序为:砂浆条铺设→在其上铺设止水→架立侧模。

(3)与施工方法和施工机械的要求相一致。不同的施工方法和施工机械会使施工过程的先后顺序有所不同。例如修筑堤防工程,可采用推土机推土上堤、铲运机运土上堤、挖掘机装土自卸汽车运土上堤,三种不同的施工机械有着不同的施工方法和不同的施工顺序。

(4)考虑工期和施工组织的要求。施工工期要求尽快完成施工项目时,应多考虑平行施工、流水施工。

（5）考虑施工质量和安全的要求。例如基础回填土，必须在钢筋混凝土达到必需的强度后才能开始。

（6）不同地区的气候特点不同。安排施工过程应考虑不同地区的气候特点对工程的影响。例如土方工程施工应避开雨季、冬季，以免基础被雨水浸泡或遇到地表水而加大基坑开挖的难度，防止冻害对土料压实造成困难。

（二）基础工程施工顺序

泵站、水闸、排水沟、渠道等水工建筑物基础施工，一般的施工顺序如下：降排水→地基开挖→做垫层→做基础→回填土。

地基开挖完成后，立即验槽做垫层，地基开挖时间间隔不能太长，以防止地基土长期暴露，被雨水浸泡而影响其承载力，即所说的"抢基础"。在实际施工中，若由于技术或组织上的因素不能立即验槽做垫层和基础，则在开挖时可留 20～30 cm 至设计标高，以保护基土，待有条件进行下一步施工时，再挖去预留的土层。

对于回填土，由于回填土对后续工序的施工影响不大，可视施工条件灵活安排。原则上是在基础工程完工之后一次性分层夯填完毕，可以为主体结构工程阶段施工创造良好的工作条件，特别是当基础比较深，回填土量比较大的情况下，回填土最好在主体工程前填完，在工期紧张的情况下，也可以与主体工程平行施工。排水工作应持续至基础工程施工完毕。

（三）钢筋混凝土工程及施工过程

钢筋混凝土工程包括护坡、泵站、拦河闸、挡土墙、涵洞等永久工程及施工导流工程中的混凝土、钢筋混凝土、预制混凝土和水下混凝土等混凝土工程。

钢筋混凝土工程的施工过程如下：

（1）砂石骨料的采集、加工、储存与温控，掺合料、外加剂和水泥的储存，拌和水的温控。

（2）模板和钢筋的加工制作、运输与架设。

（3）混凝土的制备、运输、浇捣和养护。

钢筋混凝土工程包括 3 个分项工程，即钢筋工程、模板工程、混凝土工程。

1. 钢筋工程

钢筋制备加工包括调查、除锈、配料、剪切、弯制、绑扎与焊接、冷加工处理（冷拉、冷拔、冷轧）等工序。

1）调查和除锈

盘条状的细钢筋通过绞车绞拉调直后方可使用。直线状的粗钢筋，当发生弯曲时才需用弯筋机调直，直径在 25 mm 以下的钢筋可在工作台上手工调直。

钢筋除锈的主要目的是保证其与混凝土间的握裹力。因此，在钢筋使用前需对钢筋表层的鱼鳞锈、油渍和漆皮加以清除。去锈的方法有多种，如可借助钢丝刷或砂堆手工除锈，也可用风砂枪或电动去锈机机械除锈，还可用酸洗法化学除锈。新出厂的或保管良好的钢筋一般不需要除锈。采用闪光对焊的钢筋，其接头处则要用除锈机严格除锈。

2)配料与画线

钢筋配料是指施工单位根据钢筋结构图计算出各种形状钢筋的直线下料长度、总根数以及钢筋总质量,从而编制出钢筋配料单,作为备料加工的依据。施工中因钢筋品种或规格与设计要求不相符合时,须征得设计部门同意并按规范指定的原则进行钢筋代换。从降低钢筋损耗率考虑,钢筋配料要按照长料长用、短料短用和余料利用的原则下料。画线是指按照配料单上标明的下料长度用粉笔或石笔在钢筋应剪切的部位进行勾画的工序。

3)钢筋下料长度计算

钢筋的外包尺寸与轴线长度之间存在一个差值,称为度量差值,在计算下料长度时,必须扣除该差值,计算如下:

$$下料长度 = 各段外包尺寸之和 - 度量差值 + 两端弯钩增长值 \tag{5-1}$$

4)切断与弯制

钢筋切断有手工切断、剪切机剪断等方式。手工切断一般只能用于直径不超过12 mm 的钢筋,12~40 mm 直径的钢筋一般采用剪切机剪断,而直径大于40 mm 的圆钢则采用氧炔焰切割或用型材切割机切割。

钢筋的弯制包括画线、试弯、弯曲成型等工序。钢筋弯制分手工弯制和机械弯制两种,但手工弯制只能弯制直径20 mm 的钢筋。近年来,除直径不大的箍筋外,一般钢筋均采用机械弯制。弯制过的钢筋需要用铅丝归类并绑扎堆放好,同时挂上注明编号和使用位置的标签等标识。

5)连接与绑扎

水利工程中钢筋连接分绑扎连接、机械连接和焊接。机械连接分套筒挤压、直螺纹套筒连接、精轧大螺纹钢筋套筒连接、热熔剂充填套筒连接、平面承压对接等。焊接分闪光对焊、电弧焊、电阻点焊和电渣压力焊等方法。

6)冷加工处理

钢筋冷加工处理的目的在于提高钢筋强度和节约钢材用量。钢筋冷加工的方法有冷拉、冷拔和冷轧三类。

(1)冷拉。钢筋的冷拉需要在冷拉机械上进行。除盘条状钢筋需要进行冷拉调直外,有时为了提高钢筋的屈服强度需要专门进行冷拉,对于直径在12 mm 以下的盘条钢筋若冷拉后钢筋长度增加,则可节约钢筋约20%。

钢筋的冷拉控制有单控和双控两种。单控只需要控制钢筋的伸长率;双控不仅要控制钢筋的伸长率,同时要控制冷拉应力。若钢筋已达到控制应力而冷拉率未超过允许值则认为合格;若钢筋已达到允许的冷拉率,而冷拉应力还小于控制值,则该批钢筋应降低强度使用。

(2)冷拔。将直径小于10 mm 的Ⅰ级光面钢筋在常温下用强力从冷拔机的钨合金拔丝膜孔中以0.4~4.0 m/s 的速度拔出,因钢筋轴向被拉伸而径向被压缩,钢筋的抗拉强度可提高50%~90%,硬度也有所提高,但塑性降低。钢筋冷拔工艺需经过轧头、剥壳和拔丝的过程。

(3)冷轧。将盘条钢筋或直筋穿过冷轧机成对的有齿轧后,钢筋因受双向挤压作用而产生凹凸有致的变形。经冷轧的钢筋,屈服点强度可提高 350 MPa,但塑性降低,同时因增大了钢筋表面的面积从而提高了钢筋与混凝土的握裹力。

7)钢筋的安装

钢筋的安装可采用散装和整装两种方式。散装是将加工成型的单根钢筋运到工作面,按设计图纸绑扎或电焊成型。整装则是将地面上加工好的钢筋网片或钢筋骨架吊运至工作面进行安装。散装对运输要求相对较低,中、小型工程用得较多,而在大、中型工程中,散装已逐步被整装所取代。但是,水利工程钢筋的规格以及形状一般没有统一的定型,所以有时很难采用整装的办法,为了加快施工进度,也可采用半整装半散装相结合的办法,即在地面上不能完全加工成整装的部分,待吊运至工作面时再补充完成,以提高施工进度。

2.模板工程

1)对模板的基本要求

模板的主要作用是使混凝土按设计要求成型,承受混凝土水平与垂直作用力以及施工荷载,改善混凝土硬化条件。水利工程对模板的技术要求如下:

(1)形式简便,安装拆卸方便。

(2)拼装紧密,支撑牢靠稳固。

(3)成型准确,表面平整光滑。

(4)经济适用,周转使用率高。

(5)结构坚固,强度、刚度足够。

2)模板的组成和分类

(1)模板的组成。通常,模板由面板、加劲体和支撑体(支撑架或钢架和锚固件)三部分组成,有时模板还附有行走部件。目前,国内常用的模板面板有标准木模板、组合钢模板、混合式大型整装模板和竹胶模板等。

(2)模板的分类。模板按材质可分为钢模板、木模板、钢木组合模板、混凝土或钢筋混凝土模板,按使用特点分为固定模板、拆移模板、移动模板和滑升模板,按形状可分为平面模板和曲面模板,按受力条件可分为承重模板和非承重模板,按支承受力方式可分为简支模板、悬臂模板和半悬臂模板。

3.混凝土工程

混凝土工程的施工顺序包括浇筑、振捣、养护等。

1)浇筑

在混凝土开仓浇筑前,要对浇筑仓位进行统筹安排,以便井然有序地进行混凝土浇筑。安排浇筑仓位时,必须考虑以下几个问题:

(1)便于开展流水作业。

(2)避免在施工过程中产生相互干扰。

(3)尽可能地减少混凝土模板的用量。

(4)加大混凝土浇筑块的散热面积。

(5)尽量减小地基的不均匀沉降。

水利工程的实践表明:水工建筑物的构造比较复杂,混凝土的分块尺寸普遍较大,混凝土温度控制的要求相当严格,土建工程与安装工程的目标一致性尤为突出。因此,工程界对各浇筑仓位施工顺序的安排都极为重视,比较成熟的浇筑程序有对角浇筑、跳仓浇筑、错缝浇筑和对称浇筑。

2)振捣

振捣的目的是使混凝土获取最大的密实性,是保证混凝土质量和各项技术指标的关键工序和根本措施。

混凝土振捣的方式有多种。在施工现场使用的振捣器有内部振捣器、表面振捣器和附着式振捣器,使用得最多的是内部振捣器。

3)养护

养护就是在混凝土浇筑完毕后的一段时间内保持适当的温度和足够的湿度,形成良好的混凝土硬化条件。

(四)施工方法确定

1.施工方法确定原则

(1)具有针对性。在确定某个分部(分项)工程的施工方法时,应结合本分部(分项)工程的实际情况来制订,不能泛泛而谈。例如,模板工程应结合本分部(分项)工程的特点来确定其模板的组合、支撑及加固方案,画出相应的模板安装图,不能仅仅按施工规范谈安装要求。

(2)体现先进性、经济性和适用性。选择某个具体的施工方法(工艺)首先应考虑其先进性,保证施工质量。同时,应考虑在保证质量的前提下,该方法是否经济适用,并对不同的方法进行经济评价。

(3)保障性措施应落实。在拟定施工方法时不仅要拟定操作过程和方法,而且要提出质量要求,并要拟定相应的质量保障措施和施工安全措施及其他可能出现情况的预防措施。

2.施工方法选择

在选择主要的分部(分项)工程施工方法时,应包括以下内容。

1)土石方工程

(1)计算土石方工程量,确定开挖或爆破方法,选择相应的施工机械。当采用人工开挖时,应按工期要求确定劳动力数量,并确定如何分区分段施工;当采用机械开挖时,应选择机械挖土的方式,确定挖掘机型号、数量和行走线路,以充分利用机械能力,达到最高的挖土效率。

(2)当地形复杂的地区进行场地平整时,确定土石方调配方案。

(3)当基坑深度低于地下水位时,应选择降低地下水位的方法,确定降低地下水位所需设备。

(4)当基坑较深时,应根据土的类别确定边坡坡度、土壁支护方法,确保安全施工。

2)基础工程

(1)基础需设施工缝时,应明确留设位置和技术要求。

(2)确定浅基础的垫层、混凝土和钢筋混凝土基础施工的技术要求。

(3)当地下水埋深不能满足施工要求,而需要进行降水时,应确定降水方法和技术要求。

(4)确定桩基础的施工方法和施工机械。

3)钢筋混凝土工程

(1)确定混凝土工程施工方法,如滑模法、爬高法或其他方法等。

(2)确定模板类型的支模方法。重点应考虑提高模板周转利用次数,节约人力和降低成本。对于复杂工程还需进行模板设计和绘制模板放样图或排板图。

(3)钢筋工程应选择恰当的加工、绑扎和焊接方法。当钢筋制作现场预应力张拉时,应详细制订预应力钢筋的加工、运输、安装和检测方法。

(4)选择混凝土的制备方案,如确定是采用商品混凝土,还是现场制备混凝土。确定搅拌、运输及浇筑顺序和方法,如选择泵送混凝土还是普通垂直运输混凝土机械。

(5)选择混凝土搅拌、振捣设备的类型和规格,确定施工缝的留设位置。

(6)若采用预应力混凝土,应确定预应力混凝土的施工方法、控制应力和张拉设备。

（五）施工机械选择

1.施工机械选择注意事项

在水利工程施工中,采用的机械种类杂、型号多,有土方机械、运输机械、吊装起重机械等。在选择施工机械时,应根据工程的规模、工期要求、现场条件等择优选定。选择施工机械时,应注意以下几点:

(1)首先选择主导工程的施工机械。例如地下工程的土方机械,主体结构工程和垂直、水平运输机械,结构吊装工程的起重机械等。

(2)在选择辅助施工机械时,必须充分发挥主导施工机械的生产效率,要使两者的台班生产能力协调一致,并确定出辅助施工机械的类型、型号和台数。例如土方工程中自卸汽车的载重量应为挖掘机斗容量的整数倍,汽车的数量应保证挖掘机连续工作,使挖掘机的效率充分发挥。

(3)为便于施工机械化管理,同一施工现场的机械类型应尽可能少。当工程量大且集中时,应选用专业化施工机械;当工程量小而分散时,可选择多用途施工机械。

(4)尽量选用施工单位的现有机械,以减少施工的投资额、提高现有机械的利用率、降低成本。当现有施工机械不能满足工程需要时,则购置或租赁所需新型机械。

2.施工机械选择步骤

水利工程机械施工包括的内容很多,这里以土石方工程的挖、填为例进行说明。

1)分析施工过程

水利工程机械化施工过程包括施工准备工作、基本工作和辅助工作。

(1)施工准备工作:包括料场覆盖层清除、基坑开挖、岩基清理、修筑道路等。

(2)基本工作:包括土石料挖掘、装载、运输、卸料、平整和压实等工序。

(3)辅助工作:是配合基本工作进行的,包括翻松硬土、洒水、翻晒、废料清除和道路维修等。

2)施工机械选择

施工机械选择应该是根据施工方案进行的。在拟订施工方案时,首先研究基本工作所需要的主要机械,按照施工条件和工作参数选定主要机械;然后依据主要机械的生产能力和性能参数选用与其配套的机械。准备工作和辅助工作的机械,则根据施工条件和进度要求另行选用,或者采用基本工作所选用的机械。

3)根据施工强度确定施工机械需要量

配套设备需要量计算。在水利工程的机械施工中,需要不同功能的设备相互配合,才能完成其施工任务。例如,挖掘机装土自卸汽车运土上坝,拖拉机压实工作就是挖掘机、自卸汽车、拖拉机等三种机械配合才能完成的施工任务。

在土石方施工中,与挖掘机配套的自卸汽车,其数量和所占施工费用的比例都很大,应仔细选择车型和计算所需用量。只有配套合理,才能最大限度地发挥机械施工能力,提高机械使用率。

选择自卸汽车时,可以选用适当的车铲容积比,并根据已选定的挖掘机斗容量来选取汽车的可载重量;计算装满一车厢的铲斗数以及汽车实际的载重量,以确定汽车载重量的利用程度;计算一台挖掘机配套的汽车需要量(台数);进行技术经济比较,推荐车型和数量。

(1)车铲容积比的选择。挖掘机和汽车的利用率均达到最高值时的理论车铲容积比随运距的增加而提高,随汽车平均行驶速度增加而降低。根据工程实践的数据,一般情况下,当运距为1~2.5 km时,理论车铲容积比为4~7;当运距为2.5~5 km时,理论车铲容积比为7~10。

(2)汽车载重量的利用程度计算。汽车载重量的利用程度是考核配套是否合理的另一个指标。它与车铲容积比、汽车载重量或车厢容积等因素有关。

装满自卸汽车车厢所需的铲装次数(取整数)应满足下列条件,即

$$m \leqslant \frac{Q}{W} \quad 或 \quad n \leqslant \frac{V}{V_1} \qquad (5-2)$$

式中　m,n——装满一车厢的铲装次数;

　　　　Q——自卸汽车的载重量,t;

　　　　V——自卸汽车的车厢容量,m^3;

　　　　V_1——铲斗内料物的松散体积,m^3;

　　　　W——铲斗料物重量,t,可用式(5-3)计算,即

$$W = qk_{cn}k_e\rho \qquad (5-3)$$

其中　q——挖掘机铲斗容量,m^3;

　　　　ρ——料物的自然密度,t/m^3;

　　　　k_{cn}——铲斗的充盈系数,取0.7;

　　　　k_e——料物的可松性系数,取0.6。

(3)一台挖掘机配套的汽车需要台数计算。与挖掘机配套工作的汽车需要量的理论计算的前提是认为挖掘机面前总有一辆汽车待装,挖掘机能充分发挥效率,需要汽车的数量N可按式(5-4)计算,即

$$N = \frac{T}{t_1} \qquad (5-4)$$

式中　T——汽车的工作循环时间,min;

t_1——装车的时间,min。

费用计算:计算汽车数量应该考虑经济因素,在工程实践中,费用指标往往是决定因素,因此还需要进行费用分析。设计时拟订多个方案,分别计算其单价,单价最低即为可选方案。

3.施工机械选择实例

【例5-1】 某土石方工程的工程量为133.6万 m³,Ⅲ类土,工程施工日历天数为212 d,有效工作天数139 d,以7个月计,每天3班昼夜施工。施工组织设计为采用液压反铲挖掘机(斗容量为2.0 m³)挖装;20 t自卸汽车运输,运距5 km;103 kW推土机进行平土;16 t轮胎碾压机碾压,施工不均匀系数 K 取1.3。试确定施工机械台数。

解:(1)计算施工强度。

$$月平均施工强度 = 133.6 \div 7 = 19.1(万 \ m^3/月)$$

$$班平均施工强度 = \frac{1\ 336\ 000}{139 \times 3} = 3\ 204(m^3/班)$$

(2)查定额求出台班工作量。

根据水利部《水利建筑工程预算定额》:液压反铲挖掘机(斗容量为2.0 m³)台班产量 1 429 m³/台班;20 t自卸汽车运输,台班产量120 m³/台班;推土机台班产量851 m³/台班;16 t轮胎碾压机碾压,台班产量1 018 m³/台班。

(3)计算各种施工机械数量。

$$液压反铲挖掘机(斗容量为2.0 \ m^3)台数 = \frac{QK}{1\ 429} = \frac{3\ 204 \times 1.3}{1\ 429} = 3(台)$$

$$自卸汽车运输台数 = \frac{QK}{120} = \frac{3\ 204 \times 1.3}{120} = 35(台)$$

$$推土机台数 = \frac{QK}{851} = \frac{3\ 204 \times 1.3}{851} = 5(台)$$

$$轮胎碾压机台数 = \frac{QK}{1\ 018} = \frac{3\ 204 \times 1.3}{1\ 018} = 4(台)$$

根据挖掘机的斗容量确定自卸汽车载重量,应满足挖掘机配套的工艺要求。挖掘机斗容量和汽车载重量的比值应在一个合理的范围,按式(5-5)计算所选挖掘机装车的斗数 m 为

$$m = \frac{Q}{k_{cn}\rho_1 q k_e} \tag{5-5}$$

式中 m——挖掘机装车的斗数;

Q——汽车的载重量,t;

ρ_1——料物的自然密度,t/m³;

q——挖掘机铲斗容量,m³;

k_{cn}——铲斗的充盈系数,取0.9;

k_e——料物的可松性系数,取0.8。

$$m = \frac{Q}{k_{cn}\rho_1 q k_e} = \frac{20}{2.2 \times 2 \times 0.9 \times 0.8} = 6(斗)$$

20 t 自卸汽车用 2 m³ 挖掘机,每车需要 6 斗,即可满足配合的工艺要求。

挖掘机挖装一斗的时间 $t_c = 28$ s,汽车的运、卸、回程空返时间(运距 5 km)$T = 1\ 980$ s,为保证连续工作,每台挖掘机需要配备汽车数量 N 为

$$N = \frac{T}{mt_c} = \frac{1\ 980}{6 \times 28} = 12(台)$$

3 台液压反铲挖掘机(斗容量为 2.0 m³)所需自卸汽车 3 × 12 = 36(台)可以满足要求。考虑到机械设备的检修、车辆备用及道路现场情况等,设计确定选用液压反铲挖掘机(斗容量为 2.0 m³)3 台,20 t 自卸汽车运输 36 台,103 kW 推土机 5 台,16 t 轮胎碾压机 4 台。

(六)施工方案的评价

工程项目施工方案选择的目的是要求适合本工程的最佳方案在技术上可行、经济上合理,做到技术经济相统一。对施工方案进行技术经济分析,就是为了避免施工方案的盲目性、片面性,在方案付诸实施之前就能分析出其经济效益,保证所选方案的科学性、有效性和经济性,达到提高质量、缩短工期、降低成本的目的,进而提高工程施工的经济效益。

1. 评价方法

施工方案技术经济分析方法可分为定性分析和定量分析两大类。

定性分析只能泛泛地分析各方案的优缺点,如施工操作的难易和安全与否、可否为后续工序提供有利条件、冬季或雨季对施工影响的大小、是否可利用某些现有机械和设备、能否一机多用、能否给现场文明施工创造有利条件等,还有评价时受评价人的主观因素影响大小,故只用于方案初步评价。

定量分析法是对各方案的投入与产出进行计算,如劳动力、材料及机械台班消耗、工期、成本等直接进行计算、比较,用数据说话比较客观,让人信服,所以定量分析是方案评价的主要方法。

2. 评价指标

1)技术指标

技术指标一般用各种参数表示,如大体积混凝土施工时为了防止裂缝的出现,评价浇筑方案的指标有浇筑速度、浇筑温度、水泥用量等,还有模板方案中的模板面积、型号、支撑间距。这些技术指标应结合具体的施工对象来确定。

2)经济指标

经济指标主要反映为完成任务必须消耗的资源量,由一系列价值指标、实物指标及劳动指标组成。例如工程施工成本消耗的机械台班数,用工量及其钢材、木材、水泥(混凝土半成品)等材料消耗量等,这些指标能评价方案是否经济合理。

3)效果指标

效果指标主要反映采用该施工方案后预期达到的效果。效果指标有两大类:一类是工程效果指标,如工程工期、工程效率等;另一类是经济效果指标,如成本降价额或降低率,材料的节约量或节约率。

任务四　施工进度计划

一、施工进度计划的作用与编制依据

(一)施工进度计划的作用与形式

施工进度计划的编制方式基本与总进度计划相同,在满足总进度计划的前提下应将项目分得更细、更具体一些。

施工进度计划是施工方案在时间上的具体反映,是指导施工的依据。它的主要任务是以施工方案为依据,安排工程中各施工过程的施工顺序和施工时间,使单位工程在规定的时间内,有条不紊地完成施工任务。

施工进度计划的主要作用是为编制企业季度、月度生产计划提供依据,为平衡劳动力、调配和供应各种施工机械和各种物资资源提供依据,同时为确定施工现场的临时设施数量和动力设备提供依据。施工进度计划必须满足施工规定的工期,在空间上必须满足工作面的实际要求,与施工方法相互协调。因此,编制施工进度计划应该细致地、周密地考虑这些因素。

施工进度计划的表达形式一般分为横道计划、网络计划和时标网络计划等。

(二)施工进度计划的编制依据

本项目所需的施工组织设计主要指投标时和施工阶段施工单位编制的施工组织设计。为此,招标文件和现场条件是施工进度计划主要的编制依据,同时必须满足以下要求:

(1)施工总工期及开工、竣工日期。

(2)经过审批的建筑总平面图、地形图、单位工程施工图、设备及基础图、使用的标准图及技术资料。

(3)施工组织总设计对本工程的有关规定。

(4)施工条件、劳动力、材料、构件及机械供应条件,分包单位情况等。

(5)主要分部(分项)工程的施工方案。

(6)劳动定额、机械台班定额及本企业施工水平。

(7)工程承包合同及业主的合理要求。

(8)其他有关资料,如当地的气象资料等。

二、施工进度计划的编制程序与步骤

(一)划分施工过程

编制工程施工进度计划,首先按照招标文件的工程量清单、施工图纸和施工顺序列出拟建工程的各个施工过程,并结合施工方法、施工条件、劳动组织等因素加以适当调整,使其成为编制进度计划所需的施工程序。

在确定施工过程时,应注意以下几点问题:

(1)施工过程划分的粗细程度,主要根据招标文件的要求,按照工程量清单的项目划分,基本可以达到控制施工进度,特别是开工、竣工时间,必须满足招标文件的时间要求。

(2)施工过程的划分要结合所选择的施工方案。不同的施工方案,其施工顺序有所不同,项目的划分也不同。

(3)注意适当简化工程进度计划内容,避免工程项目划分过细、重点不突出。根据工程量清单中的项目,有些小的项目可以合并,划分施工过程要粗细得当。

(二)校核工程量清单中的工程量

招标文件提供的工程量清单是招标文件的一部分,投标者没有权利更改,但作为投标者应该进行工程量清单的校核。通过对工程量清单的校核,可以更多地了解工程情况,对投标工作有利,同时为中标后的工程施工、工程索赔奠定基础。

(三)确定劳动量工时数和机械台班数

劳动量工时数和机械台班数应当根据工程量、施工方法和现行的施工定额,并结合当时当地的具体情况确定,即

$$P = \frac{Q}{S} \quad 或 \quad P = QH \tag{5-6}$$

式中　P——完成某施工过程所需的劳动量工时数或机械台班数;

　　　Q——完成某施工过程所需的工程量;

　　　S——某施工过程所采取的产量定额;

　　　H——某施工过程所采取的时间定额。

例如,已知某农桥道的基础土方 3 240 m³,可采取人工挖土,工时产量为 0.8 m³,则完成挖基础所需总劳动量为

$$P = \frac{Q}{S} = \frac{3\ 240}{0.8} = 4\ 050(工时)$$

若已知挖每立方米土方时间定额为 1.25 工时,则完成挖基础所需总劳动量为

$$P = QH = 3\ 240 \times 1.25 = 4\ 050(工时)$$

(四)确定各施工过程的施工天数

根据工程量清单中的各项工程量以及施工顺序,确定其施工天数,这一过程非常重要,因为各分部(分项)工程的施工天数,组成了整个工程的施工天数。在投标阶段,一般都采用倒排进度的方法进行。这是因为工程的开工、竣工时间都由招标文件规定了,不能更改,施工期又不能任意增加或减少。根据招标文件要求的开工、竣工时间和施工经验,确定各分部(分项)工程施工时间,然后按分部(分项)工程所需的劳动量工时数或机械台班数,确定每一分部(分项)工程每个班组所需的工人数或机械台数。计算公式为

$$R = \frac{P}{tmk} \qquad\qquad (5\text{-}7)$$

式中　R——每班安排在某分部(分项)工程上的施工机械台数或劳动人数;

　　　　P——完成某分部(分项)工程所需的劳动量工时数或机械台班数;

　　　　t——完成某分部(分项)工程的天数;

　　　　m——每天工作班次;

　　　　k——每天工作时间。

　　例如,某分部(分项)工程的土方工程采用机械施工,需要 87 个台班完成,则当工期为 8 d 时,每天工作 1 个班次,所需挖土机的台数为

$$R = \frac{P}{tmk} = \frac{87}{8 \times 1} = 11(台)$$

　　通常计算时一般按一班制考虑,如果每天所需机械台数或工人人数已超过施工单位现有物力或工作面限制时,则应根据具体情况和条件,从技术和施工组织上采取积极的措施,如增加工作班次,最大限度地组织立体交叉及水平流水施工等。

　　(五) 施工进度计划的调整

　　为了使初始方案满足规定的目标,一般进行以下检查:

　　(1) 各施工过程的施工顺序、平行搭接和技术间歇是否合理。

　　(2) 工期方面。初始方案的总工期是否满足连续、均衡施工。

　　(3) 劳动力方面。主要工种工人是否满足连续、均衡施工。

　　(4) 物资方面。主要机械、设备、材料等的利用是否均衡,施工机械是否充分利用。

　　经过检查,对不符合要求的部分可采用增加或缩短某些项目的施工时间。在施工顺序允许的情况下,将某些项目的施工时间向前或向后移动。

　　必要时,改变施工方法或施工组织等进行调整。

　　应当指出,上述编制施工进度计划的步骤不是孤立的,而是相互依赖、相互联系的,有时可以同时进行。由于水利工程施工是一个复杂的生产过程,受周围客观因素的影响很大,在施工过程中,由于劳动力、机械、材料等物资的供应及自然条件等因素的影响经常不符合原计划的要求,因而在工程进展中,应随时掌握施工动态,经常检查,不断调整计划。

三、编制施工进度表

　　施工进度表是施工进度的最终成果。它是在控制性进度表(施工总进度表或标书要求的工期)的基础上进行编制的,其起始与终止时间必须符合施工总进度计划或标书要求工期的规定。其他中间的工程项目可以适当调整。如图 5-1 所示为某施工标段工程进度计划网络图,其开工、竣工时间是已定的,不能更改,其他工程项目可以适当调整。

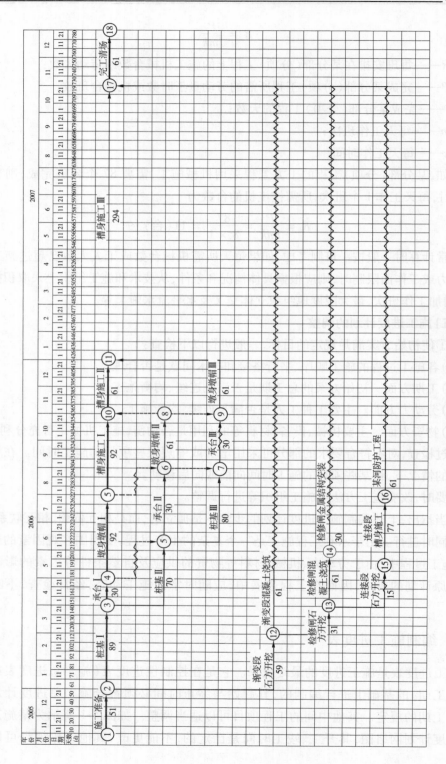

图 5-1 某施工标段工程进度计划网络图

任务五　施工平面图

　　施工平面图布置是施工总布置的一部分,其主要作用是根据已确定的施工方案布置施工现场,主要目的是满足投标要求,完成投标任务。施工阶段还需进一步详细布置。

　　施工平面图是对拟建工程施工现场所作的平面设计和空间布置图。它是根据拟建工程的规模、施工方案、施工进度计划及施工现场的条件等,按照一定的设计原则,正确地解决施工期间所需的各种临时工程与永久性工程和拟建工程之间的合理位置关系。

一、施工平面图的设计内容

　　(1)已建和拟建的地上、地下的一切建筑物的位置和框图。
　　(2)各种加工厂,如材料、构件、加工半成品、机具、仓库和堆场等的布置。
　　(3)生产区、生活福利区的平面位置布置。
　　(4)场外交通引入位置和场内道路的布置。
　　(5)临时给排水管道、临时用电(电力、通信)线路等的布置。
　　(6)临时围堰、临时道路等临时设施的布置。
　　(7)图例、比例尺、指北针及必要的说明等。

二、施工平面图的设计依据

　　施工平面图设计前,首先应认真研究投标确定的方案和进度计划,在勘察现场取得施工环境第一手资料的基础上,认真研究自然条件资料、技术经济材料,进行社会调查,方能使设计与施工现场实际情况相符。施工平面图设计所依据的主要有以下资料。

(一)原始资料

　　(1)自然条件资料。包括气象、地形地貌、水文地质、工程地质资料,周围环境和障碍物,主要用于布置排除地表水期间所需设备。

　　(2)技术经济调查资料。包括交通运输、水源、电源、气源、物资资源等情况,主要用于布置水电管线和道路。

　　(3)社会调查资料。包括社会劳动力和生活设施,参加施工各单位的情况,建设单位可为施工提供的房屋和其他生活设施。它可以确定可利用的房屋和设施情况,对布置临时设施有重要作用。

(二)有关的设计资料、图纸等

　　(1)总平面。包括图上一切地下、地上原有和拟建的建筑物及构筑物的位置和尺寸。它是正确确定临时房屋和其他设施位置所需的资料。

　　(2)施工总布置图(施工组织总设计)。
　　(3)一切已建和拟建的地下、地上管道位置资料。
　　(4)建筑区域的土方平衡图。它是安排土方的挖填、取土或弃土的依据。
　　(5)工程施工组织设计平面图应符合施工总平面图的要求。
　　(6)工程的施工方案、进度计划、资源需要量计划等施工资料。

三、施工平面图的设计原则

施工平面图的设计原则与施工总体布置图的设计原则基本相同,主要有以下几点:

(1)现场布置尽量紧凑,节约用地,不占或少占农田。在保证施工顺利进行的前提下,布置紧凑,节约用地,有利于管理,减少施工道路和管线,以降低成本。

(2)短运输,少搬运。在合理地组织运输、保证现场运输道路通畅的前提下,最大限度地减少厂内运输,特别是场内二次搬运,各种材料的进场时间,应按计划分批分期进行,充分利用场地。各种材料的堆放位置,应根据使用时间的要求尽量靠近使用地点,运距最短,既节约劳动力,又减少材料多次转运中的消耗,可降低成本。

(3)控制临时设施规模,降低临时设施费用,在满足施工的条件下尽可能利用施工现场附近的原有建筑物作为临时设施,多用装配式的临时设施,精心计算和设计,从而节省资金。

(4)临时设施的布置,应利于施工管理及生产和生活,生产工人居住区至施工区的距离最近,往返时间最少,办公用房应靠近施工现场,福利设施应在生活区范围之内。

(5)遵循水利建设法律法规对施工现场管理提出的要求,利于生产、生活、安全、消防、环保、卫生防疫、劳动保护等。

四、施工平面图的设计步骤

施工平面图的一般设计步骤如图 5-2 所示。其设计步骤在实际设计中,往往相互牵连,互相影响,因此要多次重复进行。除研究在平面上的布置是否合理外,还需要考虑它们的空间条件是否可行和科学合理,特别是要注意安全问题。

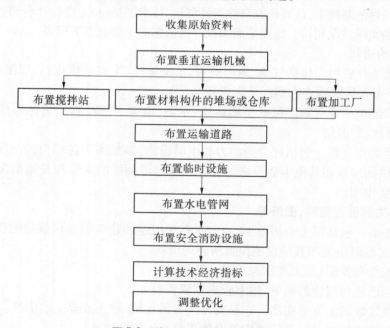

图 5-2　施工平面图的设计步骤

五、施工平面图的编制

(一)施工平面图的绘制要求

(1)绘图的步骤、内容、图例、要求和方法基本与施工总平面相同,应做到标明主要位置尺寸,按图例或编号注明布置的内容、名称,线条粗细分明,字迹工整清晰,图面美观。

(2)绘图比例常用1:500~1:2 000,视工程规模大小而定。

(3)将拟建工程置于平面图的中心位置,各项设施围绕拟建工程布置。

(二)施工平面图的绘制

施工平面图的绘制可采用手工绘制和计算机绘制。在水利工程设计中,绘图软件一般都采用 CAD 应用软件。

某平原地区大(1)型水库泄洪闸闸孔 36 孔,设计流量 4 000 m³/s,校核流量 7 000 m³/s。该泄洪闸建于 20 世纪 60 年代末,现进行除险加固。主要工程内容有:桥头堡、启闭机房拆除重建;公路桥桥面及栏杆翻修;闸墩、闸底板混凝土表面防碳化处理;闸底板、闸墩向上游接长 5 m;原弧形钢闸门更换为新弧形钢闸门;原卷扬启闭机更换为液压启闭机;上游左右侧翼墙拆除重建等七项。主要工程量:混凝土 4.6 万 m³,土方 42 万 m³,金属结构 1 086 t,总投资 1.22 亿元。

根据施工需要,现场布置有混凝土拌和系统、钢筋加工厂、木工厂、临时码头、配电房等临时设施。其平面布置示意图见图 5-3,图中①、②、③、④、⑤分别为油库、混凝土拌和系统、机修车间、办公生活区、钢筋加工厂。

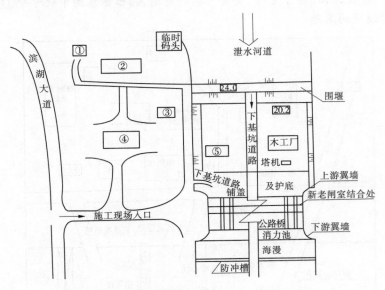

图 5-3　泄洪闸除险加固施工平面布置示意图

习　题

5-1　工程施工组织设计的作用和编写依据是什么?

5-2　施工方案的选择主要包括什么内容?

5-3　编制施工顺序时应该考虑的因素是什么?

5-4　简述确定施工方法的原则。

5-5　简述施工机械选择的步骤和方法。

5-6　简述施工方案评价方法和评价指标。

5-7　简述施工组织设计中的进度计划编制依据。

5-8　简述施工组织设计中的进度计划的编制程序与步骤。

5-9　某土石方工程,工程量为120万m³,Ⅲ类土,工程施工日历天数为183 d,有效工作天数120 d,以6个月计,每天3班昼夜施工。施工组织设计为采用液压反铲挖掘机(斗容量为2.0 m³)挖装;20 t自卸汽车运输,运距5 km;103 kW推土机进行平土;16 t轮胎碾压机,施工不均匀系数取1.3(定额:液压反铲挖掘机(斗容量为2.0 m³),台班产量1 429 m³/台班;20 t自卸汽车运输,运距5 km,台班产量120 m³/台班;103 kW推土机进行平土(Ⅲ类),推运距20 m,台班产量851 m³/台班;16 t轮胎碾压机台班产量1 018 m³/台班)。

5-10　某泵站枢纽工程由泵站、清污机闸、进水渠、出水渠、公路桥等组成。根据施工需要,本工程主要采用泵送混凝土施工,现场布置有混凝土拌和系统、钢筋加工厂、木工厂、预制构件厂、油料库等临时设施,其平面布置示意图如图5-4所示。图中①、②、③、④、⑤为临时设施(混凝土拌和系统、零星材料仓库、预制构件厂、油料库、生活区)代号。根据有利生产、方便生活、易于管理、安全可靠的原则,指出示意图中代号中①、②、③、④、⑤所对应临时设施的名称。

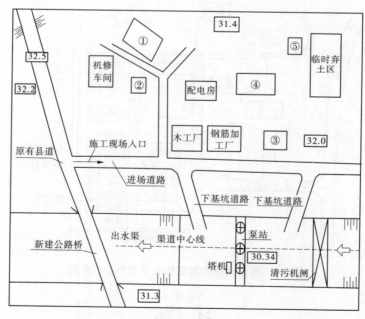

图5-4　施工平面布置示意图

项目六 施工准备工作

施工项目部建立,施工原始资源的收集与调查,施工前图纸会审、编制施工组织设计等技术准备,施工现场的场地、生产资料、人力等生产准备、施工接口关系协调与管理。

了解准备工作内容,掌握施工项目部建立,施工原始资源的收集,施工技术准备,施工现场的生产准备。

任务一 施工准备工作内容和要求

一、施工准备工作的意义

施工准备工作是为了保证工程顺利开工和施工活动正常进行所必须事先做好的各项准备工作。它是生产经营管理的重要组成部分,是施工程序中的重要一环。做好施工准备工作具有以下意义。

(一)全面完成施工任务的必要条件

水利工程施工不仅需要消耗大量的人力、物力、财力,而且会遇到各种各样的复杂技术问题、协作配合问题等。对于一项复杂而庞大的系统工程,如果事先缺乏充分的统筹安排,必然会使施工过程陷于被动,施工无法正常进行。由此可见,做好施工准备工作,既可以为整个工程的施工打下基础,又可以为各个分部工程的施工创造条件。

(二)降低工程成本、提高经济效益的有力保证

认真细致地做好施工准备工作,能充分发挥各方面的积极因素、合理组织各种资源,能有效地加快施工进度、提高工作质量、降低工程成本、实现文明施工、保证施工安全,从而获得较高的经济效益,为企业赢得良好的社会声誉。

(三)降低工程施工风险的有力保障

水利工程建设的生产要素多且易变,影响因素多且预见性差,可能遇到的风险也大。只有充分做好施工准备工作、采取预防措施、增强应变能力才能有效地降低风险损失。

(四)遵循建筑施工程序的重要体现

建筑产品的生产有其科学的技术规律和市场经济规律。基本建设工程项目的总程序是按照规划、设计和施工等几个阶段进行的,施工阶段又分为施工准备、土建施工、设备安装和交工验收阶段。由此可见,施工准备是基本建设工程项目施工的重要阶段之一。

由于建筑产品及其生产特点,施工准备工作的好坏将直接影响建筑产品生产的全过程。实践证明,凡是重视施工准备工作、积极为拟建工程创造一切良好施工条件的,其工程的施工都会顺利地进行;凡是不重视施工准备工作的,将会处处被动,给工程的施工带来麻烦,甚至造成重大损失。

二、施工准备工作的类型与内容

（一）施工准备工作的类型

1. 按工程所处施工阶段分类

按工程所处施工阶段,施工准备可分为开工前的施工准备和工程作业条件下的施工准备。

（1）开工前的施工准备:指在拟建工程正式开工前所进行的一切施工准备,为工程正式开工创造必要的施工条件,它带有全局性和总体性。没有这个阶段,工程不能顺利开工,更不能连续施工。

（2）工程作业条件下的施工准备:指开工之后,为某一单位工程、某个施工阶段或某个分部工程所做的施工准备工作,它带有局部性和经常性。一般来说,冬、雨季施工准备都属于这种施工准备。

2. 按施工准备工作范围分类

按施工准备工作范围,施工准备可分为全局性施工准备、单位工程施工条件准备、分部工程作业条件准备。

（1）全局性施工准备:是指以整个建设项目或建筑群为对象所进行的统一部署的施工准备工作。它不仅要为全局性的施工活动创造有利条件,而且要兼顾单位工程施工条件准备。

（2）单位工程施工条件准备:是指以一个建筑物或构筑物为施工对象而进行的施工条件准备,它不仅为该单位工程在开工前做好一切准备工作,而且要为分部工程作业条件做好施工准备工作。

当单位工程施工条件准备工作完成,且具备开工条件后,项目经理部应申请开工,递交开工报告,报审且批准后方可开工。实行建设监理的工程,企业还应将开工报告送总监理工程师审批,由监理工程师签发开工通知,在限定时间内开工。

单位工程开工应具备以下条件:①施工合同已签订;②施工图纸已经会审并有记录;③施工组织设计和专项施工措施方案已经总监理工程师审批并已进行交底;④施工图预算和施工预算已经编制并审定;⑤现场妨碍物已清除,场地已平整,施工道路、水源、电源已接通,排水沟道畅通;⑥原材料、构件、半成品和生产设备等已经落实并能陆续进场,保证连续施工的需要;⑦各种临时设施已经搭设,能满足施工和生活的需要;⑧施工机械、设备的安排已落实,先期使用的已运入现场、已试运转并能正常使用;⑨劳动力安排已经落实,可以按时进场;⑩"五牌一图"（工程概况牌、管理人员名单及监督电话牌、消防保卫牌、安全生产牌、文明施工牌和施工现场平面图）,安全警示标志宣传牌已建立,安全、防火的必要设施已具备;⑪预付款已经法人支付;⑫若需分包,分包资质已经监理审核等。以上条件具备后,由项目部向监理机构提交开工报验资料,经监理机构审核后方能开工。

（3）分部工程作业条件准备:是指以一个分部工程为施工对象而进行的作业条件准

备。由于对某些施工难度大、技术复杂的分部工程需要单独编制施工作业设计,应对其所采用的施工工艺、材料、机具、设备及安全防护设施等分别进行准备。

综上所述,不仅在拟建工程开工之前要做好施工准备工作,而且随着工程施工的开展,在各施工阶段开工之前也要做好施工准备工作。施工准备工作既要有阶段性,也要有连续性。因此,施工准备工作必须要有计划、有步骤、分期和分阶段地进行,贯穿于拟建工程的整个建设过程。

(二)施工准备工作的内容

施工准备工作涉及的范围广、内容多,应视该工程本身及其具备条件的不同而不同。一般可归纳为以下六个方面:

(1)调查收集原始资料。包括水利工程建设场址的勘察和技术经济资料的调查。

(2)施工技术资料准备工作。包括熟悉和会审图纸,编制施工图预算,编制施工组织设计。

(3)施工现场准备工作。包括清除障碍物,搞好"四通一平",测量放线,搭设临时设施。

(4)施工物资准备工作。包括主要材料的准备,模板、脚手架、施工机械、机具的准备。

(5)施工人员、组织准备工作。包括研究施工项目组织管理模式,组建项目经理部,规划施工力量与任务安排,建立健全质量管理体系和各项管理制度,完善技术检测措施,落实分包单位,审查分包单位资质,签订分包合同。

(6)季节性施工准备工作。包括拟订和落实冬、雨季施工措施。

每项工程施工准备工作的内容视该工程本身及其具备的条件不同而有所不同。只有按照施工项目的规划来确定准备工作的内容,并拟订具体的、分阶段的施工准备工作实施计划,才能充分地为施工创造一切必要的条件。

(三)施工准备工作的要求

1.编制好施工准备工作计划

为了有步骤、有组织、全面地搞好施工准备,在进行施工准备工作之前,应编制好施工准备工作计划,其形式如表6-1所示。

表6-1 施工准备工作计划表

序号	项目	施工准备工作内容	要求	负责单位	负责人	配合单位	起止日期		备注
							月-日	月-日	

施工准备工作计划是施工组织设计的重要组成部分,应依据施工方案、施工进度计划、资源需要量等进行编制。除用上述表格外,还可以采用网络计划进行编制,以明确各项准备工作之间的关系并找出关键工作,而且可在网络计划上进行施工准备期的调整。

2.建立严格的施工准备工作责任制

施工准备工作必须有严格的责任制,按施工准备工作计划将责任落实到有关部门和具体人员。项目经理全权负责整个项目的施工准备工作,对准备工作进行统一布置和安排,协调各方面关系,以便按计划要求及时、全面地完成准备工作。

3. 建立施工准备工作检查制度

施工准备工作不仅要有明确的分工和责任、有布置、有交底,在实施过程中还要定期进行检查。其目的在于督促和控制施工准备工作,通过检查发现问题和薄弱环节,并进行分析,找出原因,及时解决,不断协调和调整,把工作落到实处。

4. 严格遵守建设程序,执行开工报告制度

必须遵守基本建设程序,坚持没做好施工准备工作不准开工的原则。当施工准备工作的各项内容已完成、满足开工条件、已办理施工许可证时,项目经理部应提出开工报告申请,报上级批准后方可开工。实行监理的工程还应将开工报告送监理机构批准,由监理机构签发开工通知书。单位工程开工报告如表6-2所示。

表6-2 单位工程开工报告

申报单位:　　　　　　　　　　　　　　　　　　　　　年　月　日　第　号

工程名称		建筑面积	
结构类型		工程造价	
建设单位		监理单位	
施工单位		技术负责人	
申请开工日期	年　月　日	计划竣工日期	年　月　日
序号	单位工程开工的基本条件		完成情况
1	施工图纸已会审,图纸中存在的问题和错误已得到纠正		
2	施工组织设计或施工方案已经被批准并进行了交底		
3	场内场地平整和障碍物的清理已基本完成		
4	场内外交通道路,施工用水、用电、排水已能满足施工要求		
5	材料、半成品和工艺设计等均能满足连续施工的要求		
6	生产和生活用的临建设施已搭建完毕		
7	施工机械、设备已进场,并经过检验能满足连续施工要求		
8	施工图预算和施工预算已经编审,并已签订工作合同协议		
9	劳动力计划已落实		
10	已办理了施工许可证		
施工单位上级主管部门意见 （签章） 年　月　日	建设单位意见 年　月　日	质检站意见 年　月　日	监理意见 年　月　日

5. 处理好各方面的关系

为保证施工准备工作的顺利实施,必须将多工种、多专业的准备工作统筹安排、协调配合,施工单位要取得建设单位、设计单位、监理单位及有关单位的大力支持与协作。为此,要处理好以下几个方面的关系。

1）建设单位准备与施工单位准备相结合

为保证施工准备工作全面完成，不出现漏洞或职责推诿的情况，应明确划分建设单位和施工单位准备工作的范围、职责及完成时间，并在实施过程中相互沟通、相互配合，保证施工准备工作的顺利完成。

2）施工前期准备工作与施工后期准备工作相结合

施工准备工作有一些是开工前必须做的，有一些是在开工之后交叉进行的，因而既要立足于前期准备工作，也要着眼于后期准备工作，两者不能偏废。

3）内业准备工作与外业准备工作相结合

内业准备工作是指工程建设的各种技术经济资料的编制和汇集，外业准备工作是指进行施工现场的施工活动所必需的技术、经济、物质条件的建立。内业准备工作与外业准备工作应并举，互相创造条件。内业准备工作对外业准备工作起指导作用，而外业准备工作则对内业准备工作起促进作用。

4）现场准备工作与预制加工准备工作相结合

在现场准备的同时，对大宗预制加工构件应提出供应进度要求，并委托生产。对一些大型构件应进行技术经济分析，及时确定是现场预制，还是加工厂预制。构件加工还应考虑现场的存放能力及使用要求。

5）土建工程与安装工程相结合

土建施工企业在拟订出施工准备工作规划后，要及时与其他专业工程以及供应部门相结合，研究总包与分包之间综合施工、协作配合的关系，然后各自进行施工准备工作，相互提供施工条件，有问题及早提出，以便采取有效措施，促进各方面准备工作的进行。

6）班组准备工作与工地总体准备工作相结合

在各班组做施工准备工作时，必须与工地总体准备工作相结合。按结合图纸交底及施工组织计划的要求，熟悉有关的技术规范、规划，协调各工种之间的衔接结合，力争连续、均衡地施工。

班组作业的准备工作包括以下几个方面：

（1）进行计划和技术交底，下达施工任务书。

（2）进行施工机具保养和就位。

（3）施工所需的材料、配件经质量检查合格后，将其供应到施工地点。

（4）具体布置操作场地，创造操作环境。

（5）检查前一工序的质量，搞好标高与轴线的控制。

任务二　施工项目部建立

一、建立施工项目领导机构

根据工程规模、结构特点和复杂程度，确定施工项目领导机构的人选和名额；遵循合理分工与密切协作、因事设职与因职选人的原则，建立有施工经验、有开拓精神和工作效率高的施工项目领导机构。除项目负责人和技术负责人外，还应配备一定数量的施工员、质检员、材料员、资料员、安全员、造价员等职业岗位人员,负责施工技术管理工作。其中项目负责人、技术负责人、财务负责人、质量管理人员、安全管理人员必须为本单位人员。

水利部建设与管理部门和中国水利工程协会规定了相应的考核办法和管理办法。项目负责人、安全管理人员以及安全部门负责人必须取得有效的安全考核合格证。

(一)施工项目负责人的要求

施工项目负责人,是指参加全国一级或二级建造师水利水电工程专业考试并通过,经注册取得相应执业资格,同时经安全考核合格,具有有效安全考核合格证(B证),并具有一定数量类似工程经历,受施工企业法定代表人委托对工程项目施工过程全面负责的项目管理者,是施工企业法定代表人在工程项目上的代表人。

根据水利部关于招标投标及住房和城乡建设部水利水电工程建造师执业范围划分的有关要求,项目负责人应当由本单位的水利水电工程专业注册建造师担任,注册建造师职业工程规模和级别划分按照《水利水电工程注册建造师执业工程规模标准》。一级水利水电专业建造师可以担任所有水利水电工程施工的项目经理;二级水利水电专业建造师只能担任中型、小型、3级(含3级)以下堤防及农村饮水,河湖整治,水土保持,环境保护及其他等五类工程投资额在3 000万元以下的水利工程施工的项目经理。

除执业资格要求外,项目负责人还必须有一定数量类似工程业绩,且具备有效的安全生产考核合格证书。项目负责人属于本单位人员的相关证明材料,必须同时满足以下条件:

(1)聘任合同必须由投标人单位与之签订;

(2)与投标人单位有合法的工资关系;

(3)投标人单位为其办理社会保险关系,或具有其他有效证明其为本单位人员身份的文件。

(二)施工项目负责人的职责

施工项目负责人在承担水利工程项目施工的管理过程中,应当按照施工企业与建设单位签订的工程承包合同,与本企业法定代表人签订项目承包合同,并在企业法定代表人授权范围内,组织项目管理班子;以企业法定代表人的代表身份处理与所承担的工程项目有关的外部关系,受托签署有关合同;指挥工程项目建设的生产经营活动,调配并管理进入工程项目的人力、资金、物资、施工设备等生产要素;选择施工作业队伍;进行合理的经济分配以及企业法定代表人授予的其他管理权力。

施工项目负责人不仅要考虑项目的利益,还应服从企业的整体利益。项目负责人的任务包括项目的行政管理和项目管理两方面。项目负责人应对施工工程项目进行组织管理、计划管理、施工及技术管理、质量管理、资源管理、安全文明施工管理、外联协调管理、竣工交验管理。具体岗位职责如下:

(1)加强工程管理,确保工程按质按期完成,并最大限度地降低工程成本,节约投资。

(2)项目负责人在施工企业工程部经理的领导下,主要负责对工程施工现场的施工组织管理。通过施工过程中对项目部、施工队伍的现场组织管理及与甲方、监理、总包各方的协调,从而实现工程总目标。

(3)认真贯彻执行公司的各项管理规章制度,逐级建立健全项目部各项管理规章制度。

（4）项目负责人是建筑施工企业的基层领导者和施工生产的指挥者，对工程的全面工作负有直接责任。

（5）项目负责人应对项目工程进行组织管理、计划管理、施工及技术管理、质量管理、资源管理、安全文明施工管理、外联协调管理、竣工交验管理。

（6）组织做好工程施工准备工作、对工程现场施工进行全面管理，完成公司下达的施工生产任务及各项主要工程技术经济指标。

（7）组织编制工程施工组织设计，组织并进行施工技术交底。

（8）组织编制工程施工进度计划，做好工程施工进度实施安排，确保工程施工进度按合同要求完成。

（9）抓好工程施工质量及材料质量的管理，保证工程施工质量，争创优质工程，树公司形象，对用户负责。

（10）对施工安全生产负责，重视安全施工，抓好安全施工教育，加强现场管理，保证现场施工安全。

（11）组织落实施工组织设计中安全技术措施，组织并监督工程施工中安全技术交底和设备设施验收制度的实施。

（12）对施工现场定期进行安全生产检查，发现施工生产中不安全问题，组织制订措施并及时解决。对上级提出的安全生产与管理方面的问题要定时、定人、定措施予以解决。

（13）发生质量、安全事故，要做好现场保护与抢救工作并及时上报，组织配合事故的调查，认真落实制订的防范措施，吸取事故教训。

（14）重视文明施工、环境保护及职业健康工作开展，积极创建文明施工、环境保护及职业健康，创建文明工地。

（15）勤俭办事，反对浪费，厉行节约，加强对原材料机具、劳动力的管理，努力降低工程成本。

（16）建立健全和完善用工管理手续，外包队使用必须及时向有关部门申报。严格用工制度与管理，适时组织上岗安全教育，对外包队的健康与安全负责，加强劳动保护工作。

（17）组织处理工程变更洽商，组织处理工程事故、问题纠纷协调，组织工程自检、配合甲方阶段性检查验收及工程验收，组织做好工程撤场善后处理。

（18）组织做好工程资料台账的收集、整理、建档、交验规范化管理。

（19）树立公司利益第一的宗旨，维护公司的形象与声誉，洁身自律，杜绝一切违法行为的发生。

（20）协助配合公司其他部门进行相关业务工作。

（21）完成施工企业交办的其他工作。

二、建立精干的施工队伍

根据施工项目部的组织方式，确定合理的劳动组织，建立相应的专业或混合工作队、班组，并建立岗位责任制和考核办法。垂直运输机械作业人员、安装拆卸工、爆破作业人员、起重信号工、登高架设作业人员等特种作业人员,必须按照国家有关规定经过专门的安全作业培训,并取得特种作业操作资格证书后,方可上岗作业。

按照开工日期和劳动力需要量计划、组织工人进场,安排好职工生活,并进行项目部和班组二级安全教育,以及防火和文明施工等教育。

三、做好技术交底工作

为落实施工计划和技术责任制,应按管理系统逐级进行交底。交底内容通常包括:工程施工进度计划和月、旬作业计划,各项安全技术措施、降低成本措施和质量保证措施,质量标准和验收规范要求,以及设计变更和技术核定事项等,都应详细交底,必要时进行现场示范。例如,进行三级、特级、悬空高处作业时,应事先制订专项安全技术措施。施工前,应向所有施工人员进行技术交底。

四、建立健全各项规章制度

各项规章制度包括:项目管理人员岗位责任制度、项目技术管理制度、项目质量管理制度、项目安全管理制度、项目计划、统计与进度管理制度、项目成本核算制度、项目材料和机械设备管理制度、项目现场管理制度、项目分配与奖励制度、项目例会及施工日志制度、项目分包及劳务管理制度、项目组织协调制度、项目信息管理制度。

任务三　施工原始资料收集

调查研究和收集有关施工资料是施工准备工作的重要内容之一,尤其是当施工单位进入一个新的地区时,此项工作显得更加重要,它关系到施工单位全局的部署与安排。对原始资料的收集分析,为编制出合理的、符合客观实际的施工组织设计文件提供全面的、系统的、科学的依据,为图纸会审、编制施工图预算和施工预算提供依据,为施工企业管理人员进行经营管理决策提供可靠的依据。

一、原始资料的调查内容

原始资料是工程设计及施工组织设计的重要依据之一。原始资料调查是施工准备工作的一项重要内容,它主要是对工程条件、工程环境特点和施工条件等施工技术与组织的基础资料进行调查。原始资料调查工作应有计划、有目的地进行,事先要拟订明确的、详细的调查提纲,明确调查范围、内容、要求等,调查提纲应根据拟建工程的规模、性质、复杂程度、对工程及工程当地熟悉了解程度而定。

原始资料调查内容一般包括建设场址的勘察和技术经济资料的调查,具体内容一般包括以下几个方面。

(一)建设场址的勘察

水利工程建设场址勘察主要是了解建设地点的地形地貌、工程地质、水文地质、气象以及场址周围环境和障碍物的情况等,勘察结果一般可作为确定施工方法和技术措施的依据。

1. 地形地貌勘察

地形地貌勘察要求提供水利工程的规划图、区域地形图（1:10 000～1:25 000）、工程位置地形图（1:1 000～1:2 000）、水准点及控制桩的位置、现场地形地貌特征、勘察高程及高差等。对于地形简单的施工现场，一般采用目测和步测；对于地形复杂的施工现场，可用测量仪器进行观测，也可向规划部门、建设单位、勘察单位等进行调查。这些资料可作为选择施工用地、布置施工总平面图、计算场地平整及土方量、了解障碍物及其数量的依据。

2. 工程地质勘察

工程地质勘察的目的是查明建设地区的工程地质条件和特征，包括地层构造、土层的类别及厚度、土的性质、承载力及地震级别等。应提供的资料有钻孔布置图，工程地质剖面图，图层的类别、厚度，土壤物理力学指标（包括天然含水量、孔隙比、塑性指数、渗透系数、压缩试验及地基土强度等），地层的稳定性（包括断层滑块、流沙），地基土的处理方法以及基础施工方法等。

3. 水文地质勘察

水文地质勘察所提供的资料主要有以下两方面：

（1）地下水资料。地下水最高水位、最低水位及时间，水的流速、流向、流量，地下水的水质分析及化学成分分析，地下水对基础有无冲刷、侵蚀影响等。所提供资料有助于选择基础施工方案、选择降水方法以及拟订防止侵蚀的措施。

（2）地面水资料。临近江河湖泊至工地的距离，洪水期、平水期、枯水期的水位、流量及航道深度，水质，最大、最小冻结深度及冻结时间等。调查地面水资料是为确定临时给水方案、施工运输方式提供依据。

4. 气象资料调查

气象资料一般可向当地气象部门进行调查，调查资料作为确定冬、雨季施工措施的依据。气象资料包括以下几个方面：

（1）降水资料。全年降雨量、降雪量，一日最大降雨量，雨季起止日期，年雷雹日数等。

（2）气温资料。年平均气温、最高气温、最低气温，最冷月、最热月及逐月的平均温度。

（3）气象资料。主导风向、风速、风的频率，全年不小于8级风的天数，并应将风向资料绘成图。

5. 周围环境及障碍物调查

周围环境及障碍物调查包括施工区域现有建筑物、构筑物、沟渠、水井、树木、土堆、电力架空线路等。这些资料要通过实地踏勘，并向建设单位、设计单位等调查取得，可作为现场施工平面布置的依据。

（二）技术经济资料的调查

技术经济资料调查的目的是查明建设地区工业、资源、交通运输、动力资源、生活福利设施等地区经济因素，获得建设地区技术经济条件资料，以便在施工组织中尽可能利用地方资源为工程建设服务，同时可作为选择施工方法和确定费用的依据。

1. 地区的能源调查

能源一般指水源、电源、气源等。能源资料可向当地城建、电力、燃气供应部门及建设单位等进行调查,主要用作选择施工用临时供水、供电和供气的方式,提供经济分析比较的依据。调查内容有:施工现场用水与当地水源连接的可能性、供水距离、接管距离、地点、水压、水质及消费等资料;利用当地排水设施排水的可能性、距离、去向等;可供施工使用的电源位置、引入工地的路径和条件,可满足的容量、电压及电费;建设单位、施工单位自有的发变电设备、供电能力;冬季施工时附近蒸汽的供应量、接管条件和价格;建设单位自有的供热能力;当地或建筑单位可以提供煤气、压缩空气、氧气的能力和其至工地的距离等。

2. 建设地区的交通调查

建设地区的交通运输方式一般有铁路、公路、水路、航空等。交通资料可向当地交通运输部门进行调查。收集交通运输资料包括调查主要材料及构件运输通道的情况,包括道路,街巷,途经桥涵的宽度、高度,允许载重量和转弯半径限制等资料。当有超长、超高、超宽或超重的大型构件、大型起重机械和生产工艺设备需整体运输时,还要调查沿途架空电线、天桥的高度,并与有关部门商议避免大件运输业务、选择运输方式、提供经济分析比较的依据。

3. 主要材料及地方资源情况调查

该项调查的内容包括三大材料(钢材、木材和水泥)的供应能力、质量、价格、运费情况,地方资源如石灰石、石膏石、碎石、卵石、河沙、矿渣、粉煤灰等能否满足水利工程建筑施工的要求,开采、运输和利用的可能性及经济合理性。这些资料可向当地计划、经济等部门进行调查,作为确定材料供应计划、加工方式、储存和堆放场地及建造临时设施的依据。

4. 建设地区情况调查

该项主要调查建设地区附近有无建筑机械化基地、机械租赁站及修配厂,有无金属结构及配件加工厂,有无商品混凝土搅拌站和预制构件厂等。这些资料可用作确定后预制件、半成品及成品等货源的加工供应方式、运输计划和规划临时设施。

5. 社会劳动力和生活设施情况调查

该项调查的内容包括当地能提供的劳动力人数、技术水平、来源和生活安排,建设地区已有的可供施工期间使用的房屋情况,当地主副食、日用品供应,文化教育、消防治安、预料单位的基本情况以及能为施工提供的支援能力。这些资料是制订劳动力安排计划、建立职工生活基地、确定临时设施的依据。

6. 参加施工的各单位能力调查

该项主要调查施工企业的资质等级、技术装备、管理水平、施工经验、社会信誉等有关情况。这些资料可作为了解总、分包单位的技术和管理水平及选择分包单位的依据。

在编制施工组织设计时,为弥补原始资料的不足,有时还可借助一些相关的参考资料来作为编制依据,如冬、雨季参考资料,机械台班产量参考指标,施工工期参考指标等。这些参考资料可利用现有的施工定额、施工手册、施工组织设计实例或通过平时施工实践活动来获得。

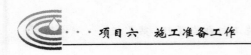

二、制订原始资料调查表

为了使原始资源调查具有针对性,先做调查表。

(一)水、电、气、热资料调查

水、电、气、热是施工不可缺少的条件,需收集资料的内容如表6-3所示。资料来源主要是当地城市建设、电业、通信等管理部门和建设单位。水、电、气、热资料主要用作选用施工用水、用电和供热、供气方式的依据。

表6-3　水、电、气、热条件调查表

序号	项目	调查内容	调查目的
1	供水、排水	(1)工地用水与当地现有水源连接的可能性,当地现有水源的可供水量、接管地点、管径、材料、埋深、水压、水质及水费,至工地距离,沿途地形地物状况。 (2)自选临时的江河水源的水质、水量、取水方式,至工地距离,沿途地形地物状况;自选临时水井的位置、深度、管径、出水量和水质。 (3)利用永久性排水设施的可能性,施工排水的去向、距离和坡度;有无洪水影响,防洪设施状况	(1)确定生活、生产供水方式。 (2)确定工地排水方案和防洪方案。 (3)拟订供排水设施的施工进度计划
2	供电、通信	(1)当地电源位置,引入的可能性,可供电的容量、电压、导线截面和电费,引入方向,接线地点,至工地距离,沿途地形地物状况。 (2)建设单位和施工单位自有发、变电设备的型号、台数和容量。 (3)利用邻近通信设施的可能性,以及可能增设通信设备、线路的情况	(1)确定供电方案。 (2)确定通信方案。 (3)拟订供电、通信设施的施工进度计划
3	供气、供热	(1)蒸汽来源,可供蒸汽量,接管地点、管径、埋深,至工地距离,沿途地形地物状况,蒸汽价格。 (2)建设、施工单位自有锅炉的型号、台数和能力,所需燃料及水质标准。 (3)当地或建设单位可能提供的压缩空气、氧气的能力,至工地的距离	(1)确定生产、生活供热的方案。 (2)确定压缩空气、氧气的供应计划

(二)交通运输资料调查

在建筑施工中,常用铁路、公路和航运等三种主要交通运输方式,须收集的内容如表6-4所示。资料来源主要是当地铁路、公路、水运和航运管理部门,主要用作决定选用材料和设备的运输方式、组织运输业务的依据。

表 6-4　交通运输条件调查表

序号	项目	调查内容	调查目的
1	铁路	(1)邻近铁路专用线、车站至工地的距离及沿途运输条件。 (2)站场卸货线长度、起重能力和储存能力。 (3)装卸单个货物的最大尺寸、重量的限制	
2	公路	(1)主要材料产地至工地的公路等级、路面构造、路宽及完好情况,允许最大载重量;途经桥涵等级、允许最大尺寸、最大载重量。 (2)当地专业运输机构及附近村镇能提供的装卸、运输能力,运输工具的数量及运输效率;运费、装卸费。 (3)当地有无汽车修配厂,其修配能力和至工地的距离	选择运输方式,拟订运输计划
3	航运	(1)货源、工地至邻近河流码头、渡口的距离,道路情况。 (2)洪水期、平水期、枯水期时通航的最大船只及吨位,取得船只的可能性。 (3)码头装卸能力、最大载重量,增设码头的可能性。 (4)渡口的渡船能力,同时可载汽车数,每日次数,提供能力。 (5)运费、渡口费、装卸费	

(三)建筑材料资料调查

建筑工程要消耗大量的材料,主要有钢材、木材、水泥、地方材料(砖、砂、灰、石)、装饰材料、构件制作、建筑机械等,其调查内容见表6-5、表6-6。资料来源主要是当地主管部门和建设单位及各建材生产厂家、供应商,主要用作选择建筑材料和施工机械的依据。

表 6-5　建筑材料调查表

序号	材料名称	产地	储藏量	质量	开采量	出厂价	供应能力	运距	单位运价
1									
2									
3									
4									
5									
⋮									

表6-6 主要建筑材料设备调查表

序号	项目	调查内容	调查目的
1	三种主材	(1)钢材订货的规格、型号、数量和到货时间。 (2)木材订货的规格、等级、数量和到货时间。 (3)水泥订货的品种、等级、数量和到货时间	(1)确定钢材加工堆放。 (2)确定木材加工场地。 (3)确定水泥储存方式
2	特殊材料	(1)需要的品种、规格、数量。 (2)试制、加工和供应情况	(1)制订供应计划。 (2)确定储存方式
3	主要设备	(1)主要工艺设备的名称、规格、供货单位。 (2)供应时间、批次、到货时间	(1)确定堆放场地。 (2)制订防雨措施

（四）社会资源利用资料调查

建筑施工是劳动密集型的生产活动。社会劳动力是建筑施工劳动力的主要来源，其调查内容如表6-7所示。资料来源主要是当地劳动、商业、卫生和教育主管部门，主要为劳动力安排计划、布置临时设施和确定施工力量提供依据。

表6-7 社会资源利用资料调查表

序号	项目	调查内容	调查目的
1	社会劳动力	(1)少数民族地区的风俗习惯。 (2)当地能提供劳动力的人数、技术水平和来源。 (3)上述人员的生活安排	(1)拟订劳动力计划。 (2)布置临时设施
2	房屋设施	(1)必须在工地居住的单身人数和户数。 (2)能作为施工用的现有的房屋幢数、每幢面积、结构特征、总面积、位置以及水、电、暖、卫生设备状况。 (3)上述建筑物的适宜用途，做宿舍、食堂、办公室的可能性	(1)确定原有房屋为施工服务的可能性。 (2)布置临时设施
3	生活服务	(1)主副食品供应、日用品供应、文化教育、消防治安等机构能为施工提供的支持能力。 (2)邻近医疗单位至工地的距离，可能就医的情况。 (3)周围是否存在有害气体污染情况，有无地方病	布置职工生活基地

（五）建设场址勘察资料调查

建设场址勘察资料调查的主要内容有建设地点的气象、地形地貌、工程地质、水文地质、场地周围环境及障碍物情况（见表6-8）。资料主要由气象部门及设计单位提供，主要用作确定施工方法和技术措施、编制施工进度计划和进行施工平面图布置设计的依据。

表 6-8　建设场址勘察资料调查表

序号	项目	调查内容	调查目的
(一)		气象	
1	气温	(1)年平均气温、最高气温、最低气温,最冷月、最热月及逐月的平均温度。 (2)冬、夏季室外计算温度	(1)确定防暑降温措施。 (2)确定冬季施工措施。 (3)估计混凝土、砂浆强度
2	雨雪	(1)雨季起止时间。 (2)月平均降雨(雪)量、最大降雨(雪)量、一昼夜最大降雨(雪)量。 (3)全年雷暴日数	(1)确定雨季施工措施。 (2)确定工地排水、防洪方案。 (3)确定防雷设施
3	风	(1)主导风向及频率(风玫瑰图)。 (2)不小于8级风的全年天数、时间	(1)确定临时设施的布置方案。 (2)确定高空作业及吊装的技术、安全措施
(二)		地形、工程地质	
1	地形	(1)区域地形图:1/10 000~1/25 000。 (2)工程位置地形图:1/1 000~1/2 000。 (3)该地区城市规划图。 (4)经纬坐标桩、水准基桩的位置	(1)选择施工用地。 (2)布置施工总平面图。 (3)场地平整及土方量计算。 (4)了解障碍物及其数量
2	工程地质	(1)钻孔布置图。 (2)地质剖面图:土层类别、厚度。 (3)物理力学指标:天然含水率、孔隙比、塑性指数、渗透系数、压缩试验及地基土强度。 (4)地层的稳定性:断层滑块、流沙。 (5)最大冻结深度。 (6)地基土破坏情况:枯井、古墓、防空洞及地下构筑物等	(1)土方施工方法的选择。 (2)地基土的处理方法。 (3)基础施工方法。 (4)复核地基基础设计。 (5)拟订障碍物拆除计划
3	地震	地震等级、烈度大小	确定对基础的影响、注意事项
(三)		水文地质	
1	地下水	(1)最高、最低水位及时间。 (2)水的流向、流速及流量。 (3)水质分析:水的化学成分。 (4)抽水试验	(1)基础施工方案选择。 (2)降低地下水位的方法。 (3)拟订防止侵蚀的措施
2	地面水	(1)邻近的江河湖泊至工地的距离。 (2)洪水期、平水期、枯水期的水位、流量及航道深度。 (3)水质分析。 (4)最大、最小冻结深度及冻结时间	(1)确定临时给水方案。 (2)确定运输方式。 (3)确定水利工程施工方案。 (4)确定防洪方案

任务四 施工技术准备工作

技术资料的准备是施工准备工作的基础。由于任何技术的差错或隐患都可能引起人身安全和质量事故,影响成本和进度,所以必须认真地做好技术准备工作。其主要内容包括:熟悉与会审图纸、编制施工组织设计、编制施工图预算和施工预算等。

一、熟悉与会审图纸

(一)熟悉与会审图纸的目的

(1)能够在工程开工之前,使工程技术人员充分了解和掌握设计图纸的设计意图、结构与构造特点和技术要求。

(2)通过审查发现图纸中存在的问题和错误并加以改正,为工程施工提供一份准确、齐全的设计图纸。

(3)保证能按设计图纸的要求顺利施工,生产出符合设计要求的最终建筑产品。

(二)审查图纸的内容和程序

审查施工图纸应侧重以下主要内容:

(1)设计图纸是否符合国家有关规划及技术规范的要求。

(2)核对设计图纸及说明书是否完整、明确,设计图纸与说明等其他各组成部分之间有无矛盾和错误,内容是否一致,有无遗漏。

(3)总图的建筑物坐标位置与单位工程建筑平面图是否一致。

(4)核对主要轴线、几何尺寸、坐标、标高、说明等是否一致,有无错误和遗漏。

(5)基础设计与实际地质情况是否相符,建筑物与地下构筑物及管线之间有无矛盾。

(6)主体建筑材料在各部分有无变化,各部分的构造做法。

(7)施工图中的各项技术要求是否切实可行,是否存在不便施工和不能施工的技术要求。

(8)是否与招标图纸一致,如不一致是否有设计变更。

(9)施工图纸是否经设计单位和监理机构正式签署。

(10)建筑施工与安装在配合上存在哪些技术问题,能否合理解决。

(11)设计中所选用的各种材料、配件、构件等能否满足设计规划的需要。

(12)工程中采用的新工艺、新结构、新材料的施工技术要求及技术措施。

(13)对设计技术资料的合理化建议及其他问题。

审查图纸的程序通常分为自审、会审和现场签证三个阶段。

(1)自审。指施工企业组织技术人员熟悉和审查图纸。自审记录包括对设计图纸的疑问和有关建议。

(2)会审。由建筑单位主持,设计单位和施工单位参加。先由设计单位进行图纸技术交底,各方面提出意见,经充分协商后,统一认识,形成图纸会审纪要,由设计单位正式行文,参加单位共同会签、盖章,作为设计图纸的修改文件。

（3）现场签证。指在工程施工过程中,发现施工条件与设计图纸的条件不符,或图纸仍有错误,或因材料的规格、质量不能满足设计要求等情况时,需要对设计图纸进行及时修改,应遵循设计变更的签证制度,进行图纸的施工现场签证。对于一般问题,经设计单位同意,即可办理手续进行修改;对于重大问题,须经建设单位、设计单位和施工单位协商,由设计单位修改,施工单位签发设计变更单方有效。

（三）熟悉技术规范、规程和有关技术规定

技术规范、规程是指国家制定的建设法规,是实践经验的总结,在技术管理上具有法律效用。建筑施工中常用的技术规范、规程主要有:

（1）建筑安装工程质量检验评定标准;

（2）施工操作规程;

（3）建筑工程施工及验收规范;

（4）设备维修及维修规程;

（5）安全技术规程;

（6）上级技术部门颁发的其他技术规范和规定。

二、编制施工组织设计

施工组织设计是指导施工现场全部生产活动的技术经济文件。它既是施工准备工作的重要组成部分,又是做好其他施工准备工作的依据;它既要体现建设计划和设计的要求,又要符合施工活动的客观规律,对建设项目的全过程起到战略部署和战术安排的双重作用,作为组织和指导施工的主要依据。

承包人应在施工组织设计中编制安全技术措施和施工现场临时用电方案,对基坑支护与降水工程、土石方开挖工程、模板工程、超重吊装工程、脚手架工程、拆除爆破工程、围堰工程和其他危险性较大工程,应编制专项施工方案报监理人审批。对高边坡、深基坑、地下工程、高大模板工程施工方案,还应组织专家进行论证、审查。

三、编制施工图预算和施工预算

施工图预算是技术准备工作的主要组成部分之一,是按照施工图确定的工程量、施工组织设计所拟定的施工方法、建筑工程预算定额及其取费标准,由施工单位主持,在拟建工程开工前的施工准备工作期编制的确定建筑安装工程造价的经济文件。它是施工企业签订工程承包合同、工程结算、银行拨款及进行企业经济核算的依据。

施工预算是根据施工图预算、施工图纸、施工组织设计或施工方案、施工定额等文件,综合企业和工程实际情况编制的。施工预算在工程确定承包关系以后进行。它是企业内部经济核算和班组承包的依据,因而是企业内部使用的一种预算。

施工图预算与施工预算存在很大区别:施工图预算是甲、乙双方确定预算造价、发生经济联系的技术经济文件,施工预算是施工企业内部经济核算的依据。将"两算"进行对比,是促进施工企业降低物资消耗、增加积累的重要手段。

任务五 施工生产准备工作

一、施工现场准备工作

施工现场的准备主要为工程施工创造有利的施工条件。其主要内容为"四通一平"、测量放线、临时设施的搭设等。

(一)"四通一平"

"四通一平"是在建筑工程的用地范围内,接通施工用水、用电、道路、通信和平整场地的总称。

1. 平整场地

首先,通过测量,按建筑总平面图中确定的标高计算出挖土及填土的数量,设计土方调配方案,组织人力或机械进行平整工作。若拟建场内有旧建筑物,则须拆除。其次,清理地面上的各种障碍物,对地下管道、电缆等要采取可靠的拆除或保护措施。

2. 路通

施工现场的道路是组织大量物资进场的运输动脉。为了保证各种建筑材料、施工机械、永久设备和构件按计划到场,必须按施工平面图要求修通道路。为了节省工程费用,应尽可能利用已有道路或结合永久性道路。在结合永久性道路时,为使施工时不损坏路面,可先做路基,施工完毕后再做路面。

3. 水通

施工现场的水通包括给水与排水。施工用水包括生产、生活和消防用水,其布置应按施工平面图的规划进行安排。施工用水设施应尽量利用永久性给水线路。临时管线的铺设既要满足用水点的需要和使用方便的要求,又要尽量缩短管线。施工现场要做好有组织的排水系统,否则会影响施工的顺利进行。

4. 电通

施工现场的电通包括生产用电和生活用电。根据生产、生活用电的电量选择配电变压器,与供电部门或建设单位联系,按施工组织要求布设线路和变配设备。当工程建设初期,工程距电网距离较远或供电系统供电不足时,应考虑在现场建立发电系统以保证施工的顺利进行。

5. 通信

施工现场的网络通信设施准备要确保信息化施工的需要。

(二)测量放线

施工现场测量放线的任务是把图纸上设计好的建筑物、构筑物及管线等测到地面或实物上,并用各种标志表现出来,作为施工的依据。在土石方开挖前,按设计单位提供的总平面图及给定的永久性经、纬坐标控制网和水准控制基桩进行场区施工测量,设置场区永久性坐标、水准基桩和建立场区工程测量控制网。在进行测量放线前,应做好以下几项准备工作:

(1)了解设计意图,熟悉并校核施工图纸。

(2)对测量仪器进行检验和校正。

(3)校核红线桩与水准点。

(4)制订测量放线方案。测量放线方案主要包括平面控制、标高控制、±0.00以下施测、±0.00以上施测、沉降观测和竣工测量等项目,测量放线方案依据施工图纸要求和施工方案来确定。

建筑物定位放线是确定整个工程平面图位置的关键环节,在施测中必须保证精度、杜绝错误,否则其后果将难以处理。建筑物的定位放线一般通过设计图中平面控制轴线来确定建筑物的轮廓位置,经自检合格后,提交有关部门和建设单位(监理人员)验线,以保证定位的准确性。沿红线的建筑物,还要由规划部门验线,以防止建筑物超、压红线。

(三)临时设施的搭设

施工现场需要的临时设施应按施工组织设计要求实施。

对于指定的施工用地周围应用围墙(栏)围挡起来。围挡的形式和材料应符合文明施工管理的有关规定和要求,并在主要出入口设置"五牌一图"等。

各种生产(仓库、混凝土生产系统、预制构件场、机修站、生产作业棚等)、生活(办公室、宿舍、食堂等)用的临时设施,严格按批准的施工组织设计规定的数量、标准、面积、位置等来组织实施,不得乱搭乱建,并尽可能做到以下几点:

(1)利用原有建筑物减少临时设施的数量,以节约投资。

(2)适用、经济、就地取材,尽量采用移动式、装配式临时建筑。

(3)节约用地,少占农田。

二、生产资料准备工作

生产资料准备工作是指对工程施工中必需的劳动手段(施工机械、机具等)和劳动对象(材料、构件、配件等)的准备。该项工作应根据施工组织设计的各种资源需要量计划,分别落实货源、组织运输和安排储备。主要内容有以下三方面。

(一)建筑材料的准备

建筑材料包括"六大主材",即钢材、水泥、木材、粉煤灰、油料(汽油、柴油)、火工品(炸药、雷管等)。为保证工程顺利施工,材料准备有如下要求。

1. 编制材料需要量计划,签订供货合同

根据施工预算的工料分析,按施工进度计划的使用要求、材料储备定额和消耗定额及材料名称、规定、使用时间进行汇总,编制材料需要量计划。同时,根据不同材料的供应情况,随时注意市场行情,及时组织货源,签订订货合同,保证采购供应计划的准确可靠。

2. 材料的储备和运输

材料的储备和运输要按工程进度分期、分批进场。施工现场储备过多会增加保管费用、占用流动资金,过少则难以保证施工的连续进行。对于使用量少的材料,尽可能一次进场。

3. 材料的堆放和保管

施工现场材料应按施工平面布置图的位置及材料的性质、种类,选取不同的堆放方式进行合理堆放,避免材料的混淆及二次搬运。进场后的材料要依据材料的性质妥善保管,避免材料变质或损坏,以保持材料的原有数量和原有的使用价值。

（二）施工机械和周转性材料的准备

施工机械包括在施工中确定选用的各种土石方机械、钻孔机械、钢筋加工机械、混凝土拌和和运输机械、灌浆机械、垂直与水平运输机械、吊装机械等。在进行施工机械的准备工作时，应根据采用的施工方案和施工进度安排施工强度，确定施工机械的数量和进场时间，确定施工机械的供应方法和进场后的存放地点及方式，并提出施工机械需要量计划，以便企业内平衡或对外签约租借机械。

周转性材料主要指模板和脚手架。此类材料施工现场使用量大、堆放场地面积大、规格多、对堆放场地的要求高，应按施工组织设计的要求分规格、型号整齐码放，以便使用和维修。

（三）预制构件和配件的加工准备

在工程施工中需要大量的钢筋混凝土构件、木构件、金属构件、水泥制品等，应在图纸会审后提出预制加工单，确定加工方案、供应渠道及进场后的储备地点和方式。现场预制的大型构件，应依据施工组织设计做好规划，提前加工预制。

此外，对于采用商品混凝土的现浇工程，要依施工进度计划要求确定需要量计划，主要内容有商品混凝土的品种、规格、数量、需要时间、送货方式、交货地点，并提前与生产单位签订供货合同，以保证施工顺利进行。

三、人力资源准备工作

（一）项目管理机构的组建

项目管理机构组建的原则是根据工程规模、结构特点和复杂程度，确定劳动组织领导机构的编制及人选；坚持合理分工与密切协作相结合的原则；执行因事设职、因职选人的原则，将富有经验、具有创新精神、工作效率高的人选入项目管理领导机构。

对于一般单位工程可设一名具有建造师资格的项目经理，技术负责人（总工），配一定数量的施工员、材料员、质检员、安全员、资料员等，这些项目管理人员按照水利部有关规定，必须由取得相应岗位资格证书的人员担任；对于大中型工程或技术复杂的工程，则要配备包括技术、计划等管理人员在内的管理部门。

（二）施工队伍的准备

施工队伍的建立要考虑工种的合理配合，技工和普工的比例要满足劳动组织的要求，建立混合施工队或专业施工队。组建施工班组要坚持合理、精干的原则。在施工过程中，依工程实际进度要求，动态管理劳动力数量。需要外部力量的，可通过签订承包合同或联合其他队伍来共同完成。

1. 建立精干的施工班组

基本施工班组应根据现有的劳动组织情况、结构特点及施工组织设计的劳动力需要量计划确定。一般应建立如土石方开挖、运输、碾压、钻孔、爆破、钢筋、模板、机电安装、金属结构设备安装等专业或混合班组。

2. 确定优良的专业施工队伍

水利工程的机电安装、金属结构设备安装一般需要专业施工队或生产厂家进行安装和调试，某些专项工程也可能需要由专业施工公司来承担，如灌浆、地基处理、爆破等工程。这些需要外部施工队伍来承担的工作在施工准备工作中以签订承包合同的形式予以明确,并落实施工队伍。

3. 选择优势互补的外包施工队伍

为了充分发挥施工专长、优势互补、共担风险,可以考虑组成联合体投标来共同完成施工任务。联合时要通过考察外包队伍的市场信誉、已完工程质量、确认资质、施工力量水平等来选择,联合要充分体现优势互补的原则。施工中,也可以根据工程分包有关规定实施专业或劳务分包。

(三)施工队伍的培训

施工前,企业要对施工队伍进行劳动纪律、施工质量和安全方面的教育,牢固树立"全面质量管理""安全第一"的意识。平时,企业还应抓好职工的培训和技术更新工作,不断提高职工的业务技术水平,增强企业的竞争力。对于采用新工艺、新结构、新材料、新技术及使用新设备的工程,应将相关管理人员、技术人员和操作人员组织起来培训,达到标准后再上岗操作。

此外,还要加强施工队伍平时的职业道德、爱岗敬业思想教育。

四、冬、雨季施工的准备工作

(一)冬季施工准备工作

1. 合理安排冬季施工项目

水利工程施工周期长,且多为露天作业,冬季施工条件差、技术要求高。因此,在施工组织设计中就应合理安排冬季施工项目,尽可能保证工程连续施工。尽量把不受冬季影响的项目安排在冬季,如地下工程、室内工程等,如果采取措施能解决冬季施工问题的项目,也可以安排在冬季进行施工。

2. 采取有效措施

土方填筑工程可采用保温、防冻措施加强料场管理,加大压实功能以不影响冬季施工,当日最低气温低于-10 ℃时,采取简易暖棚和保温材料封闭填筑坝面等措施。混凝土工程可采用掺外加剂、高热法、保温法等保证冬季施工。

3. 加强安全教育

要有冬季施工的防火、防滑安全措施,加强安全教育,做好职工培训工作,避免火灾和其他安全事故的发生。

(二)雨季施工准备工作

1. 合理安排雨季施工项目

在施工组织设计中要充分考虑雨季对施工的影响。一般情况下,雨季到来之前,多安排土方、基础等不易在雨季施工的项目。

2. 做好现场的排水工作

雨季来临前,在施工现场做好排(截)水沟,准备好抽水设备,防止场地积水,最大限度地减少因泡水而造成的损失。

3. 做好运输道路的维护和物资储备

雨季前检查道路、边坡排水情况,适当提高路面,防止路面凹陷,加强边坡防护和观察。多储备一些物资,减少雨季运输量,节约施工费用。

4.做好机具设备等的保护

对施工现场各种机具、电器、工棚都要加强检查,特别是脚手架、塔吊、井架等,要采取防倒塌、防雷击、防漏电等一系列技术措施。

5.加强施工管理

认真编制雨季施工的安全措施,加强对职工的安全教育,防止因降雨而造成的围堰、边坡、脚手架等垮塌事故的发生。

任务六 施工单位与参建各方的关系及协调工作

工程施工单位与参建各方关系及协调工作是工程项目建设期间创造良好外部环境的重要手段和途径。在工程项目施工期间,接口单位比较多,参加建设的有关人员也比较复杂,几乎每时每刻都要应对来自各方面的交涉和沟通等,任何一方面关系不理顺都有可能给项目实施带来不利甚至是损失。在工程项目施工过程中,除施工单位外的参建方主要包括项目法人(建设单位)、设计单位、监理单位、水行政主管部门、地方政府、质量安全监督部门、供货商、新闻媒体等,其中最主要的是与项目法人(建设单位)、各供货商以及工程监理部之间的关系处理。

一、与项目法人(建设单位)的关系

让项目法人(建设单位)满意是项目施工日常工作的出发点,也是项目部首要的接口管理与协调任务。项目法人(建设单位)是工程项目的客户,是工程项目的出资者和拥有者,在一定范围内对工程项目有绝对的权力和责任,同时承担着重要的义务。在工程施工期间,项目部需要与项目法人(建设单位)打交道的部门和人员是最多和最广的,项目法人(建设单位)对整个工程建设过程也是最关心和最重视的。一旦处理不好与项目法人(建设单位)的关系,整个施工过程将变得复杂。因此,项目部乃至企业必须以项目法人(建设单位)为中心,为项目法人(建设单位)着想。监理与项目法人(建设单位)之间的相互信任、相互了解、相互配合也相当重要。

做好职能整合工作,让项目法人(建设单位)方和项目部的工作人员默契配合。在工程施工期间,除项目法人对工程项目的施工有监督权和管理权外,项目法人(建设单位)一般在工程现场设置专门的建设管理机构,而项目法人(建设单位)的管理机构和项目部的职能部门有较大差别,主要表现在以下几个方面:项目法人(建设单位)的管理机构要求的服务是全方面的,需要的是水平式服务;项目部的职能部门则是垂直分工式的,提供的服务只能是分工范围内的。而仅就项目的管理需要来说,垂直式的项目组织结构又是可行和有效的,为了解决垂直与水平的矛盾,就要求项目部必须以项目法人(建设单位)为中心将项目部的职能部门整合起来,从管理指导原则和机制上要求项目部人员加强横向合作,弥补垂直式组织结构在服务业方面存在的不足,以满足项目法人(建设单位)全方位水平式的服务要求。在日常工作中,可以通过会议、部门职责、制度、教育、要求、考核等措施加强项目部职能部门间的合作。

经常汇报工作情况,预防不利状况发生。项目经理和班子应经常将工程进展情况、质量情况、进度情况等向项目法人(建设单位)技术负责人等主要人员汇报,使他们随时了解和掌握工程实际情况,防止项目法人(建设单位)单方面听取项目法人(建设单位)方人员汇报,造成偏离事实的情况发生。这种情况一旦发生,有可能使项目法人(建设单位)对项目部产生误解而影响与汇报人员的关系,造成以后具体工作接触中的被动。因此,项目经理等经常把工程实施情况汇报给项目法人(建设单位)等主要人员是项目施工管理必尽的义务。

处事环节要规范,工作之中体现尊重。学会在工作中尊重项目法人(建设单位)是项目施工管理必须重视和强调的组织制度,是各职能部门和全体项目管理人员都应该明白的纪律要求。因此,项目管理力争要做到每一个与项目法人(建设单位)打交道的环节都要加以规范,做到多渠道无缝连接。要做到这几点:第一,要加强组织领导,项目经理直接负责,班子成员齐心协力;第二,根据工程进展情况和具体问题,由牵头部门组织落实,其他部门密切配合,形成相互帮助的协调环境,最终达到共赢;第三,职能部门职责清晰,部门人员分工明确,该哪个部门和人员做的工作哪个部门的具体人员就负责找项目法人(建设单位)相关人员解决处理,不推、不等、不靠、不拖;第四,部门间应互相沟通,加快信息传递,以便统一口径,使得决策加快、反馈提前、服务到位、处理及时、落实迅速。尊重别人不能理解为自己低人一等,工作中应坚持原则、不卑不亢,应采用交流、沟通、疏导等方式最终达到尊重事实、依靠事实、以事实为根据处理和解决问题的目的。

分析项目法人(建设单位)特点、预测项目法人(建设单位)要求是赢得项目法人(建设单位)信任的关键。从第一次与项目法人(建设单位)打交道的情况入手,系统地总结项目法人(建设单位)与企业及项目部交流的特点,了解项目法人(建设单位)的基本情况和需求方向,从而制订有针对性的管理和协调策略以指导项目部的工作,使整个组织过程始终以征得项目法人(建设单位)信任为工作指向调整工作思路和工作方法,并据此积累成功的经验和吸取失败的教训,为今后企业尽早建立项目法人(建设单位)管理信息库掌握第一手资料。

集中全体管理者的智慧、经验并形成制度,达到与项目法人(建设单位)尽早成功合作。在日常工作中,每一个与项目法人(建设单位)打交道的部门和人员都有自己的方法和方式,但是这些方法和方式往往都是自发的和不成体系的,有一定的局限性,也有一定的实用性,若不相互沟通和总结,则可行的经验不能被及时推广,不可行的经验长时间得不到改进。这需要项目经理等主要管理者专门组织召开经验交流会,组织经常与项目法人(建设单位)打交道的职工各抒己见,把各自的想法和做法及实施后的效果全部表达出来,大家分析和总结一套适用的方法和方式,供今后各部门参照执行,并逐渐形成制度和模式,使以后与项目法人(建设单位)关系的管理和协调有规可循,从而节省精力和时间,提高成功率和诚信度,缩短磨合期,尽早进入正常轨道。

二、与材料、设备供应商的关系

互惠互利是处理和协调与供应商关系的首要原则。项目部在施工过程中要与多个供应商进行合作,设备、物资、能源、材料、劳务等都由供应商提供,可以说离开了供应商的合作就没有项目部成功的可能。因此,处理与供应商的关系对项目部来说是至关重要的。

项目部与供应商之间发生利益冲突时,在竞争目标一致的前提下,以互谅互让的精神求得互惠互利,"丢卒保车"不失为一种好的处理方法,而"一毛不拔"则往往因小失大。

平等协商是处理和协调与供应商关系的重要原则。项目部和各供应商在隶属关系和追求的目标等方面是不同的,但又都是相对独立的经济实体,不存在谁领导谁,都是为了各自的利益而结合在一起。因此,以平等的身份相互协商,通过了解和沟通使各自的需要和意见由不统一到统一,以达成真诚的合作。

真诚相待是处理和协调与供应商关系的常规原则。项目部和各供应商之间是一种相互依赖、相互需要、相互依存的供求关系,出现问题时双方必须遵循真诚相待的原则,树立全局意识和整体观念,在日常业务配合中彼此真诚相待,不存心欺骗对方,均本着真心实意解决问题的态度处理分歧,需方不存心苛刻要求供方,供方不糊弄需方,更不能欺行霸市。

项目部在日常工作中要处理好与供应商的关系,应做到积极主动,即主动向供应商反映阶段需求信息;主动给供应商提供方便和帮助,积极协助他们解决生产和技术问题;主动给供应商介绍新客户;主动与供应商加强感情交流和沟通,以一家人的心态对待他们,使双方的关系始终处在协调的状态下,最终达到双赢。

三、与工程监理部的关系

在工程施工期间,施工项目部与工程监理部是接触最频繁的。如何处理好两者的关系既是业主的事也是项目部的事,因此项目部主动与监理部处理好工作关系,共同把工程建设好是建设者和工程管理者共同的愿望。

了解工程施工阶段监理工作的基本内容和主要工作方法。监理人员是处在项目法人(建设单位)和承包人之间的独立机构,其主要工作内容简单地说是控制工程质量与安全、控制工程进度、控制工程投资、协调业主与承包人之间的关系,简称"三控制、一协调"。但实际上,监理人员在工程实施阶段的工作远远不止这些,如开工条件的控制、施工安全和施工安全环境管理、合同管理、信息管理、工程验收与移交等,都是监理人员的工作范围和工作内容。也就是说,在工程施工期间与工程施工有关的事项监理人员都有权监督或参与。其主要工作方法是现场记录、发布文件、旁站监督、巡视检查、跟踪检测、平行检测和协调。

施工期间监理主要有八项工作制度,即施工技术文件审核和审批制度,原材料、构配件、工程设备检验制度,工程质量检验制度,工程计量付款签证制度,会议协调制度,施工现场紧急情况报告制度,工作报告制度和工程验收制度。施工项目部应遵循监理机构的工作制度,严格实行"三检制"。

因此,正确处理好与监理部的关系对工程建设目标实现至关重要。在处理与监理的关系时应遵循以下原则:

(1)充分尊重监理的工作。监理部在一定条件下可以说是受项目法人(建设单位)的委托代表项目法人(建设单位)专门对工程建设过程进行监督和控制的机构,同时工程监理部有时是介于项目法人(建设单位)和承包人之间的独立行使权力的机构。因此,监理工作主要是对工程项目负责,也就是说,对项目法人(建设单位)和承包人都要负责。所以,监理工作不仅应当受到项目法人(建设单位)的尊重,更应当受到承包人的尊重,项目部在日常工作中应始终尊重监理的工作,并形成制度建立管理和监督。

(2)加强与监理的沟通和交流。同在一个工程项目上生活和工作是人生难得的机会,因此在工作中彼此互相了解、互相关心、互相爱护、互相帮助、互相交流和沟通,有利于增进感情和友谊,有利于工作的协调和配合。

(3)认真履行合同义务,遵守监理指令。只要监理人员的工作没有超出他们的权限或者不是乱指挥、乱干涉、恶意阻挠等,施工方就必须服从监理的监督和控制。同时,根据合同要求,应为管理机构提供便利条件,若监理使用施工控制网,施工方应提供必要协助等。

(4)项目经理等主要班子成员要主动加强与监理的合作,带头处理好与监理的关系,为正常的业务配合创造良好的条件。在日常工作中,与监理打交道的主要是技术负责人和施工技术及质量检查人员等专业人员,这些人员在工程开工初期往往因为对监理人员不熟悉或有顾虑而怕和监理打交道,容易造成工作的被动或耽搁,这就需要项目经理等主要人员积极给他们创造熟悉的条件,尽早消除工作顾虑和胆怯心理,使双方的工作早日进入正常的轨道。承包人更换项目经理应事先征得监理机构报项目法人(建设单位)同意,项目经理短期离开施工场地,应事先征得监理同意,并委托代表行使其职责;监理要求撤换不称职人员、行为不端或玩忽职守的施工方项目经理和其他人员,施工方应予以撤换。

(5)工作制度、责任心、业务熟练程度、企业实力、诚实守信、工程管理情况等是处理与监理关系的最好条件。与监理关系处理的好坏主要看项目部能否将工程项目建设好和管理好,这是决定项目部与监理关系的基础。因此,抓好硬件的管理始终是项目部根本的工作,没有硬件做保障,即使绞尽脑汁也难以处理好与监理的关系。

(6)在向项目法人汇报有关工作情况前,充分征求监理的意见。在工程建设期间,项目部需要随时将工程情况向项目法人(建设单位)汇报,每次汇报,项目法人(建设单位)一般不会仅听取项目部一方的汇报,实际上项目法人(建设单位)更信任监理的报告,为了不出现与监理汇报偏差较大的情况而影响项目法人(建设单位)对项目部的信任,重要的汇报应提前与监理进行交流和沟通,力争双方达成一致、贴近实际,把工程的真实情况汇报给项目法人(建设单位),使其决策更有利于下一步的工作。应减少单方面汇报,避免单方面不合实际的汇报,禁止项目部与监理部分头以抵制对方为目的的恶意汇报,杜绝与监理双方联合对项目法人(建设单位)进行有欺骗性的汇报。

(7)各项工作应按程序进行,不寻捷径。项目法人(建设单位)、施工单位、管理单位必须按有关程序办事,监理机构必须按监理规程及监理大纲要求工作。同时,施工单位应按照施工程序、施工工艺、操作规程组织施工,接受监理机构监理,各种原材料、构配件、设备进场应及时向监理机构报验,未经监理机构检验不能用在工程上。每一道工序或单元工程完工,按要求向监理机构报验,未经监理机构检验后签字的工序或单元工程,不进行下一道工序或下一个单元工程施工。严格按照监理机构设置的控制点进行报验,施工方和监理方的一切行为严格按施工合同办事。

习　题

6-1　施工准备工作的意义是什么?

6-2　简述施工准备工作的种类和主要内容。

6-3　施工原始资料收集包括哪些主要内容？

6-4　审查图纸要掌握哪些重点？包括哪些内容？

6-5　施工场地准备工作包括哪些主要内容？

6-6　生产资料准备工作包括哪些主要内容？

6-7　人力资源准备工作包括哪些主要内容？

6-8　冬、雨季施工的准备工作应如何进行？

6-9　接口关系主要有哪几个方面？如何协调？

项目七　施工质量管理

重点介绍有关工程质量管理体系建立,以及工程施工质量统计与分析常用方法,质量事故与缺陷处理,工程质量评定和验收。

要求理解施工质量管理体系;掌握常用的工程质量统计与分析方法;施工质量事故处理方法和施工质量验收内容;工程质量评定标准和组织以及质量评定表格填写。

任务一　工程质量管理的基本概念

水利工程项目的施工阶段是根据设计图纸和设计文件的要求,通过工程参建各方及其技术人员的劳动形成工程实体的阶段。这个阶段的质量控制无疑是极其重要的,其中心任务是通过建立健全有效的工程质量监督体系,确保工程质量达到合同规定的标准和等级要求。为此,在水利工程项目建设中,建立了质量管理的三个体系,即施工单位的质量保证体系、建设(监理)单位的质量检查体系和政府部门的质量监督体系。

一、工程项目质量和工程项目质量控制的概念

(一)工程项目质量

质量是反映实体满足明确或隐含需要能力的特性的总和。工程项目质量是国家现行的有关法律、法规、技术标准、设计文件及工程承包合同对工程的安全、适用、经济、美观等特征的综合要求。

从功能和使用价值来看,工程项目质量体现在适用性、可靠性、经济性、外观质量与环境协调等方面。由于工程项目是依据项目法人的需求而兴建的,故各工程项目的功能和使用价值的质量应满足于不同项目法人的需求,并无一个统一的标准。

从工程项目质量的形成过程来看,工程项目质量包括工程建设各个阶段的质量,即可行性研究质量、工程决策质量、工程设计质量、工程施工质量、工程竣工验收质量。

工程项目质量具有两个方面的含义:一是指工程产品的特征性能,即工程产品质量;二是指参与工程建设各方面的工作水平、组织管理等,即工作质量。工作质量包括社会工作质量和生产过程工作质量。社会工作质量主要是指社会调查、市场预测、维修服务等。生产过程工作质量主要包括管理工作质量、技术工作质量、后勤工作质量等,最终将反映在工序质量上,而工序质量的好坏直接受人、原材料、机具设备、工艺及环境等五方面因素

的影响。因此,工程项目质量的好坏是各环节、各方面工作质量的综合反映,而不是单纯靠质量检验查出来的。

(二)工程项目质量控制

质量控制是指为达到质量要求所采取的作业技术和活动,工程项目质量控制实际上就是对工程在可行性研究、勘测设计、施工准备、建设实施、后期运行等各阶段、各环节、各因素的全程、全方位的质量监督控制。工程项目质量有个产生、形成和实现的过程,控制这个过程中的各环节,以满足工程合同、设计文件、技术规范规定的质量标准。在我国的工程项目建设中,工程项目质量控制按其实施者的不同,包括以下三个方面。

1.项目法人方面的质量控制

项目法人方面的质量控制,主要是委托监理单位依据国家的法律、规范、标准和工程建设的合同文件对工程建设进行监督和管理。其特点是外部的、横向的、不间断的控制。

2.政府方面的质量控制

政府方面的质量控制是通过政府的质量监督机构来实现的,其目的在于维护社会公共利益,保证技术性法规和标准的贯彻执行。其特点是外部的、纵向的、定期或不定期抽查。

3.承包人方面的质量控制

承包人主要是通过建立健全质量保证体系,加强工序质量管理,严格施行"三检制"(初检、复检、终检),避免返工,提高生产效率等方式来进行质量控制的。其特点是内部的、自身的、连续的控制。

二、工程项目质量的特点

建筑产品的位置固定、生产流动性、项目单件性、生产一次性、受自然条件影响大等特点,决定了工程项目质量具有以下特点。

(一)影响因素多

影响工程质量的因素是多方面的,如人的因素、机械因素、材料因素、方法因素、环境因素(人、机、料、法、环)等均直接或间接地影响着工程质量,尤其是水利工程项目主体工程的建设,一般由多家承包单位共同完成,故其质量形式较为复杂,影响因素多。

(二)质量波动大

由于工程建设周期长,在建设过程中易受到系统因素及偶然因素的影响,使产品质量产生波动。

(三)质量变异大

由于影响工程质量的因素较多,任何因素的变异均会引起工程项目的质量变异。

(四)质量具有隐蔽性

由于工程项目实施过程中,工序交接多,中间产品多,隐蔽工程多,取样数量受到各种因素、条件的限制,使产生错误判断的概率增大。

(五)终检局限性大

由于建筑产品位置固定等自身特点,使质量检验时不能解体、拆卸,所以在工程项目终检验收时难以发现工程内在的、隐蔽的质量缺陷。

此外,质量、进度和投资目标三者之间既对立又统一的关系使工程质量受到投资、进度的制约。因此,应针对工程质量的特点,严格控制质量,并将质量控制贯穿于项目建设的全过程。

三、工程项目质量控制的原则

在工程项目建设过程中,对其质量进行控制应遵循以下几项原则。

(一)质量第一原则

"百年大计,质量第一",工程建设与国民经济的发展和人民生活的改善息息相关。质量的好坏直接关系到国家繁荣富强,关系到人民生命财产的安全,关系到子孙幸福,所以必须树立强烈的"质量第一"的思想。

要确立质量第一的原则,必须弄清并且摆正质量和数量、质量和进度之间的关系。不符合质量要求的工程,数量和进度都将失去意义,也没有任何使用价值,而且数量越多,进度越快,国家和人民遭受的损失也将越大。因此,好中求多、好中求快、好中求省才是符合质量管理所要求的质量水平。

(二)预防为主原则

对于工程项目的质量,我们长期以来采用事后检验的方法,认为严格检查就能保证质量,实际上这是远远不够的,应该从消极防守的事后检验变为积极预防的事先管理。因为好的建筑产品是好的设计、好的施工所产生的,不是检查出来的。必须在项目管理的全过程中,事先采取各种措施,消灭种种不符合质量要求的因素,以保证建筑产品质量。如果各质量因素(人、机、料、法、环)预先得到保证,工程项目的质量就有了可靠的前提条件。

(三)为用户服务原则

建设工程项目是为了满足用户的要求,尤其要满足用户对质量的要求。真正好的质量是用户完全满意的质量。进行质量控制就是要把为用户服务的原则作为工程项目管理的出发点,贯穿到各项工作中去。同时,要在项目内部树立"下道工序就是用户"的思想。各个部门、各种工作、各种人员都有个前、后的工作顺序,在自己这道工序上的工作一定要保证质量,凡达不到质量要求的不能交给下道工序,一定要使"下道工序"的用户感到满意。

(四)用数据说话原则

质量控制必须建立在有效的数据基础之上,必须依靠能够确切反映客观实际的数字和资料,否则就谈不上科学的管理。一切用数据说话就需要用数理统计方法对工程实体或工作对象进行科学的分析和整理,从而研究工程质量的波动情况,寻求影响工程质量的主次原因,采取改进质量的有效措施,掌握保证和提高工程质量的客观规律。

在很多情况下,我们评定工程质量时,虽然也按规范标准进行检测计量,也有一些数据,但是这些数据往往不完整、不系统,没有按数理统计要求积累数据、抽样选点,所以难以汇总分析,有时只能统计加估计,抓不住质量问题,既不能完全表达工程的内在质量状态,也不能有针对性地进行质量教育,提高企业素质。所以,必须树立起"用数据说话"的意识,从积累的大量数据中找出控制质量的规律性,以保证工程项目的优质建设。

四、工程项目质量控制的任务

工程项目质量控制的任务就是根据国家现行的有关法规、技术标准和工程合同规定的工程建设各阶段质量目标实施全过程的监督管理。由于工程建设各阶段的质量目标不同,因此需要分别确定各阶段的质量控制对象和任务。

(一)工程项目决策阶段质量控制的任务

(1)审核可行性研究报告是否符合国民经济发展的长远规划、国家经济建设的方针政策。

(2)审核可行性研究报告是否符合工程项目建议书或业主的要求。

(3)审核可行性研究报告是否具有可靠的基础资料和数据。

(4)审核可行性研究报告是否符合技术经济方面的规范标准和定额等指标。

(5)审核可行性研究报告的内容、深度和计算指标是否达到标准要求。

(二)工程项目设计阶段质量控制的任务

(1)审查设计基础资料的正确性和完整性。

(2)编制设计招标文件,组织设计方案竞赛。

(3)审查设计方案的先进性和合理性,确定最佳设计方案。

(4)督促设计单位完善质量保证体系,建立内部专业交底及专业会签制度。

(5)进行设计质量跟踪检查,控制设计图纸的质量。在初步设计和技术设计阶段,主要检查生产工艺及设备的选型、总平面布置、建筑与设施的布置、采用的设计标准和主要技术参数;在施工图设计阶段,主要检查计算是否有错误,选用的材料和做法是否合理,标注的各部分设计标高和尺寸是否有错误,各专业设计之间是否有矛盾等。

(三)工程项目施工阶段质量控制的任务

施工阶段质量控制是工程项目全过程质量控制的关键环节。根据工程质量形成的时间,施工阶段的质量控制又可分为质量的事前控制、事中控制和事后控制,其中事前控制为重点控制。

1. 事前控制

(1)审查承包商及分包商的技术资质。

(2)协助承建商完善质量体系,包括完善计量及质量检测技术和手段等,同时对承包商的试验室资质进行考核。

(3)督促承包商完善现场质量管理制度,包括现场会议制度、现场质量检验制度、质量统计报表制度和质量事故报告及处理制度等。

(4)与当地质量监督站联系,争取其配合、支持和帮助。

(5)组织设计交底和图纸会审,对某些工程部位应下达质量要求标准。

(6)审查承包商提交的施工组织设计,保证工程质量具有可靠的技术措施。审核工程中采用的新材料、新结构、新工艺、新技术的技术鉴定书;对工程质量有重大影响的施工机械、设备,应审核其技术性能报告。

(7)对工程所需原材料、构配件的质量进行检查与控制。

(8)对永久性生产设备或装置,应按审批同意的设计图纸组织采购或订货,到场后进行检查验收。

（9）对施工场地进行检查验收。检查施工场地的测量标桩、建筑物的定位放线以及高程水准点，重要工程还应复核，落实现场障碍物的清理、拆除等。

（10）把好开工关。对现场各项准备工作检查合格后，方可发开工令；停工的工程，未发复工令者不得复工。

2. 事中控制

（1）督促承包商完善工序控制措施。工程质量是在工序中产生的，工序控制对工程质量起着决定性的作用。应把影响工序质量的因素都纳入控制状态中，建立质量管理点，及时检查和审核承包商提交的质量统计分析资料和质量控制图表。

（2）严格工序交接检查。主要工作作业（包括隐蔽作业）需按有关验收规定经检查验收后方可进行下一道工序的施工。

（3）重要的工程部位或专业工程（如混凝土工程）要做试验或技术复核。

（4）审查质量事故处理方案，并对处理效果进行检查。

（5）对完成的分部（分项）工程，按相应的质量评定标准和办法进行检查验收。

（6）审核设计变更和图纸修改。

（7）按合同行使质量监督权和质量否决权。

（8）组织定期或不定期的质量现场会议，及时分析、通报工程质量状况。

3. 事后控制

（1）审核承包商提供的质量检验报告及有关技术性文件。

（2）审核承包商提交的竣工图。

（3）组织联动试车。

（4）按规定的质量评定标准和办法，进行检查验收。

（5）组织项目竣工总验收。

（6）整理有关工程项目质量的技术文件，并编目、建档。

（四）工程项目保修阶段质量控制的任务

（1）审核承包商的工程保修书。

（2）检查、鉴定工程质量状况和工程使用情况。

（3）对出现的质量缺陷，确定责任者。

（4）督促承包商修复缺陷。

（5）在保修期结束后，检查工程保修状况，移交保修资料。

五、工程项目质量影响因素的控制

在工程项目建设的各个阶段，对工程项目质量影响的主要因素就是"人、机、料、法、环"等五大方面。为此，应对这五个方面的因素进行严格控制，以确保工程项目建设质量。

（一）对"人"的因素的控制

人是工程质量的控制者，也是工程质量的"制造者"。工程质量的好与坏与人的因素是密不可分的。控制人的因素，即调动人的积极性、避免人的失误等，是控制工程质量的关键因素。

1. 领导者的素质

领导者是具有决策权力的人,其整体素质是提高工作质量和工程质量的关键。因此,在对承包商进行资质认证和选择时一定要考核领导者的素质。

2. 人的理论水平和技术水平

人的理论水平和技术水平是人的综合素质的体现,它直接影响工程项目质量,尤其是技术复杂、操作难度大、要求精度高、工艺新的工程对人的素质要求更高;否则,工程质量就很难保证。

3. 人的生理缺陷

根据工程施工的特点和环境,应严格控制人的生理缺陷,如患有高血压、心脏病的人不能从事高空作业和水下作业,反应迟钝、应变能力差的人不能操作快速运行、动作复杂的机械设备等;否则,将影响工程质量,引起安全事故。

4. 人的心理行为

影响人的心理行为的因素很多,而人的心理因素如疑虑、畏惧、抑郁等很容易使人产生愤怒、怨恨等情绪,使人的注意力转移,由此引发质量、安全事故。所以,在审核企业的资质水平时,要注意企业职工的凝聚力如何,职工的情绪如何,这也是选择企业的一条标准。

5. 人的错误行为

人的错误行为是指人在工作场地或工作中吸烟、打盹、错视、错听、误判断、误动作等,这些都会影响工程质量或造成质量事故。所以,在有危险的工作场所,应严格禁止吸烟、嬉戏等。

6. 人的违纪违章

人的违纪违章是指人的粗心大意、注意力不集中、不履行安全措施等不良行为,会对工程质量造成损害,甚至引起工程质量事故。所以,在使用人的问题上,应从思想素质、业务素质和身体素质等方面严格控制。

（二）对施工机械设备的控制

施工机械设备是工程建设不可缺少的设施,目前工程建设的施工进度和施工质量都与施工机械关系密切。因此,在施工阶段,必须对施工机械的性能、选型和使用操作等方面进行控制。

1. 机械设备的选型

机械设备的选型应因地制宜,按照技术先进、经济合理、生产适用、性能可靠、使用安全、操作和维修方便等原则来选择施工机械。

2. 机械设备的性能参数

机械设备的性能参数是选择机械设备的主要依据,为满足施工的需要,在参数选择上可适当留有余地,但不能选择超出需要很多的机械设备,否则容易造成经济上的不合理。机械设备的性能参数很多,要综合各参数确定合适的施工机械设备。在这方面,要结合机械施工方案,择优选定机械设备;要严格把关,对不符合需要和有安全隐患的机械,不准进场。

3.机械设备的使用、操作要求

合理使用机械设备、正确地进行操作是保证工程项目施工质量的重要环节,应贯彻"人机固定"的原则,实行定机、定人、定岗位的制度。操作人员必须认真执行各项规章制度,严格遵守操作规程,防止出现安全质量事故。

(三)对材料、构配件的质量控制

1.材料质量控制的要点

(1)掌握材料信息,优选供货厂家。应掌握材料信息,优先选有信誉的厂家供货,对于主要材料、构配件在订货前必须经监理工程师论证同意后方可订货。

(2)合理组织材料供应。应协助承包商合理地组织材料采购、加工、运输、储备。尽量加快材料周转,按质按量,如期满足工程建设需要。

(3)合理使用材料,减少材料损失。

(4)加强材料检查验收。用于工程上的主要建筑材料,进场时必须具备正式的出厂合格证和材质化验单;否则,应做补检。工程中所有各种构配件,必须具有厂家批号和出厂合格证。

凡是标志不清或质量有问题的材料,对于质量保证资料有怀疑或与合同规定不相符的一般材料,应进行一定比例的材料试验,并需要追踪检验。对于进口的材料和设备以及重要工程或关键施工部位所用的材料,则应进行全面检验。

(5)重视材料的使用认证,以防错用或使用不当。

2.材料质量控制的内容

1)材料质量的标准

材料质量的标准是用以衡量材料标准的尺度,并作为验收、检验材料质量的依据。其具体的材料标准指标可参见相关材料手册。

2)材料质量的检验、试验

材料质量检验的目的是通过一系列的检测手段,将取得的材料数据与材料的质量标准相比较,用以判断材料质量的可靠性。

(1)材料质量的检验方法:①书面检验。是通过对提供材料的质量保证资料、试验报告等进行审核,取得认可方能使用。②外观检验。是对材料从品种、规格、标志、外形尺寸等进行直观检查,看有无质量问题。③理化检验。是借助试验设备和仪器对材料样品的化学成分、机械性能等进行科学的鉴定。④无损检验。是在不破坏材料样品的前提下,利用超声波、X射线、表面探伤仪等进行检测。

(2)材料质量的检验程度。材料质量检验程度分为免检、抽检和全检三种:①免检。是免去质量检验工序。对于有足够质量保证的一般材料,以及实践证明质量长期稳定而且质量保证资料齐全的材料可予以免检。②抽检。是按随机抽样的方法对材料抽样检验。若对材料的性能不清楚,对质量保证资料有怀疑,或对成批生产的构配件,均应按一定比例进行抽样检验。③全检。对进口的材料、设备和重要工程部位的材料,以及贵重的材料,应进行全部检验,以确保材料及工程质量。

(3)材料质量检验项目。通常可分为一般检验项目和其他检验项目。

(4)材料质量检验的取样。材料质量检验的取样必须具有代表性,也就是所取样品的质量应能代表该批材料的质量。在采取试样时,必须按规定的部位、数量及采选的操作要求进行。

(5)材料抽样检验的判断。抽样检验是对一批产品(个数为 M)根据一次抽取 N 个样品进行检验,用其结果来判断该批产品是否合格。

3.材料的选择和使用要求

材料的选择不当和使用不正确会严重影响工程质量或造成工程质量事故。因此,在施工过程中,必须针对工程项目的特点和环境要求及材料的性能、质量标准、适用范围等多方面综合考察,慎重选择和使用材料。

(四)对方法的控制

对方法的控制主要是指对施工方案的控制,也包括对整个工程项目建设期内所采用的技术方案、工艺流程、组织措施、检测手段、施工组织设计等的控制。对于一个工程项目而言,施工方案恰当与否,直接关系到工程项目质量,关系到工程项目的成败,所以应重视对方法的控制。对方法的控制,在工程施工的不同阶段,其侧重点也不相同,但都是围绕确保工程项目质量进行的。

(五)对环境因素的控制

影响工程项目质量的环境因素很多,有工程技术环境、工程管理环境、劳动环境等。环境因素对工程质量的影响复杂而且多变,因此应根据工程特点和具体条件对影响工程质量的环境因素严格控制。

任务二　质量体系的建立与运行

一、施工阶段的质量控制

(一)质量控制的依据

施工阶段的质量管理及质量控制的依据大体上可分为两类,即共同性依据及专门技术法规性依据。

共同性依据是指那些适用于工程项目施工阶段与质量控制有关的、具有普遍指导意义和必须遵守的基本文件。主要有工程承包合同文件,设计文件,国家和行业现行的有关质量管理方面的法律、法规文件。

工程承包合同中分别规定了参与施工建设的各方在质量控制方面的权利和义务,并据此对工程质量进行监督和控制。

有关质量检验与控制的专门技术法规性依据是指针对不同行业、不同质量控制对象而制定的技术法规性文件,主要包括以下内容:

(1)已批准的施工组织设计。它是承包单位进行施工准备和指导现场施工的规划性、指导性文件,详细规定了工程施工的现场布置、人员设备的配置、作业要求、施工工序和工艺、技术保证措施、质量检查方法和技术标准等,是进行质量控制的重要依据。

(2)合同中引用的国家和行业的现行施工操作技术规范、施工工艺规程及验收规范。它是维护正常施工的准则,与工程质量密切相关,必须严格遵守执行。

（3）合同中引用的有关原材料、半成品、配件方面的质量依据。例如水泥、钢材、骨料等有关产品技术标准，水泥、骨料、钢材等有关检验、取样、方法的技术标准，有关材料验收、包装、标志的技术标准。

（4）制造厂提供的设备安装说明书和有关技术标准。这是施工安装承包人进行设备安装必须遵循的重要技术文件，也是进行检查和控制质量的依据。

（二）质量控制的方法

施工过程中质量控制的方法主要有旁站检查、测量、试验等。

1. 旁站检查

旁站是指有关管理人员对重要工序（质量控制点）的施工所进行的现场监督和检查，以避免质量事故的发生。旁站也是驻地监理人员的一种主要现场检查形式。根据工程施工难度及复杂性，可采用全过程旁站、部分时间旁站两种方式。对容易产生缺陷的部位，或产生了缺陷难以补救的部位，以及隐蔽工程，应加强旁站检查。

在旁站检查中，必须检查承包人在施工中所用的设备、材料及混合料是否符合已批准的文件要求，检查施工方案、施工工艺是否符合相应的技术规范。

2. 测量

测量是对建筑物的尺寸控制的重要手段。应对施工放样及高程控制进行核查，不合格者不准开工。对模板工程、已完工程的几何尺寸、高程、宽度、厚度、坡度等质量指标，按规定要求进行测量验收，不符合规定要求的需进行返工。测量记录要事先经工程师审核签字后方可使用。

3. 试验

试验是工程师确定各种材料和建筑物内在质量是否合格的重要方法。所有工程使用的材料都必须事先经过材料试验，质量必须满足产品标准，并经工程师检查批准后方可使用。材料试验包括水泥、骨料、沥青、土工织物等各种原材料，不同强度等级混凝土的配合比检验，外购材料及成品质量证明和必要的检验鉴定，仪器设备的校调检验，加工后的成品强度及耐用性检验，工程检查等。没有检验数据的工程不予验收。

（三）工序质量监控

1. 工序质量监控的内容

工序质量监控主要包括对工序活动条件的监控和对工序活动效果的监控。

（1）对工序活动条件的监控。是指对影响工程生产因素进行的控制。工序活动条件的控制是工序质量控制的手段。尽管在开工前对生产活动条件已进行了初步控制，但在工序活动中有的条件还会发生变化，使其基本性能达不到检验指标，这正是生产过程产生质量不稳定的重要原因。因此，只有对工序活动条件进行控制，才能达到对工程或产品的质量性能特性指标的控制。工序活动条件包括的因素较多，要通过分析，分清影响工序质量的主要因素，抓住主要矛盾，逐渐予以调节，以达到质量控制的目的。

（2）对工序活动效果的监控。主要反映在对工序产品质量性能的特征指标的控制上。通过对工序活动的产品采取一定的检测手段进行检验，根据检验结果分析、判断该工序活动的质量效果，从而实现对工序质量的控制，其步骤如下：①工序活动前的控制，主要要求人、材料、机械、方法或工艺、环境满足要求；②采用必要的手段和工具，对抽出的工序子样进行质量检验;③应用质量统计分析工具(直方图、控制图、排列图等)对检验所得的数据进行分析,找出这些质量数据所遵循的规律;④根据质量数据分布规律的结果,判断质量是否正常;⑤若出现异常情况,寻找原因,找出影响工序质量的因素,尤其是那些主要因素,须采取对策和措施进行调整;⑥再重复前面的步骤,检查调整效果,直到满足要求为止。这样便可达到控制工序质量的目的。

2. 工序质量监控实施要点

对工序活动质量监控,首先应确定质量控制计划,它是以完善的质量监控体系和质量检查制度为基础的。一方面,工序质量控制计划要明确规定质量监控的工作程序、流程和质量检查制度;另一方面,需进行工序分析,在影响工序质量的因素中找出对工序质量产生影响的重要因素,进行主动的、预防性的重点控制。例如,在振捣混凝土这一工序中,振捣的插点和振捣时间是影响质量的主要因素,为此应加强现场监督并要求施工单位严格予以控制。

同时,在整个施工活动中,应采取连续的动态跟踪控制,通过对工序产品的抽样检验判定其产品质量波动状态,若工序活动处于异常状态,则应查出影响质量的原因,采取措施排除系统性因素的干扰,使工序活动恢复到正常状态,从而保证工序活动及其产品质量。此外,为确保工程质量,应在工序活动过程中设置质量控制点,进行预控。

3. 质量控制点的设置

质量控制点的设置是进行工序质量预防控制的有效措施。质量控制点是指为保证工程质量而必须控制的重点工序、关键部位、薄弱环节。应在施工前全面、合理地选择质量控制点,并对设置质量控制点的情况及拟采取的控制措施进行审核。必要时,应对质量控制实施过程进行跟踪检查或旁站监督,以确保质量控制点的施工质量。

设置质量控制点的对象,主要有以下几方面:

(1)关键的分项工程。例如大体积混凝土工程、土石坝工程的坝体填筑、隧洞开挖工程等。

(2)关键的工程部位。例如混凝土面板堆石坝面板趾板及周边缝的接缝,土基上水闸的地基基础,预制框架结构的梁板节点,关键设备的设备基础等。

(3)薄弱环节。指经常发生或容易发生质量问题的环节,或承包人无法把握的环节,或采用新工艺(材料)施工的环节等。

(4)关键工序。例如钢筋混凝土工程的混凝土振捣,灌注桩钻孔,隧洞开挖的钻孔布置、方向、深度、用药量和填塞等。

(5)关键工序的关键质量特性。例如混凝土的强度、耐久性,土石坝的干密度、黏性土的含水率等。

(6)关键质量特性的关键因素。例如冬季混凝土强度的关键因素是环境(养护温度),支模的关键因素是支撑方法,泵送混凝土输送质量的关键因素是机械,墙体垂直度的关键因素是人等。

控制点的设置应准确、有效,因此究竟选择哪些作为控制点,需要由有经验的质量控制人员进行选择。一般可根据工程性质和特点来确定,表7-1列举出某些分部(分项)工程的质量控制点,可供参考。

表 7-1　质量控制点的设置

分部(分项)工程		质量控制点
建筑物定位		标准轴线桩、定位轴线、标高
地基开挖及清理		开挖部位的位置、轮廓尺寸、标高,岩石地基钻爆过程中的钻孔、装药量、起爆方式,开挖清理后的建基面,断层、破碎带、软弱夹层、岩溶的处理,渗水的处理
基础处理	基础灌浆、帷幕灌浆	造孔工艺、孔位、孔斜,岩心获得率,洗孔及压水情况,灌浆情况,灌浆压力、结束标准、封孔
	基础排水	造孔、洗孔工艺,孔口、孔口设施的安装工艺
	锚桩孔	造孔工艺锚桩材料质量、规格、焊接、孔内回填
混凝土生产	砂石料生产	毛料开采、筛分、运输、堆存,砂石料质量(杂质含量、细度模数、超逊径、级配)、含水率、骨料降温措施
	混凝土拌和	原材料的品种、配合比、称量精度,混凝土拌和时间、温度均匀性,拌和物的坍落度,温控措施(骨料冷却、加冰、加冰水)、外加剂比例
混凝土浇筑	建基面清理	建基面清理(冲洗、积水处理)
	模板、预埋件	位置、尺寸、标高、平整性、稳定性、刚度、内部清理,预埋件型号、规格、埋设位置、安装稳定性、保护措施
	钢筋	钢筋品种、规格、尺寸、搭接长度、焊接、根数、位置
	浇筑	浇筑层厚度、平仓、振捣、浇筑间歇时间、积水和泌水情况、埋设件保护、混凝土养护、混凝土表面平整度、麻面、蜂窝、露筋、裂缝、混凝土密实性、强度
土石料填筑	土石料	土料的黏粒含量、含水率,砾质土的粗粒含量、最大粒径,石料的粒径、级配、坚硬度、抗冻性
	土料填筑	防渗体与岩石面或混凝土面的结合处理、防渗体与砾质土、黏土地基的结合处理、填筑体的位置、轮廓尺寸、铺土厚度、铺填边线、土层接面处理、土料碾压、压实干密度
	石料砌筑	砌筑体位置、轮廓尺寸、石块重量、尺寸、表面顺直度、砌筑工艺、砌体密实度、砂浆配合比、强度
	砌石护坡	石块尺寸、强度、抗冻性、砌石厚度、砌筑方法、砌石孔隙率、垫层级配、厚度、孔隙率

4. 见证点、停止点的概念

在工程项目实施控制中,通常是由承包人在分项工程施工前制订施工计划时,就选定设置控制点,并在相应的质量计划中进一步明确哪些是见证点,哪些是待检点。凡是被列为见证点的质量控制对象,在规定的控制点施工前,施工单位应提前通知监理人员在约定的时间内到现场进行见证并实施检查。若监理人员未按约定时间到场,施工单位有权对该点进行相应的操作和施工。待检点的重要性高于见证点,是针对那些由于施工过程或工序施工质量不易或不能通过其后的检验和试验而充分得到论证的"特殊过程"或"特殊工序"而言的。凡被列入待检点的控制点,要求必须在该控制点来临之前通知监理人员到场实行监控,若监理人员未能在约定时间内到达现场,施工单位应停止该控制点的施工,并按合同规定等待监理人,未经监理人认可不能超过该点继续施工,如水闸闸墩混凝土结构在钢筋架立之后,混凝土浇筑之前,可设置待检点。

在施工过程中,应加强旁站检查和现场巡查的检查,严格实施隐蔽工程工序间交接检查验收、工程施工预检等检查监督,严格执行对成品保护的质量检查。只有这样才能及早发现问题,及时纠正,防患于未然,确保工程质量,以免导致工程质量事故。

为了对施工期间的各分部(分项)工程的各工序质量实施严密、细致及有效的监督和控制,应认真地填写跟踪档案,即施工和安装记录。

(四)施工质量控制

1. 施工单位质量检查(验)

提交质量保证计划措施报告。保证工程施工质量是施工单位的基本义务。施工单位应建立和健全所承包工程的质量保证计划,在组织上和制度上落实质量管理工作,以确保工程质量。

施工单位应对工程使用的材料和工程设备以及工程的所有部位及其施工工艺进行全过程的质量自检,并做质量检查(验)记录,定期向监理机构提交工程质量报告。同时,施工单位应建立一套全部工程的质量记录和报表,以便监理机构复核检查(验)和日后发现质量问题时查找原因。当合同发生争议时,质量记录和报表还是重要的当时记录。

施工单位的自检包括班组的初检、施工队的复检、项目部终检。自检的目的不仅在于判定被检查(验)实体的质量特性是否符合合同要求,更为重要的是其用于对施工过程的控制。因此,承包商的自检是质量检查(验)的基础,是控制质量的关键。为此,监理人有权拒绝对那些"三检"资料不完善或无"三检"资料的过程单元工程(工序)进行检查(验)。

2. 材料、工程设备的检查(验)

《水利水电土建工程施工合同条件》通用条款及技术条款规定材料和工程设备的采购分两种情况:承包人负责采购材料和工程设备;发包人负责采购工程设备。

1)交货验收

对承包人采购的材料和工程设备,其产品质量承包人应对发包负责。材料和工程设备的检查(验)和交货验收由承包人负责实施,并承担所需费用,具体做法是承包人会同监理人进行检查(验)和交货验收,查验材质证明和产品合格证书。此外,承包人还应按合同规定进行材料的抽样检查(验)和工程设备的检查(验)测试,并将检查(验)结果提交给监理人。监理人参加交货验收不能减轻或免除承包商在检查(验)和验收中应负的责任。

对发包人采购的工程设备,为了简化验交手续和重复装运,发包人应将其采购的工程设备由生产厂家直接移交给承包商。为此,发包人和承包人在合同规定的交货地点(如生产厂家、工地或其他合适的地方)共同进行交货验收,由发包人正式移交给承包人。在交货验收过程中,发包人采购的工程设备检查(验)及测试由承包人负责,发包人不必再配备检查(验)及测试用的设备和人员,但承包人必须将其检查(验)结果提交监理人,并由监理人复核签认检查(验)结果。

2)不合格材料和工程设备的处理

禁止使用不合格材料和工程设备。工程使用的一切材料、工程设备均应满足合同规定的等级、质量标准和技术特性。监理人在工程质量的检查或检验中发现承包商使用了不合格材料和工程设备时,可以随时发出指示,要求承包人立即改正,并禁止在工程中继续使用这些不合格的材料和工程设备。

如果承包人使用了不合格材料和工程设备,其造成的后果应由承包人承担责任,承包人应无条件地按监理人指示进行补救。业主提供的工程设备经验收不合格的应由发包人承担相应责任。

对不合格材料和工程设备的处理如下:

(1)如果监理人的检查(验)结果表明承包人提供的材料或工程设备不符合合同要求,监理人可以拒绝接收,并立即通知承包人。此时,承包人除立即停止使用外,应与监理人共同研究补救措施。如果在使用过程中发现不合格材料,监理人应视具体情况下达运出现场或降级使用的指示。

(2)如果检查(验)结果表明发包人提供的工程设备不符合合同要求,承包人有权拒绝接收,并要求发包人予以更换。

(3)如果因承包人使用了不合格材料和工程设备造成了工程损害,监理人可以随时发出指示,要求承包人立即采取措施进行补救,直至彻底清除工程的不合格部位及不合格材料和工程设备。

(4)如果承包人无故拖延或拒绝执行监理人的有关指示,则发包人有权委托其他承包人执行该项指示,由此而造成的工期延误和增加的费用由承包人承担。

3.额外检查(验)和重新检查(验)

额外检查(验)。在合同履行过程中,如果监理人需要增加合同中未作规定的检查(验)项目,监理人有权指示承包人增加额外检查(验),承包人应遵照执行,但应由发包人承担额外检查(验)的费用和工期延误责任。

重新检查(验)。在任何情况下,如果监理人对以往的检查(验)结果有疑问时,有权指示承包人进行再次检查(验)即重新检查(验),承包人必须执行监理人的指示,不得拒绝。"以往检查(验)结果"是指已按合同规定要求得到监理人的同意的结果,如果承包人的检查(验)结果未得到监理人同意,则监理人指示承包人进行的检查(验)不能称之为重新检查(验),应为合同内检测。

重新检查(验)带来的费用增加和工期延误责任的承担视重新检查(验)结果而定。如果重新检查(验)结果证明这些材料、工程设备、工序不符合合同要求,则应由承包人承担重新检查(验)的全部费用和工期延误责任;如果重新检查(验)结果证明这些材料、工程设备、工序符合合同要求,则应由发包人承担重新检查(验)的费用和工期延误责任。

4. 隐蔽工程

隐蔽工程和工程隐蔽部位是指已完成的工作面经覆盖后将无法事后查看的任何工程部位和基础。由于隐蔽工程和工程隐蔽部位的特殊性及重要性,因此没有监理人的批准,工程的任何部位均不得覆盖或使之无法查看。

对于将被覆盖的部位和基础在进行下一道工序之前,首先由承包人进行自检,确认符合合同要求后,再通知监理人进行检查,监理人不得无故缺席或拖延,承包人通知时应考虑到监理人有足够的检查时间。监理人应按通知约定的时间到场进行检查,确认质量符合合同规定要求,并在检查记录上签字后,方能允许承包人进入下一道工序,进行覆盖。承包人在取得监理人的检查签证之前,不得以任何理由进行覆盖;否则,承包人应承担因补检而增加的费用和工期延误责任。如果由于工程师未及时到场检查,承包人因等待或延期检查而造成工期延误则承包人有权要求延长工期和赔偿其停工、窝工等损失。

二、全面质量管理

全面质量管理(Total Quality Management,简称 TQM)是企业管理的中心环节,是企业管理的纲,它和企业的经营目标是一致的。这就要求将企业的生产经营管理和质量管理有机地结合起来。

(一)全面质量管理的基本概念

全面质量管理是以组织全员参与为基础的质量管理模式,它代表了质量管理的最新阶段,最早起源于美国,菲根堡姆指出:全面质量管理是为了能够在最经济的水平上,并充分考虑到满足用户的要求的条件下进行市场研究、设计、生产和服务,把企业内各部门研制质量、维持质量和提高质量的活动构成为一体的一种有效体系。他的理论经过世界各国的继承和发展,得到了进一步的扩展和深化。1994 年版 ISO 9000 族标准中对全面质量管理的定义是:一个组织以质量为中心,以全员参与为基础,目的在于通过让顾客满意和本组织所有成员及社会受益而达到长期成功的管理途径。

(二)全面质量管理的基本要求

1. 全过程的管理

任何一个工程(产品)的质量都有一个产生、形成和实现的过程;整个过程由多个相互联系、相互影响的环节组成,每一环节都或重或轻地影响着最终的质量状况。因此,要搞好工程质量管理,必须把形成质量的全过程和有关因素控制起来,形成一个综合的管理体系,做到以防为主、防检结合、重在提高。

2. 全员的质量管理

工程(产品)的质量是企业各方面、各部门、各环节工作质量的反映。每一环节、每一个人的工作质量都会不同程度地影响着工程(产品)的最终质量。工程质量人人有责,只有人人都关心工程的质量,做好本职工作,才能生产出好质量的工程。

3. 全企业的质量管理

全企业的质量管理一方面要求企业各管理层次都要有明确的质量管理内容,各层次的侧重点要突出,每个部门应有自己的质量计划、质量目标和对策,层层控制;另一方面就是要把分散在各部门的质量职能发挥出来。例如水利工程中的"三检制"就充分反映了这一观点。

4. 多方法的管理

影响工程质量的因素越来越复杂:既有物质因素,又有人为因素;既有技术因素,又有管理因素;既有内部因素,又有企业外部因素。要搞好工程质量,就必须把这些影响因素控制起来,分析它们对工程质量的不同影响。灵活运用各种现代化管理方法来解决工程质量问题。

(三)全面质量管理的基本指导思想

1. 质量第一、以质量求生存

任何产品都必须达到所要求的质量水平,否则就没有或未实现其使用价值,从而给消费者、社会带来损失。从这个意义上讲,质量必须是第一位的。贯彻"质量第一"就要求企业全员,尤其是领导层要有强烈的质量意识;要求企业在确定质量目标时,首先应根据用户或市场的需求,科学地确定质量目标,并安排人力、物力、财力予以保证。当质量与数量、社会效益与企业效益、长远利益与眼前利益发生矛盾时,应把质量、社会效益和长远利益放在首位。

"质量第一"并非"质量至上"。质量不能脱离当前的市场水准,也不能不问成本一味地讲求质量。应该重视质量成本的分析,把质量与成本加以统一,确定最适合的质量。

2. 用户至上

在全面质量管理中,这是一个十分重要的指导思想。"用户至上"就是要树立以用户为中心,为用户服务的思想。要使产品质量和服务质量尽可能满足用户的要求。产品质量的好坏最终应以用户的满意程度为标准。这里所说的用户是广义的,不仅指产品出厂后的直接用户,而且指在企业内部下道工序是上道工序的用户。例如混凝土工程中,模板工程的质量直接影响混凝土浇筑这一下道关键工序的质量。每道工序的质量不仅影响下道工序的质量,也会影响工程进度和费用。

3. 质量是设计、制造出来的,而不是检验出来的

在生产过程中,检验是重要的,它可以起到不允许不合格品出厂的把关作用,同时可以将检验信息反馈到有关部门。但影响产品质量好坏的真正原因并不在检验,而主要在于设计和制造。设计质量是先天性的,在设计的时候就已经决定了质量的等级和水平,而制造只是实现了设计质量,是符合性质量。二者不可偏废,都应重视。

4. 强调用数据说话

强调用数据说话就是要求在全面质量管理工作中具有科学的工作作风,在研究问题时不能满足于一知半解和表面,对问题不仅要有定性分析还尽量要有定量分析,做到心中有"数",这样可以避免主观盲目性。

在全面质量管理中广泛采用了各种统计方法和工具,其中用得最多的有七种,即因果图、排列图、直方图、相关图、控制图、分层法和调查表。常用的数理统计方法有回归分析、方差分析、多元分析、试验分析、时间序列分析等。

5. 突出人的积极因素

从某种意义上讲,在开展质量管理活动过程中,人是最积极、最重要的因素。与质量检验阶段和统计质量控制阶段相比较,全面质量管理阶段格外强调调动人的积极因素的重要性。这是因为现代化生产多为大规模系统,环节众多,联系密切复杂,远非单纯靠质量检验或统计方法就能奏效的。必须调动人的积极因素,加强质量意识,发挥人的主观能动性,以确保产品及服务质量。全面质量管理的特点之一就是全体人员参加的管理。"质量第一,人人有责"。

要提高质量意识,调动人的积极因素,一靠教育、二靠规范,需要通过教育培训和考核,同时要依靠有关质量的立法以及必要的行政手段等各种激励及处罚措施。

(四)全面质量管理的工作原则

1. 预防原则

在企业的质量管理工作中,要认真贯彻预防为主的原则,凡事要防患于未然。在产品制造阶段应该采用科学方法对生产过程进行控制,尽量把不合格品消灭在发生之前。在产品的检验阶段,不论是对最终产品还是在制品,都要及时反馈质量信息并认真处理。

2. 经济原则

全面质量管理强调质量,但无论质量保证的水平或预防不合格的深度都是没有止境的,必须考虑经济性,建立合理的经济界限,这就是所谓的经济原则。因此,在产品设计制定质量标准时,在生产过程进行质量控制时,在选择质量检验方式为抽样检验或全数检验时,都必须考虑其经济效益。

3. 协作原则

协作是大生产的必然要求。生产和管理分工越细,就越要求协作。一个具体单位的质量问题往往涉及许多部门,而无良好的协作是很难解决的。因此,强调协作是全面质量管理的一条重要原则,也反映了系统科学全局观点的要求。

4. 按照 PDCA 循环组织活动

PDCA 循环是质量体系活动所应遵循的科学工作程序,周而复始,内外嵌套,循环不已,以求质量不断提高。

(五)全面质量管理的运转方式

质量保证体系运转方式是按照计划(P)、执行(D)、检查(C)、处理(A)的管理循环进行的。它包括四个阶段和八个步骤。

1. 四个阶段

(1)计划阶段。按使用者要求,根据具体生产技术条件,找出生产中存在的问题及其原因,拟订生产对策和措施计划。

(2)执行阶段。按预定对策和生产措施计划组织实施。

(3)检查阶段。对生产成品进行必要的检查和测试,即把执行的工作结果与预定目标对比,检查执行过程中出现的情况和问题。

(4)处理阶段。把经过检查发现的各种问题及用户意见进行处理。凡符合计划要求的予以肯定,成文标准化;对不符合设计要求和不能解决的问题,转入下一循环以进一步研究解决。

2. 八个步骤

(1)分析现状,找出问题,不能凭印象和表面做判断,结论要用数据表示。

(2)分析各种影响因素。要把可能因素一一加以分析。

（3）找出主要影响因素。要努力找出主要因素进行剖析，才能改进工作，提高产品质量。

（4）研究对策。针对主要因素拟订措施，制订计划，确定目标。

以上四个步骤属（P）阶段工作内容。

（5）执行措施为（D）阶段的工作内容。

（6）检查工作成果。对执行情况进行检查，找出经验教训，为（C）阶段的工作内容。

（7）巩固措施，制定标准，把成熟的措施定成标准（规程、细则），形成制度。

（8）遗留问题转入下一个循环。

以上步骤（7）和步骤（8）为（A）阶段的工作内容。PDCA 管理循环的工作程序如图 7-1 所示。

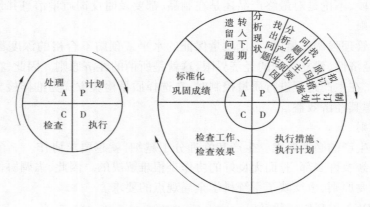

图 7-1　PDCA 管理循环的工作程序

3. PDCA 循环的特点

（1）四个阶段缺一不可，先后次序不能颠倒，就好像一只转动的车轮，在解决质量问题中滚动前进，逐步使产品质量提高。

（2）企业的内部 PDCA 循环各级都有，整个企业是一个大循环，企业各部门又有自己的循环，如图 7-2 所示。大循环是小循环的依据，小循环又是大循环的具体和逐级贯彻落实的体现。

（3）PDCA 循环不是在原地转动，而是在转动中前进。每个循环结束，质量便提高一步。图 7-3 为循环上升示意图，它表明每一个 PDCA 循环都不

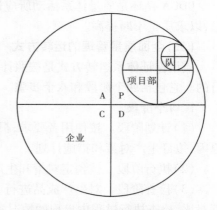

图 7-2　PDCA 循环运转示意图

是在原地周而复始地转动，而是像爬楼梯那样，每转一个循环都有新的目标和内容。这就意味着前进了一步，从原有水平上升到了新的水平，每经过一次循环，也就解决了一批问题，质量水平就有新的提高。

（4）A 阶段是一个循环的关键，这一阶段（处理阶段）的目的在于总结经验，巩固成果，纠正错误，以利于下一个管理循环。为此必须把成功经验纳入标准，定为规程，使之标

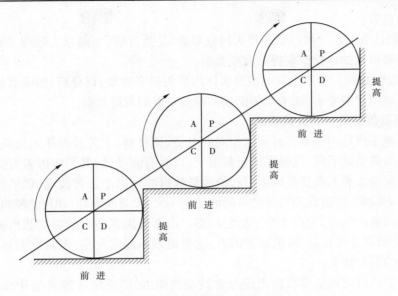

图 7-3 PDCA 循环上升示意图

准化、制度化,以便在下一个循环中遵照办理,使质量水平逐步提高。

必须指出,质量的好坏反映了人们质量意识的强弱,也反映了人们对提高产品质量意义的认识水平。有了较强的质量意识,还应使全体人员对全面质量管理的基本思想和方法有所了解。这就需要开展全面质量管理,必须加强质量教育的培训工作,贯彻执行质量责任制并形成制度,持之以恒,才能使工程施工质量水平不断提高。

任务三 工程质量统计与分析

一、质量数据

利用质量数据和统计分析方法进行项目质量控制是控制工程质量的重要手段。通常通过收集和整理质量数据进行统计分析比较,找出生产过程的质量规律,判断工程产品质量状况,发现存在的质量问题,找出引起质量问题的原因,并及时采取措施,预防和纠正质量事故,使工程质量始终处于受控状态。

质量数据是用以描述工程质量特征性能的数据,是进行质量控制的基础,没有质量数据就不可能有现代化的科学的质量控制。

(一)质量数据的类型

质量数据按其自身特征,可分为计量值数据和计数值数据;按其收集目的又可分为控制性数据和验收性数据。

(1)计量值数据。是可以连续取值的连续型数据。例如长度、重量、面积、标高等质量特征,一般都是可以用量测工具或仪器等量测的,一般都带有小数。

(2)计数值数据。是不连续的离散型数据。例如不合格产品数、不合格的构件数等,这些反映质量状况的数据是不能用量测器具来度量的,采用计数的办法,只能出现 0、1、2

等非负数的整数。

（3）控制性数据。一般以工序作为研究对象,是为分析、预测施工过程是否处于稳定状态而定期随机地抽样检验获得的质量数据。

（4）验收性数据。是以工程的最终实体内容为研究对象,以分析、判断其质量是否达到技术标准或用户的要求,而采取随机抽样检验获取的质量数据。

（二）质量数据的波动及其原因

在工程施工过程中经常可看到在相同的设备、原材料、工艺及操作人员条件下,生产的同一种产品的质量不同,反映在质量数据上,即具有波动性,其影响因素有偶然性因素和系统性因素两大类。偶然性因素引起的质量数据波动属于正常波动,偶然因素是无法或难以控制的因素,所造成的质量数据的波动量不大,没有倾向性,作用是随机的,工程质量只有偶然因素影响时,生产才处于稳定状态。由系统因素造成的质量数据波动属于异常波动,系统因素是可控制、易消除的因素,这类因素不经常发生,但具有明显的倾向性,对工程质量的影响较大。

质量控制的目的就是要找出出现异常波动的原因,即系统性因素是什么,并加以排除,使质量只受随机性因素的影响。

（三）质量数据的收集

质量数据的收集总的要求应当是随机地抽样,即整批数据中每一个数据都有被抽到的相同机会。常用的方法有随机法、系统抽样法、二次抽样法和分层抽样法。

（四）样本数据特征

为了进行统计分析和运用特征数据对质量进行控制,经常要使用许多统计特征数据。统计特征数据主要有均值、中位数、极值、极差、标准偏差、变异系数,其中均值、中位数表示数据集中的位置;极差、标准偏差、变异系数表示数据的波动情况,即分散程度。

二、质量控制的统计方法

通过对质量数据的收集、整理和统计分析,找出质量的变化规律和存在的质量问题,提出进一步的改进措施,这种运用数学工具进行质量控制的方法是所有涉及质量管理的人员所必须掌握的,它可以使质量控制工作定量化和规范化。下面介绍几种在质量控制中常用的数学工具及方法。

（一）直方图法

1. 直方图的用途

直方图又称频率分布直方图,它们将产品质量频率的分布状态用直方图形来表示,根据直方图形的分布形状及与公差界限的距离来观察、探索质量分布规律,分析和判断整个生产过程是否正常。

利用直方图可以制定质量标准,确定公差范围,可以判明质量分布情况是否符合标准的要求。

2. 直方图的分析

直方图有以下几种类型,见图 7-4。

（1）锯齿型。原因一般是分组不当或组距确定不当,如图 7-4（a）所示。

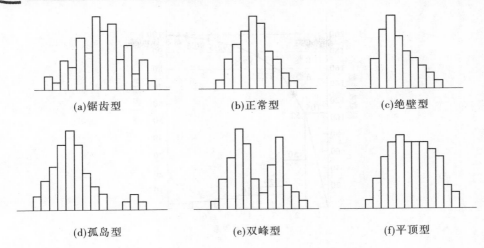

图7-4　直方图类型

（2）正常型。说明生产过程正常，质量稳定，如图7-4（b）所示。

（3）绝壁型。一般是剔除下限以下的数据造成的，如图7-4（c）所示。

（4）孤岛型。一般是材质发生变化或他人临时替班造成的，如图7-4（d）所示。

（5）双峰型。把两种不同的设备或工艺的数据混在一起造成的，如图7-4（e）所示。

（6）平顶型。生产过程中有缓慢变化的因素起主导作用，如图7-4（f）所示。

3.注意事项

（1）直方图是属于静态的，不能反映质量的动态变化。

（2）画直方图时，数据不能太少，一般应大于50个数据，否则画出的直方图难以正确反映总体的分布状态。

（3）直方图出现异常时，应注意将收集的数据分层，然后画出直方图。

（4）直方图呈正态分布时，可求平均值和标准差。

（二）排列图法

排列图法又称巴雷特法、主次排列图法，是分析影响质量主要问题的有效方法，将众多的因素进行排列，主要因素就一目了然了，如图7-5所示。

排列图法由一个横坐标、两个纵坐标、几个长方形和一条曲线组成。左侧的纵坐标是频数或件数，右侧的纵坐标是累计频率，横坐标则是项目或影响因素，按项目频数大小顺序在横轴上自左至右画长方形，其高度为频数，再根据右侧的纵坐标画出累计频率曲线，该曲线也称巴雷特曲线。

（三）因果分析图法

因果分析图也叫鱼刺图、树枝图，这是一种逐步深入研究和讨论质量问题的图示方法。在工程建设过程中，任何一种质量问题的产生一般都是由多种原因造成的，这些原因有大有小，把这些原因按照大小顺序分别用主干、大枝、中枝、小枝来表示，这样就可一目了然地观察出导致质量问题的原因，并以此为据制定相应对策，如图7-6所示。

（四）管理图法

管理图也称控制图，它是反映生产过程随时间变化而变化的质量动态，即反映生产过

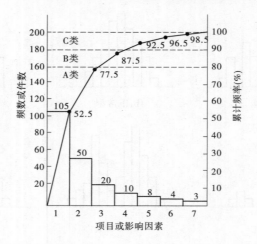

图 7-5　排列图

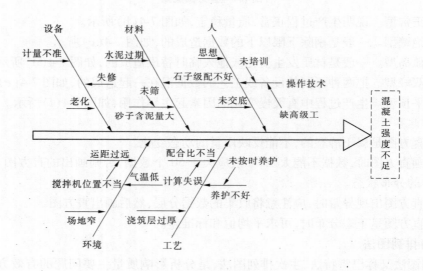

图 7-6　因果分析图

程中各个阶段质量波动状态的图形,如图 7-7 所示。管理图利用上下控制界限,将产品质量特性控制在正常波动范围内,一旦有异常反应,通过管理图就可以发现,并及时处理。

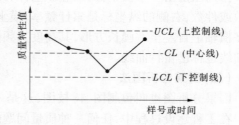

图 7-7　控制图

（五）相关图法

产品质量与影响质量的因素之间常有一定的相互关系,但不一定是严格的函数关系,这种关系称为相关关系,可利用直角坐标系将两个变量之间的关系表达出来。相关图的形式有正相关、负相关、非线性相关和无相关。此外,还有调查表法、分层法等。

任务四 水利工程质量事故与质量缺陷的处理

工程建设项目不同于一般工业生产活动,其项目实施的一次性、生产组织特有的流动性和综合性、劳动的密集性、协作关系的复杂性和环境的影响,均导致建筑工程质量事故具有复杂性、严重性、可变性及多发性的特点,事故是很难完全避免的。因此,必须加强组织措施、经济措施和管理措施,严防事故发生,对发生的事故应调查清楚,按有关规定进行处理。

需要指出的是,不少事故开始时经常只被认为是一般的质量缺陷,容易被忽视。随着时间的推移,待认识到这些质量缺陷问题的严重性时,则往往处理困难,或难以补救,或导致建筑物失事。因此,除了明显的不会有严重后果的缺陷外,对其他的质量问题均应分析,进行必要的处理,并做出处理意见。

一、工程事故与分类

凡水利工程在建设中或完工后,由于设计、施工、监理、材料、设备、工程管理和咨询等方面造成工程质量不符合规程、规范和合同要求的质量标准,影响工程的使用寿命或正常运行,一般需做补救措施或返工处理的,统称为工程质量事故。日常所说的事故大多指施工质量事故。

在水利工程中,按对工程的耐久性和正常使用的影响程度,检查和处理质量事故对工期影响时间的长短以及直接经济损失的大小,将质量事故分为一般质量事故、较大质量事故、重大质量事故和特大质量事故。

一般质量事故是指对工程造成一定的经济损失,经处理后不影响正常使用、不影响工程使用寿命的事故。小于一般质量事故的质量问题称为质量缺陷。

较大质量事故是指对工程造成较大经济损失或延误较短工期,经处理后不影响正常使用,但对工程使用寿命有一定影响的事故。

重大质量事故是指对工程造成重大经济损失或延误较长工期,经处理后不影响正常使用,但对工程使用寿命有较大影响的事故。

特大质量事故是指对工程造成特大经济损失或长时间延误工期,经处理后仍对工程正常使用和使用寿命有较大影响的事故。

如《水利工程质量事故处理暂行规定》(水利部令第 9 号)规定,质量事故具体分类如表 7-2 所示。

二、工程事故的处理方法

(一)事故发生的原因

工程质量事故发生的原因很多,最基本的还是人、机械、材料、工艺和环境几方面。一般可分为直接原因和间接原因两类。

表 7-2　　水利工程质量事故分类标准

损失情况		特大质量事故	重大质量事故	较大质量事故	一般质量事故
事故处理所需的物资、器材和设备、人工等直接损失费(万元)	大体积混凝土、金属制作和机电安装工程	>3 000	>500 且≤3 000	>100 且≤500	>20 且≤100
	土石方工程、混凝土薄壁工程	>1 000	>100 且≤1 000	>30 且≤100	>10 且≤30
事故处理所需合理工期(月)		>6	>3 且≤6	>1 且≤3	≤1
事故处理后对工程功能和寿命影响		影响工程正常使用,需限制条件使用	不影响工程正常使用,但对工程寿命有较大影响	不影响工程正常使用,但对工程寿命有一定影响	不影响工程正常使用和工程寿命

注:直接经济损失费用为必要条件,其他主要适用于大中型工程。

直接原因主要有人的行为不规范和材料、机械的不符合规定状态。例如,设计人员不按规范设计、监理人员不按规范进行监理、施工人员违反操作规程等,属于人的行为不规范;又如水泥、钢材等某些指标不合格,属于材料不符合规定状态。

间接原因是指质量事故发生地的环境条件,如施工管理混乱,质量检查监督失职,质量保证体系不健全等。间接原因往往导致直接原因的发生。

事故原因也可从工程建设的参建各方来寻查,业主、监理、设计、施工和材料、机械、设备供应商的某些行为或各种方法也会造成质量事故。

(二)事故报告内容

根据《水利工程质量事故处理暂行规定》(水利部令第 9 号),事故发生后,事故单位要严格保护现场,取有效措施抢救人员和财产,防止事故扩大。因抢救人员、疏导交通等需移动现场物件时,应做出标志、绘制现场简图并做出书面记录,妥善保管现场重要痕迹、物证,并进行拍照或录像。

发生质量事故后,项目法人必须将事故的简要情况向项目主管部门报告。项目主管部门接事故报告后,按照管理权限向上级水行政主管部门报告。发生(发现)较大质量事故、重大质量事故、特大质量事故后,事故单位要在 48 h 内向有关单位提出书面报告。有关事故报告应包括以下主要内容:

(1)工程名称、建设地点、工期,项目法人、主管部门及负责人电话;

(2)事故发生的时间、地点、工程部位以及相应的参建单位名称;

(3)事故发生的简要经过、伤亡人数和直接经济损失的初步估计;

(4)事故发生原因初步分析;

(5)事故发生后采取的措施及事故管理情况;

(6)事故报告单位、负责人以及联络方式。

（三）事故处理的原则

质量事故发生后，应坚持"三不放过"的原则，即事故原因不查清不放过，事故主要责任人和职工未受到教育不放过，补救措施不落实不放过。

发生质量事故，应立即向有关部门（业主、监理单位、设计单位和质量监督机构等）汇报，并提交事故报告。

由质量事故而造成的损失费用，坚持事故责任是谁就由谁承担的原则。若责任在施工承包商，则事故分析与处理的一切费用由承包商自己负责；施工中事故责任不在承包商，则承包商可依据合同向业主提出索赔；若事故责任在设计或监理单位，应按照有关合同条款给予相关单位必要的经济处罚；构成犯罪的，移交司法机关处理。

（四）质量事故处理职责划分

发生质量事故后，必须针对事故原因提出工程处理方案，经有关单位审定后实施。其中：

（1）一般质量事故由项目法人负责组织有关单位提出处理方案并实施，报上级主管部门备案。

（2）较大质量事故由项目法人负责组织有关单位提出处理方案，经上级主管部门审定后实施，报省级水行政主管部门或流域机构备案。

（3）重大质量事故由项目法人负责组织有关单位提出处理方案，征得事故调查组意见后，报省级水行政主管部门或流域机构审定后实施。

（4）特大质量事故由项目法人负责组织有关单位提出处理方案，征得事故调查组意见后，报省级水行政主管部门或流域机构审定后实施，并报水利部备案。

事故处理需要进行设计变更的，需原设计单位或有资质的单位提出设计变更方案。需要进行重大设计变更的，必须经原设计审批部门审定后实施。

事故部位处理完毕后，必须按照管理权限经过质量评定与验收后，方可投入使用或进入下一阶段施工。

（五）质量缺陷的处理

《水利工程质量事故处理暂行规定》（水利部令第9号）规定，小于一般质量事故的质量问题称为质量缺陷。质量缺陷是指因特殊因素，使得工程个别部位或局部达不到规范和设计要求（不影响使用），且未能及时进行处理的工程质量问题（质量评定仍为合格）。根据水利部《关于贯彻落实"国务院批转国家计委、财政部、水利部、建设部关于加强公益性水利工程建设管理若干意见的通知"的实施意见》，水利工程实行水利工程施工质量缺陷备案及检查处理制度。

（1）对于因特殊因素，使得工程个别部位或局部达不到规范和设计要求（不影响使用），且未能及时进行处理的工程质量缺陷问题（质量评定仍为合格），必须以工程质量缺陷备案形式进行记录备案。

（2）质量缺陷备案的内容包括：质量缺陷产生的部位、原因，对质量缺陷是否处理和如何处理以及对建筑物使用的影响等。内容必须真实、全面、完整，参建单位（人员）必须在质量缺陷备案表上签字，有不同意见应明确记载。

（3）质量缺陷备案资料必须按竣工验收的标准制备，作为工程竣工验收备查资料存档。质量缺陷备案表由监理单位组织填写。

(4)工程项目竣工验收时,项目法人必须向验收委员会汇报并提交历次质量缺陷的备案资料。

任务五　水利工程施工质量评定与验收

一、水利工程施工质量评定

为加强水利水电工程建设质量管理,保证工程施工质量,统一施工质量检验与评定方法,使施工质量检验与评定工作标准化、规范化,水利部制定了《水利水电工程施工质量检验与评定规程》(SL 176—2007)。SL 176—2007 适用于大、中型水利水电工程,以及坝高 30 m 以上的水利枢纽工程、4 级以上的堤防工程、总装机容量在 10 MW 以上的水电站、小(1)型水闸工程的小型水利水电工程施工质量检验与评定。其他小型工程可参照执行。

(一)工程施工项目划分

1. 项目名称

水利水电工程质量检验与评定应进行项目划分。项目按级划分为单位工程、分部工程、单元(工序)工程等三级。

工程中永久性房屋(管理设施用房)、专用公路、专用铁路等工程项目,可按相关行业标准划分和确定项目名称。

2. 项目划分原则

水利水电工程项目划分应结合工程结构特点、施工部署及施工合同要求进行,划分结果应有利于保证施工质量以及施工质量管理。

1)单位工程项目的划分原则

(1)枢纽工程一般以每座独立的建筑物为一个单位工程。当工程规模大时,可将一个建筑物中具有独立施工条件的一部分划分为一个单位工程。

(2)堤防工程按招标标段或工程结构划分单位工程。规模较大的交叉联结建筑物及管理设施以每座独立的建筑物为一个单位工程。

(3)引水(渠道)工程按招标标段或工程结构划分单位工程。大、中型引水(渠道)建筑物以每座独立的建筑物为一个单位工程。

(4)除险加固工程按招标标段或加固内容,并结合工程量划分单位工程。

2)分部工程项目划分原则

(1)枢纽工程土建部分按设计的主要组成部分划分。金属结构及启闭机安装工程和机电设备安装工程按组合功能划分。

(2)堤防工程按长度或功能划分。

(3)引水(渠道)工程中的河(渠)道按施工部署或长度划分。大、中型建筑物按工程结构主要组成部分划分。

(4)除险加固工程按加固内容或部位划分。

（5）同一单位工程中，各个分部工程的工程量（或投资）不宜相差太大，每个单位工程中的分部工程数目不宜少于 5 个。

3）单元（工序）工程项目的划分原则

（1）按《水电水利基本建设工程单元工程质量等级评定标准（试行）》（DL/T 5113）（简称《单元工程评定标准》）规定进行划分。

（2）河（渠）道开挖、填筑及衬砌单元工程划分界限宜设在变形缝或结构缝处，长度一般不大于 100 m。同一分部工程中各单元工程的工程量（或投资）不宜相差太大。

（3）《单元工程评定标准》中未涉及的单元工程可依据工程结构、施工部署或质量考核要求，按层、块、段进行划分。

3. 项目划分程序

由项目法人组织监理、设计及施工等单位进行工程项目划分，并确定主要单位工程、主要分部工程、重要隐蔽单元工程和关键部位单元工程。项目法人在主体工程开工前应将项目划分表及说明书面报相应工程质量监督机构确认。

工程质量监督机构收到项目划分书面报告后，应在 14 个工作日内对项目划分进行确认并将确认结果书面通知项目法人。

工程实施过程中，需对单位工程、主要分部工程、重要隐蔽单元工程和关键部位单元工程的项目划分进行调整时，项目法人应重新报送工程质量监督机构确认。

（二）工程施工质量评定标准

根据《水利水电工程施工质量检验与评定规程》（SL 176—2007），水利水电工程施工质量等级分为合格、优良两级。

1. 水利工程施工质量等级评定的主要依据

（1）国家及相关行业技术标准。

（2）《单元工程评定标准》。

（3）经批准的设计文件、施工图纸、金属结构设计图样与技术条件、设计修改通知书、厂家提供的设备安装说明书及有关技术文件。

（4）工程承发包合同中约定的技术标准。

（5）工程施工期及试运行期的试验和观测分析成果。

2. 施工质量评定标准

1）工序施工质量验收评定

（1）合格等级标准。

①主控项目，检验结果应全部符合《单元工程评定标准》的要求。

②一般项目，逐项应有 70% 及以上的检验点合格，且不合格点不应集中。

③各项报验资料应符合《单元工程评定标准》要求。

（2）优良等级标准。

①主控项目，检验结果应全部符合《单元工程评定标准》的要求。

②一般项目，逐项应有 90% 及以上的检验点合格，且不合格点不应集中；河湖疏浚工程逐项应有 95% 及以上的检验点合格，且不合格点不应集中。

③各项报验资料应符合《单元工程评定标准》要求。

工序施工质量验收评定时,施工单位应首先对已经完成的工序施工质量按《单元工程评定标准》进行自检,并做好检验记录;施工单位自检合格后,应填写"工序施工质量评定表",质量责任人履行相应签认手续后,向监理单位申请复核。

(3)施工单位报验时,应提交以下资料:

①各班组的初检记录、施工队复检记录、施工单位专职质检员终验记录。

②工序中各施工质量检验项目的检验资料。

③施工单位自检完成后,填写的"工序施工质量验收评定表"。

监理单位收到申请后,应在4 h内进行复核。复核内容包括:核查施工单位报验资料是否真实、齐全;结合平行检测和跟踪检测结果等,复核工序施工质量检验项目是否符合《单元工程评定标准》的要求;在施工单位提交的工序施工质量验收评定表中填写复核记录,并签署工序施工质量评定意见,核定工序施工质量等级,相关责任人履行相应签认手续。

2)单元工程施工质量验收评定

(1)划分工序的单元工程的施工质量验收评定合格等级标准。

①各工序施工质量验收评定应全部合格;

②各项报验资料应符合《单元工程评定标准》要求。

(2)划分工序的单元工程的施工质量验收评定优良等级标准。

①各工序施工质量验收评定应全部合格,其中优良工序应达到50%及以上,且主要工序应达到优良等级。

②各项报验资料应符合《单元工程评定标准》要求。

不划分工序的单元工程的施工质量验收评定标准按工序评定,与工序评定标准相同。

(3)对单元(工序)工程质量达不到合格标准的处理。

①全部返工重做的,可重新评定质量等级。经检验达到优良标准时,可评为优良等级。

②经加固补强并经设计和监理单位鉴定能达到设计要求时,其质量评为合格。

③处理后的工程部分质量指标仍达不到设计要求时,经设计复核,项目法人及监理单位确认能满足安全和使用功能要求的,可不再进行处理;或经加固补强后,改变了外形尺寸或造成工程永久性缺陷的,经项目法人、监理及设计单位确认能基本满足设计要求的,其质量可定为合格,但应按规定进行质量缺陷备案。

单元工程施工质量验收评定时,施工单位应首先对已经完成的单元工程施工质量进行自检,并填写检验记录;施工单位自检合格后,应填写"单元工程施工质量评定表",向监理单位申请复核。

(4)单元工程施工单位申请验收评定时提交的资料。

①单元工程中所含工序(或检验项目)验收评定的检验资料。

②各项实体检验项目的检验记录资料。

③施工单位自检完成后,填写的"单元工程施工质量评定表"。

监理单位收到申报后,应在8 h内进行复核。复核内容包括:核查施工单位报验资料是否真实、齐全;对照施工图纸及施工技术要求,结合平行检测和跟踪检测结果等,复核单元工程质量是否达到《单元工程评定标准》要求;检查已完单元遗留问题的处理情况,在施工单位提交的"单元工程施工质量评定表"中填写复核记录,并签署单元工程施工质量评定意见,评定单元工程施工质量等级,相关责任人履行相应签认手续;对验收中发现的问题提出处理意见。

(5)填写"水利水电基本建设工程单元工程质量评定表"时的注意事项。

为了规范水利水电工程施工质量评定工作,进一步提高水利水电工程质量管理水平,2002 年 12 月 11 日,水利部办公厅颁发了《水利水电工程施工质量评定表填表说明与示例》(试行)(办建管〔2002〕182 号)。

《水利水电工程施工质量评定表填表说明与示例》(试行)采用了填表说明、《水利水电工程施工质量评定表》(试行)(以下简称《评定表》)原表、例表的版式安排,将列表中填写的具体内容与原表在字体上给予了区别。对填表说明进行了分类,将各《评定表》都应遵守的规定,列入"填表基本规定";在各专业单元工程质量评定表前,增设了各专业填表说明;对每张表格设填表说明。为了便于正确评定工程施工质量,在工序及单元工程质量评定表的填表说明中,按《单元工程评定标准》列出了相应质量等级评定标准。

《评定表》是检验与评定施工质量的基础资料,也是进行工程维修和事故处理的重要参考。《水利水电建设工程验收规程》(SL 223—2008)规定,《评定表》是水利水电工程验收的备查资料。《水利工程建设项目档案管理规定》要求,工程竣工验收后,《评定表》归档长期保存。因此,对《评定表》的填写,做如下基本规定:

①单元(工序)工程完工后,应及时评定其质量等级,并按现场检验结果,如实填写《评定表》。现场检验应遵守随机取样原则。

②《评定表》应使用蓝色或黑色墨水钢笔填写,不得使用圆珠笔、铅笔填写。

③文字。应按国务院颁布的简化汉字书写。字迹应工整、清晰。

④数字和单位。数字使用阿拉伯数字(1、2、3、…、9、0)。单位使用国家法定计量单位,并以规定的符号表示(如 MPa、m、m³、t、…)。

⑤合格率。用百分数表示,小数点后保留一位。如果恰为整数,则小数点后以 0 表示。例如:95.0%。

⑥改错。将错误用斜线划掉,再在其右上方填写正确的文字(或数字),禁止使用改正液、贴纸重写、橡皮擦、刀片刮或用墨水涂黑等方法。

⑦表头填写:ⓐ单位工程、分部工程名称,按项目划分确定的名称填写。ⓑ单元工程名称、部位:填写该单元工程名称(中文名称或编号),部位可用桩号、高程等表示。ⓒ施工单位:填写与项目法人(建设单位)签订承包合同的施工单位全称。ⓓ单元工程量:填写本单元主要工程量。ⓔ检验(评定)日期:年——填写 4 位数,月——填写实际月份(1~12 月),日——填写实际日期(1~31 日)。

⑧质量标准中,凡有"符合设计要求"者,应注明设计具体要求(如内容较多,可附页说明);凡有"符合规范要求"者,应标出所执行的规范名称及编号。

⑨检验记录。文字记录应真实、准确、简练。数字记录应准确、可靠,小数点后保留位数应符合有关规定。

⑩设计值按施工图填写。实测值填写实际检测数据,而不是偏差值。当实测数据多时,可填写实测组数、实测值范围(最小值~最大值)、合格数,但实测值应做表格附件备查。

⑪《评定表》中列出的某些项目,如实际工程无该项内容,应在相应检验栏用斜线"/"表示。

⑫《评定表》表1~7从表头至评定意见栏均由施工单位经"三检"合格后填写,"质量等级"栏由复核质量的监理人员填写。监理人员复核质量等级时,如对施工单位填写的质量检验资料有不同意见,可写入"质量等级"栏内或另附页说明,并在质量等级栏内填写出正确的等级。

⑬单元(工序)工程表尾填写:

ⓐ施工单位由负责终验的人员签字。如果该工程由分包单位施工,则单元(工序)工程表尾由分包施工单位的终验人员填写分包单位全称,并签字。重要隐蔽工程、关键部位的单元工程,当分包单位自检合格后,总包单位应参加联合小组核定其质量等级。

ⓑ建设、监理单位实行了监理制的工程,由负责该项目的监理人员复核质量等级并签字。未实行监理制的工程,由建设单位专职质检人员签字。

ⓒ表尾所有签字人员,必须由本人按照身份证上的姓名签字,不得使用化名,也不得由其他人代为签名。签名时应填写填表日期。

⑭表尾填写:××单位是指具有法人资格单位的现场派出机构,若须加盖公章,则加盖该单位的现场派出机构的公章。

3)分部工程施工质量合格标准

分部工程施工质量同时满足下列标准时,其质量评为合格:

(1)所含单元工程的质量全部合格。质量事故及质量缺陷已按要求处理,并经检验合格。

(2)原材料、中间产品及混凝土(砂浆)试件质量全部合格,金属结构及启闭机制造质量合格,机电产品质量合格。

4)分部工程施工质量优良标准

分部工程施工质量同时满足下列标准时,其质量评为优良:

(1)所含单元工程质量全部合格,其中70%以上达到优良等级,重要隐蔽单元工程和关键部位单元工程质量优良率达90%以上,且未发生过质量事故。

(2)中间产品质量全部合格,混凝土(砂浆)试件质量达到优良等级(当试件组数小于30时,试件质量合格)。原材料质量、金属结构及启闭机制造质量合格,机电产品质量合格。

5)单位工程施工质量合格标准

单位工程施工质量同时满足下列标准时,其质量评为合格:

(1)所含分部工程质量全部合格。

(2)质量事故已按要求进行处理。

(3)工程外观质量得分率达到70%以上。

(4)单位工程施工质量检验与评定资料基本齐全。

(5)工程施工期及试运行期,单位工程观测资料分析结果符合国家和行业技术标准以及合同约定的标准要求。

6)单位工程施工质量优良标准

单位工程施工质量同时满足下列标准时,其质量评为优良:

(1)所含分部工程质量全部合格,其中70%以上达到优良等级,主要分部工程质量全部优良,且施工中未发生过较大质量事故。

(2)质量事故已按要求进行处理。

(3)工程外观质量得分率达到85%以上。

(4)单位工程施工质量检验与评定资料齐全。

(5)工程施工期及试运行期,单位工程观测资料分析结果符合国家和行业技术标准以及合同约定的标准要求。

7)工程项目施工质量合格标准

工程项目施工质量同时满足下列标准时,其质量评为合格:

(1)单位工程质量全部合格。

(2)工程施工期及试运行期,各单位工程观测资料分析结果均符合国家和行业技术标准以及合同约定的标准要求。

8)工程项目施工质量优良标准

工程项目施工质量同时满足下列标准时,其质量评为优良:

(1)单位工程质量全部合格,其中70%以上单位工程质量达到优良等级,且主要单位工程质量全部优良。

(2)工程施工期及试运行期,各单位工程观测资料分析结果均符合国家和行业技术标准以及合同约定的标准要求。

(三)工程施工质量评定组织

单元(工序)工程质量在施工单位自评合格后,由监理单位复核,监理工程师核定质量等级并签证认可。

重要隐蔽单元工程及关键部位单元工程质量经施工单位自评合格、监理单位抽检后,由项目法人(或委托监理)、监理、设计、施工、工程运行管理(施工阶段已经有时)等单位组成联合小组,共同检查核定其质量等级并填写签证表,报工程质量监督机构核备。重要隐蔽单元工程(关键部位单元工程)质量等级签证表见 SL 176—2007 附录 F。

分部工程质量,在施工单位自评合格后,由监理单位复核,项目法人认定。分部工程验收的质量结论由项目法人报工程质量监督机构核备。大型枢纽工程主要建筑物的分部工程验收的质量结论由项目法人报工程质量监督机构核定。

单位工程质量,在施工单位自评合格后,由监理单位复核,项目法人认定。单位工程验收的质量结论由项目法人报工程质量监督机构核定。

工程项目质量,在单位工程质量评定合格后,由监理单位进行统计并评定工程项目质量等级,经项目法人认定后,报工程质量监督机构核定。

阶段验收前,工程质量监督机构应提交工程质量评价意见。

工程质量监督机构应按有关规定在工程竣工验收前提交工程质量监督报告,工程质量监督报告应有工程质量是否合格的明确结论。

二、水利工程建设项目验收

(一)水利工程建设项目验收分类与依据

《水利工程建设项目验收管理规定》(水利部令第30号)适用于由中央或者地方财政全部投资或者部分投资建设的大中型水利工程建设项目(含1、2、3级堤防工程)的验收活动。小型水利工程可参照使用。水利工程建设项目验收,按验收主持单位性质不同分为法人验收和政府验收两类。

法人验收是指在项目建设过程中由项目法人组织进行的验收。法人验收是政府验收的基础。

政府验收是指由有关人民政府、水行政主管部门或者其他有关部门组织进行的验收,包括专项验收、阶段验收和竣工验收。

水利工程建设项目具备验收条件时,应当及时组织验收。未经验收或者验收不合格的,不得交付使用或者进行后续工程施工。

水利工程建设项目验收的依据是:

(1)国家有关法律、法规、规章和技术标准。

(2)有关主管部门的规定。

(3)经批准的工程立项文件、初步设计文件、调整概算文件。

(4)经批准的设计文件及相应的工程变更文件。

(5)施工图纸及主要设备技术说明书等。

法人验收还应当以施工合同为验收依据。

(二)水利工程建设项目验收组织

项目法人以及其他参建单位应当提交真实、完整的验收资料,并对提交的资料负责。

法人验收还应当以施工合同为验收依据。验收主持单位应当成立验收委员会(验收工作组)进行验收,验收结论应当经2/3以上验收委员会(验收工作组)成员同意。

验收委员会(验收工作组)成员应当在验收鉴定书上签字。验收委员会(验收工作组)成员对验收结论持有异议的,应当将保留意见在验收鉴定书上明确记载并签字。

工程验收中发现的问题,其处理原则由验收委员会(验收工作组)协商确定。主任委员(组长)对争议问题有裁决权。但是,半数以上验收委员会(验收工作组)成员不同意裁决意见的,法人验收应当报请验收监督管理机关决定,政府验收应当报请竣工验收主持单位决定。

验收委员会(验收工作组)对工程验收不予通过的,应当明确不予通过的理由并提出整改意见。有关单位应当及时组织处理有关问题,完成整改,并按照程序重新申请验收。

水利部负责全国水利水电工程建设项目验收的监督管理工作。水利部所属流域管理机构(简称流域管理机构)按照水利部授权,负责流域内水利水电工程建设项目验收的监督管理工作。县级以上地方人民政府水行政主管部门按照规定权限负责本行政区域内水利水电工程建设项目验收的监督管理工作。

法人验收监督管理机关对项目的法人验收工作实施监督管理。由水行政主管部门或者流域管理机构组建项目法人的,该水行政主管部门或者流域管理机构是本项目的法人验收监督管理机关;由地方人民政府组建项目法人的,该地方人民政府水行政主管部门是本项目的法人验收监督管理机关。

1. 法人验收

工程建设完成分部工程、单位工程、单项合同工程,或者中间机组启动前,应当组织法人验收。项目法人可以根据工程建设的需要增设法人验收的环节。

项目法人应当在开工报告批准后 60 个工作日内,制订法人验收工作计划,报法人验收监督管理机关和竣工验收主持单位备案。

施工单位在完成相应工程后,应当向项目法人提出验收申请。项目法人经检查认为建设项目具备相应的验收条件的,应当及时组织验收。

法人验收由项目法人主持。验收工作组由项目法人、设计、施工、监理等单位的代表组成,必要时可以邀请工程运行管理单位等参建单位以外的代表及专家参加。

项目法人可以委托监理单位主持分部工程验收,有关委托权限应当在监理合同或者委托书中明确。

分部工程验收的质量结论应当报该项目的质量监督机构核备;未经核备的,项目法人不得组织下一阶段的验收。

单位工程以及大型枢纽主要建筑物的分部工程验收的质量结论应当报该项目的质量监督机构核定;未经核定的,项目法人不得通过法人验收;核定不合格的,项目法人应当重新组织验收。质量监督机构应当自收到核定材料之日起 20 个工作日内完成核定。

项目法人应当自法人验收通过之日起 30 个工作日内,制作法人验收鉴定书,发送参加验收单位并报送法人验收监督管理机关备案。

法人验收鉴定书是政府验收的备查资料。

单位工程投入使用验收和单项合同工程完工验收通过后,项目法人应当与施工单位办理工程的有关交接手续。

工程保修期从通过单项合同工程完工验收之日算起,保修期限按合同约定执行。

2. 政府验收

1) 验收主持单位

阶段验收、竣工验收由竣工验收主持单位主持。竣工验收主持单位可以根据工作需要委托其他单位主持阶段验收。专项验收依照国家有关规定执行。

国家重点水利水电工程建设项目,竣工验收主持单位依照国家有关规定确定。

除以上规定外,国家确定的重要江河、湖泊建设的流域控制性工程、流域重大骨干工程建设项目的竣工验收主持单位为水利部。

除以上规定外的其他水利水电工程建设项目,竣工验收主持单位按照以下原则确定:

(1) 水利部或者流域管理机构负责初步设计审批的中央项目,竣工验收主持单位为水利部或者流域管理机构。

(2) 水利部负责初步设计审批的地方项目,以中央投资为主的,竣工验收主持单位为水利部或者流域管理机构;以地方投资为主的,竣工验收主持单位为省级人民政府(或者其委托的单位)或者省级人民政府水行政主管部门(或者其委托的单位)。

(3)地方负责初步设计审批的项目,竣工验收主持单位为省级人民政府水行政主管部门(或者其委托的单位)。

竣工验收主持单位为水利部或者流域管理机构的,可以根据工程实际情况,会同省级人民政府或者有关部门共同主持。竣工验收主持单位应当在工程开工报告的批准文件中明确。

2)专项验收

枢纽工程导(截)流、水库下闸蓄水等阶段验收前,涉及移民安置的,应当完成相应的移民安置专项验收。

工程竣工验收前,应当按照国家有关规定,进行环境保护、水土保持、移民安置以及工程档案等专项验收。经有关部门同意,专项验收可以与竣工验收一并进行。

项目法人应当自收到专项验收成果文件之日起10个工作日内,将专项验收成果文件报送竣工验收主持单位备案。

专项验收成果文件是阶段验收或者竣工验收成果文件的组成部分。

3)阶段验收

工程建设进入枢纽工程导(截)流、水库下闸蓄水、引(调)排水工程通水、首(末)台机组启动等关键阶段,应当组织进行阶段验收。

竣工验收主持单位根据工程建设的实际需要,可以增设阶段验收的环节。

阶段验收的验收委员会由验收主持单位、该项目的质量监督机构和安全监督机构、运行管理单位的代表以及有关专家组成,必要时,应当邀请项目所在地的地方人民政府以及有关部门参加。

工程参建单位是被验收单位,应当派代表参加阶段验收工作。

大型水利水电工程在进行阶段验收前,可以根据需要进行技术预验收。技术预验收参照有关竣工技术预验收的规定进行。

水库下闸蓄水验收前,项目法人应当按照有关规定完成蓄水安全鉴定。

验收主持单位应当自阶段验收通过之日起30个工作日内,制作阶段验收鉴定书,发送参加验收的单位并报送竣工验收主持单位备案。

阶段验收鉴定书是竣工验收的备查资料。

4)竣工验收

竣工验收应当在工程建设项目全部完成并满足一定运行条件后1年内进行。不能按期进行竣工验收的,经竣工验收主持单位同意,可以适当延长期限,但最长不得超过6个月。逾期仍不能进行竣工验收的,项目法人应当向竣工验收主持单位做出专题报告。

竣工财务决算应当由竣工验收主持单位组织审查和审计。竣工财务决算审计通过15日后,方可进行竣工验收。

工程具备竣工验收条件的,项目法人应当提出竣工验收申请,经项目法人验收监督管理机关审查后报竣工验收主持单位。竣工验收主持单位应当自收到竣工验收申请之日起20个工作日内决定是否同意进行竣工验收。

竣工验收原则上按照经批准的初步设计所确定的标准和内容进行。

项目有总体初步设计又有单项工程初步设计的,原则上按照总体初步设计的标准和内容进行,也可以先进行单项工程竣工验收,最后按照总体初步设计进行总体竣工验收。

项目有总体可行性研究但没有总体初步设计而有单项工程初步设计的,原则上按照单项工程初步设计的标准和内容进行竣工验收。

建设周期长或者因故无法继续实施的项目,对已完成的部分工程可以按单项工程或者分期进行竣工验收。

竣工验收分为竣工技术预验收和竣工验收两个阶段。

大型水利水电工程在竣工技术预验收前,项目法人应当按照有关规定对工程建设情况进行竣工验收技术鉴定。中型水利水电工程在竣工技术预验收前,竣工验收主持单位可以根据需要决定是否进行竣工技术预验收鉴定。

竣工技术预验收由竣工验收主持单位以及有关专家组成的技术预验收专家组负责。工程参建单位的代表应当参加技术预验收,汇报并解答有关问题。

竣工验收的验收委员会由竣工验收主持单位、有关水行政主管部门和流域管理机构、有关地方人民政府和部门、该项目的质量监督机构和安全监督机构、工程运行管理单位的代表以及有关专家组成。工程投资方代表可以参加竣工验收委员会。

竣工验收主持单位可以根据竣工验收的需要,委托具有相应资质的工程质量检测机构对工程质量进行检测。

项目法人全面负责竣工验收前的各项准备工作,设计、施工、监理等工程参建单位应当做好有关验收准备和配合工作,派代表出席竣工验收会议,负责解答验收委员会提出的问题,并作为被验收单位在竣工验收鉴定书上签字。

竣工验收主持单位应当自竣工验收通过之日起 30 个工作日内,制作竣工验收鉴定书,并发送有关单位。

竣工验收鉴定书是项目法人完成工程建设任务的凭据。

项目法人和其他有关单位应当按照竣工验收鉴定书的要求妥善处理竣工验收遗留问题和完成尾工。验收遗留问题处理完毕和尾工完成并通过验收后,项目法人应当将处理情况和验收成果报送竣工验收主持单位。

工程通过竣工验收,验收遗留问题处理完毕和尾工完成并通过验收的,竣工验收主持单位向项目法人颁发工程竣工证书。

工程竣工证书格式由水利部统一制订。

项目法人与工程运行管理单位不同的,工程通过竣工验收后,应当及时办理移交手续。工程移交后,项目法人以及其他参建单位应当按照法律法规的规定和合同约定,承担后续的相关质量责任。项目法人已经撤销的,由撤销该项目法人的部门承接相关的责任。

习　题

7-1　工程验收依据和类型有哪些?

7-2　工程项目法人验收和政府验收有哪些规定?

7-3　施工项目质量评定项目划分原则是什么?

7-4　单元工程、分部工程、单位工程、工程项目质量评定标准各是什么?

7-5　施工质量评定如何组织?

7-6　某穿堤涵洞第六节涵身施工过程中,止水片(带)施工工序质量验收评定表如表7-3所示。

表7-3　止水片(带)施工工序质量验收评定表

单位工程名称		/		工序编号		/
分部工程名称		涵洞工程		施工编号		/
单元工程名称部位		第5单元		施工日期		/
项次		检验项目	质量标准	检查(测)记录	合格数	合格率
A	1	片(带)外观	表面平整、无乳皮、锈污、油渍、砂眼、钉孔、裂纹等	所有外露的止水片均表面平整、无乳皮、锈污、油渍、砂眼、钉孔、裂纹等	/	/
	2	基座	符合设计要求(按基础面要求验收合格)	6个点均符合设计要求	6	100%
	3	片(带)插入深度	符合设计要求	2个点均符合设计要求	2	100%
	4	沥青井柱	位置准确、牢固,上下层衔接好、电热元件及绝热材料埋设准确,沥青填塞密实	/	/	/
	5	接头	符合工艺要求	15个接头均符合工艺要求	15	100%
B	1	片(带)偏差　宽	允许偏差±5 mm	4.5、5.0、3.5、3.0、6.0	4	80%
		片(带)偏差　高	允许偏差±2 mm	1.0、2.0、1.5、-3.0、0.5	4	80%
		片(带)偏差　长	允许偏差±20 mm	15、17、10、30	3	75%
	2	搭接长度　金属止水片	≥20 mm,双面焊接	15、20、23、25	3	75%
		搭接长度　橡胶、PVC止水带	≥100 mm	85、95、100、105、105、110、120、115	6	75%
		搭接长度　金属止水片与PVC止水带接头栓接长度	≥350 mm(螺栓栓接法)	/	/	/
	3		允许偏差±5 mm	3.0、3.5、4.0	3	100%
施工单位意见		A检验结果C符合本标准的要求;B逐项检验点合格率D,且不合格点不集中分布。工序质量等级评定为:E 　　　　　　　　　　　　　　　　　　　　×××年××月××日				
监理单位复核意见		/				

2013年4月,涵洞全部工程完成。2013年5月底,该工程竣工验收委员会对该工程进行了竣工验收。根据《水利水电工程单元工程施工质量验收评定标准——混凝土工程》(SL 632—2012),指出表中A、B、C、D、E所代表的名称或数据。根据《水利水电工程验收规程》(SL 223—2008),指出竣工验收的不妥之处,并简要说明理由。

项目八 施工项目成本管理

项目重点

施工项目成本的分类,施工项目成本管理的内容,成本控制的依据,施工准备和实施阶段成本管理。

教学目标

通过本章学习,了解施工成本管理的基本任务;掌握施工成本控制的基本方法、施工成本降低的措施、工程投标报价技巧,工程计量支付规则。

任务一 施工项目成本管理的基本任务

一、施工项目成本的概念

施工项目成本是指建筑施工企业完成施工项目所发生的全部生产费用的总和,包括完成该项目所发生的直接成本和间接成本(见表8-1)。但是不包括利润和税金,也不包括构成施工项目价值的一切非生产性支出。

表 8-1 施工项目成本的构成

直接成本	基本直接费	人工费
		材料费
		施工机械使用费
	其他直接费	特殊地区施工增加费、夏冬雨季施工增加费、夜间施工增加费、临时设施费、安全措施费、其他
间接成本	规费	工程排污费、工程定额测定费、住房公积金
		社会保障费,包括养老、失业、医疗、工伤、生育保险费
		住房公积金
	管理费	管理人员工资、办公费、差旅交通费、工会经费
		固定资产使用费、工具用具使用费、劳动保险费
		职工教育经费、保险费、财务费
		税金,包括房产税、车船使用税、土地使用税、印花税、城市建设维护费、教育费附加、地方教育费附加、其他

二、施工项目成本的主要形式

(一)直接成本和间接成本

施工项目成本按照生产费用计入成本的方法可分为直接成本和间接成本。直接成本是指直接用于并能够直接计入施工项目的费用,如人工工资、材料费用等。间接成本是指不能够直接计入施工项目的费用,只能按照一定的计算基数和一定的比例分配计入施工项目的费用,如管理费、规费等。

(二)固定成本和变动成本

施工项目成本按照生产费用与产量的关系可分为固定成本和变动成本。固定成本是指在一定期间和一定工程量的范围内,成本的数量不会随工程量的变动而变动,如折旧费、大修费等。变动成本是指成本的发生会随工程量的变动而变动,如人工费、材料费等。

(三)预算成本、计划成本和实际成本

施工项目成本按照控制的目标,从发生的时间可分为预算成本、计划成本和实际成本。

预算成本是根据施工图结合国家或地区的预算定额及施工技术等条件计算出的工程费用。它是确定工程造价的依据,也是施工企业投标的依据,同时是编制计划成本和考核实际成本的依据。它反映的是一定范围内的平均水平。

计划成本是施工项目经理在施工前,根据施工项目成本管理目的,结合施工项目的实际管理水平编制的计算成本。它有利于加强项目成本管理、建立健全施工项目成本责任制,控制成本消耗,提高经济效益。它反映的是企业的平均先进水平。

实际成本是施工项目在报告期内通过会计核算计算出的项目的实际消耗。

三、施工项目成本管理的基本内容

施工项目成本管理包括成本预测和成本决策、成本计划编制、成本计划实施、成本核算、成本检查、成本分析以及成本考核。成本计划的编制与实施是关键的环节。因此,在进行施工项目成本管理的过程中,必须具体研究每一项内容的有效工作方式和关键控制措施,从而取得施工项目整体的成本控制效果。

(一)施工项目成本预测

施工项目成本预测是根据一定的成本信息结合施工项目的具体情况,采用一定的方法对施工项目成本可能发生或发展的趋势做出的判断和推测。成本决策则是在预测的基础上确定出降低成本的方案,并从可选的方案中选择最佳的成本方案。

成本预测的方法有定性预测法和定量预测法。

1.定性预测法

定性预测法是指具有一定经验的人员或有关专家依据自己的经验和能力水平对成本未来发展的态势或性质做出分析和判断。该方法受人为因素影响很大,并且不能量化,具体包括专家会议法、专家调查法(德尔斐法)、主管概率预测法。

2.定量预测法

定量预测法是指根据收集的比较完备的历史数据,运用一定的方法计算分析,以此来

判断成本变化的情况。此法受历史数据的影响较大,可以量化,具体包括移动平均法、指数滑移法、回归预测法。

【例 8-1】　某项目部的固定成本为 150 万元,单位建筑面积的变动成本为 380 元/ m²,单位销售价格为 480 元/ m²,试预测保本承包规模和保本承包收入。

解:保本承包规模 $= \dfrac{固定成本}{单位销售价格-单位变动成本} = \dfrac{1\,500\,000}{480-380} = 15\,000(\text{m}^2)$

保本承包收入 $= \dfrac{单位销售价格×固定成本}{单位销售价格-单位变动成本} = \dfrac{480×1\,500\,000}{480-380} = 7\,200\,000(\text{元})$

(二)施工项目成本计划

计划管理是一切管理活动的首要环节,施工项目成本计划是在预测和决策的基础上对成本的实施做出计划性的安排和布置,是施工项目降低成本的指导性文件。

制订施工项目成本计划应遵循以下原则:

(1)从实际出发。根据国家的方针政策,从企业的实际情况出发,充分挖掘企业内部潜力,使降低成本指标切实可行。

(2)与其他目标计划相结合。制订工程项目成本计划必须与其他各项计划(如施工方案、生产进度、财务计划等)密切结合。一方面,工程项目成本计划要根据项目的生产、技术组织措施、劳动工资、材料供应等计划来编制;另一方面,工程项目成本计划又影响着其他各项计划指标适应降低成本指标的要求。

(3)采用先进的经济技术定额的原则。根据施工的具体特点有针对性地采取切实可行的技术组织措施来保证。

(4)统一领导、分级管理。在项目经理的领导下,以财务和计划部门为中心,发动全体职工共同总结降低成本的经验,找出降低成本的正确途径。

(5)弹性原则。应留有充分的余地,保持目标成本的一定弹性。在制订期内,项目经理部内外技术经济状况和供销条件会发生一些未预料的变化,尤其是供应材料,市场价格千变万化,给目标成本的制订带来了一定的困难,因而在制订目标时应充分考虑这些情况,使成本计划保持一定的适应能力。

(三)施工项目成本控制

成本控制包括事前控制、事中控制和事后控制。成本计划属于事前控制,此处所讲的控制是指项目在施工过程中,通过一定的方法和技术措施,加强对各种影响成本的因素进行管理,将施工中所发生的各种消耗和支出尽量控制在成本计划内,属于事中控制。

1.工程前期的成本控制(事前控制)

事前控制是通过成本的预测和决策,落实降低成本措施、编制目标成本计划而层层展开的,分为工程投标阶段和施工准备阶段。

2.实施期间的成本控制(事中控制)

事中控制的任务是建立成本管理体系;项目经理部应将各项费用指标进行分解,以确定各个部门的成本指标;加强成本的控制。事中控制要以合同造价为依据,从预算成本和实际成本两方面控制项目成本。实际成本控制应包括对主要工料的数量和单价、分包成本和各项费用等影响成本的主要因素进行控制。其中,主要是加强施工任务单和限额领料单的管理,将施工任务单和限额领料单的结算资料与施工预算进行核对,计算分部(分项)工程成本差异,分析差异原因,采取相应的纠偏措施;做好月度成本原始资料的收集和整理核算;在月度成本核算的基础上,实行责任成本核算。经常检查对外经济合同履行情况;定期检查各责任部门和责任者的成本控制情况,检查责、权、利的落实情况。

3.竣工验收阶段的成本控制(事后控制)

事后控制主要是重视竣工验收工作,对照合同价的变化,将实际成本与目标成本之间的差距加以分析,进一步挖掘降低成本的潜力。其中,主要是安排时间,完成工程竣工扫尾工程,把时间降到最低;重视竣工验收工作,顺利交付使用;及时办理工程结算;在工程保修期间,应由项目经理指定保修工作者,并责成保修工作者提交保修计划;将实际成本与计划成本进行比较,计算成本差异,明确是节约还是浪费;分析成本节约或超支的原因和责任归属。

(四)施工项目成本核算

施工项目成本核算是指对项目产生过程所发生的各种费用进行核算。它包括两个基本环节:一是归集费用,计算成本实际发生额;二是采用一定的方法计算施工项目的总成本和单位成本。

1.施工项目成本核算的对象

(1)一个单位工程由几个施工单位共同施工,各单位都应以同一单位工程作为成本核算对象。

(2)规模大、工期长的单位工程可以划分为若干部位,以分部工程作为成本的核算对象。

(3)同一建设项目,由同一施工单位施工,并在同一施工地点,属于同一结构类型,开工、竣工时间相近的若干单位工程可以合并作为一个成本核算对象。

(4)改、扩建的零星工程可以将开工、竣工时间相近的,且属于同一个建设项目的各单位工程合并成一个成本核算对象。

(5)土方工程、打桩工程可以根据实际情况,以一个单位工程为成本核算对象。

2.工程项目成本核算的基本框架

工程项目成本核算的基本框架如表 8-2 所示。

(五)施工项目成本分析

施工项目成本分析就是在成本核算的基础上采用一定的方法,对所发生的成本进行比较分析,检查成本发生的合理性,找出成本的变动规律,寻求降低成本的途径,主要有对比分析法、连环替代法、差额计算法和挣值法。

1.对比分析法

对比分析法是通过实际完成成本与计划成本或承包成本的对比,找出差异,分析原因以便改进。这种方法简单易行,但注意比较指标的内容要保持一致。

2.连环替代法

连环替代法可用来分析各种因素对成本形成的影响。例如,某工程的材料成本资料如表 8-3 所示。分析的顺序是先绝对量指标,后相对量指标;先实物量指标,后货币量指标。

表 8-2　工程项目成本核算的基本框架

核算类别	核算内容
人工费核算	内包人工费
	外包人工费
材料费核算	编制材料消耗汇总表
周转材料费核算	实行内部租赁制
	项目经理部与出租方按月结算租赁费
	周转材料进出时,加强计量验收制度
	租用周转材料的进退场费,按照实际发生数,由调入方负担
	对 U 形卡、脚手架等零件,在竣工验收时进行清点,按实际情况计入成本
	实行租赁制周转材料不再分配负担周转材料差价
结构件费核算	按照单位工程使用对象编制结构耗用月报表
	结构单价以项目经理部与外加工单位签订合同为准
	结构件耗用的品种和数量应与施工产值相对应
	结构件的高进、高出价差核算同材料费的高进、高出价差核算一致
	若发生结构件的一般价差,可计入当月项目成本
	部位分项分包,按照企业通常采用的类似结构件管理核算方法
	在结构件外加工和部位分项分包施工过程中,尽量获取经营利益或转嫁压价让利风险所产生的利益
机械使用费核算	机械设备实行内部租赁制
	租赁费根据机械使用台班、停用台班和内部租赁价计算,计入项目成本
	机械进出场费,按规定由承租项目单位承担
	各类大中小型机械,其租赁费全额计入项目机械成本
	结算原始凭证由项目指定人签证开班数和停班数,据以结算费用
	向外单位租赁机械,按当月租赁费用金额计入项目机械成本
其他直接费核算	材料二次搬运费
	临时设施摊销费
	生产工具用具使用费
	除上述费用外其他直接费均按实际发生的有效结算凭证计入项目成本
施工间接费核算	要求以项目经理部为单位编制工资单和奖金单列支工作人员薪金
	劳务公司所提供的炊事人员、服务人员、警卫人员承包服务费计入施工间接费
	内部银行的存贷利息,计入内部利息
	先在项目施工间接费总账归集,再按一定分配标准计入收益成本
分包工程成本核算	包清工工程,纳入外包人工费内核算
	部分分项分包工程,纳入结构件费内核算
	双包工程
	机械作业分包工程
	项目经理部应增设分建成本项目,核算双包工程、机械作业分包工程成本状况

表 8-3　材料成本资料

项目	单位	计划	实际	差异	差异率(%)
工程量	m³	100	110	+10	+10.0
单位材料消耗量	kg/m³	320	310	−10	−3.1
材料单价	元/kg	40	42	+2.0	+5.0
材料成本	元	1 280 000	1 432 200	+152 200	+11.9

3.差额计算法

差额计算法是因素分析法的简化,仍按表 8-3 计算,其结果见表 8-4。

表 8-4　材料成本影响因素分析法

计算顺序	替换因素	影响成本变动的因素			材料成本(元)	与前一次差异(元)	差异原因
		工程量(m³)	单位材料消耗量(kg/m³)	材料单价(元/kg)			
①替换基数		100	320	40.0	1 280 000		
②一次替换	工程量	110	320	40.0	1 408 000	128 000	工程量增加
③二次替换	单耗量	110	310	40.0	1 364 000	−44 000	单耗量节约
④三次替换	单价	110	310	42.0	1 432 200	68 200	单价提高
合计						152 200	

由于工程量增加使成本增加,即

$$(110-100)\times 320\times 40 = 128\ 000(元)$$

由于单耗量节约使成本降低,即

$$(310-320)\times 110\times 40 = -44\ 000(元)$$

由于单价提高使成本增加,即

$$(42-40)\times 110\times 310 = 68\ 200(元)$$

4.挣值法

挣值法主要用来分析成本目标实施与期望之间的差异,是一种偏差分析方法,其分析过程如下。

1)明确三个关键变量

项目计划完成工作量的预算成本($BCWS$),$BCWS$=计划工作量×该工作量的预算定额;项目已完成工作量的实际成本($ACWP$);项目已完成工作量的预算成本($BCWP$),$BCWP$=已完成工作量×该工作量的预算定额。

2)两种偏差的计算

项目成本偏差 $C_v=BCWP-ACWP$。当 C_v 大于零时,表明项目实施处于节约状态;当 C_v 小于零时,表明项目实施处于超支状态。项目进度偏差 $S_v=BCWP-BCWS$。当 S_v 大于零时,表明项目实施超过了计划进度;当 S_v 小于零时,表明项目实施落后于计划进度。

3）两个指数变量

计划完工指数 $SCI=BCWP/BCWS$。当 SCI 大于 1 时，表明项目实际完成的工作量超过计划工作量；当 SCI 小于 1 时，表明项目实际完成的工作量落后于计划工作量。

成本绩效指数 $CPI=ACWP/BCWP$。当 CPI 大于 1 时，表明实际成本多于计划成本，资金使用率较低；当 CPI 小于 1 时，表明实际成本少于计划成本，资金使用率较高。

（六）施工项目成本考核

成本考核就是在施工项目竣工后，对项目成本的负责人考核其成本完成情况，以做到有奖有罚，避免"吃大锅饭"，以提高职工的劳动积极性。

施工项目成本考核的目的是通过衡量项目成本降低的实际成果，对成本指标完成情况进行总结和评价。

施工项目成本考核应分层进行，企业对项目经理部进行成本管理考核，项目经理部对项目部内部各作业队进行成本管理考核。

施工项目成本考核的内容包括既要对计划目标成本的完成情况进行考核，又要对成本管理工作业绩进行考核。

施工项目成本考核的要求如下：

（1）企业对项目经理部考核的时候，以责任目标成本为依据；

（2）项目经理部以控制过程为考核重点；

（3）成本考核要与进度、质量、安全指标的完成情况相联系；

（4）应形成考核文件，为对责任人进行奖罚提供依据。

任务二 施工项目成本控制的基本方法

在施工项目成本控制过程中，因为一些因素的影响会发生一定的偏差，所以应采取相应的措施、方法进行纠偏。

一、施工项目成本控制的原则

（1）以收定支的原则；

（2）全面控制的原则；

（3）动态性原则；

（4）目标管理原则；

（5）例外性原则；

（6）责、权、利、效相结合的原则。

二、施工项目成本控制的依据

（1）工程承包合同；

（2）施工进度计划；

（3）施工项目成本计划；

（4）各种变更资料。

三、施工项目成本控制的步骤

(1)比较施工项目成本计划与实际的差值,确定是节约还是超支;

(2)分析节约或超支的原因;

(3)预测整个项目的施工成本,为决策提供依据;

(4)施工项目成本计划在执行的过程中出现偏差,采取相应的措施加以纠正;

(5)检查成本完成情况,为今后的工作积累经验。

四、施工项目成本控制的手段

(一)计划控制

计划控制是用计划的手段对施工项目成本进行控制。施工项目成本预测和决策为成本计划的编制提供依据。编制成本计划首先要设计降低成本的技术组织措施,然后编制降低成本计划,将承包成本额降低而形成计划成本,使其成为施工过程中成本控制的标准。

成本计划编制方法有以下两种。

1.常用方法

在概预算编制能力较强、定额比较完备的情况下,特别是施工图预算与施工预算编制经验比较丰富的企业,施工项目成本目标可由定额估算法产生。施工图预算反映的是完成施工项目任务所需的直接成本和间接成本,它是招标投标中编制标底的依据,也是施工项目考核经营成果的基础。施工预算是施工项目经理部根据施工定额制订的,作为内部经济核算的依据。

过去,通常以"两算"(概算、预算)对比差额与技术措施带来的节约额来估算计划成本的降低额。其计算公式为

$$计划成本降低额="两算"对比差额+技术措施节约额 \qquad (8\text{-}1)$$

2.计划成本法

施工项目成本计划中计划成本的编制方法通常有以下几种:

(1)施工预算法。计算公式为

$$计划成本=施工预算成本-技术措施节约额 \qquad (8\text{-}2)$$

(2)技术措施法。计算公式为

$$计划成本=施工图预算成本-技术措施节约额 \qquad (8\text{-}3)$$

(3)成本习性法。计算公式为

$$计划成本=施工项目变动成本+施工项目固定成本 \qquad (8\text{-}4)$$

(4)按实计算法。施工项目部以该项目的施工图预算的各种消耗量为依据,结合成本计划降低目标,由各职能部门结合本部门的实际情况,分别计算各部门的计划成本,最后汇总项目的总计划成本。

(二)预算控制

预算控制是在施工前根据一定的标准(如定额)或要求(如利润)计算的买卖(交易)价格,在市场经济中也可以叫作估算或承包价格。它作为一种收入的最高限额,减去预期利润,便是工程预算成本数额,也可以用来作为成本控制的标准。用预算控制成本可分为

两种类型：一是包干预算，即一次性包死预算总额，不论中间有何变化，成本总额不予调整；二是弹性预算，即先确定包干总额，但是可根据工程的变化进行商洽，做出相应的变动。我国目前大部分是弹性预算控制。

（三）会计控制

会计控制是指以会计方法为手段，以记录实际发生的经济业务及证明经济业务的合法凭证为依据，对成本的支出进行核算与监督，从而发挥成本控制作用。会计控制方法系统性强、严格、具体、计算准确、政策性强，是理想的也是必须的成本控制方法。

（四）制度控制

制度是例行活动应遵行的方法、程序、要求及标准做出的规定。成本控制制度就是通过制定成本管理的制度，对成本控制做出具体的规定，作为行动的准则，约束管理人员和工人，达到控制成本的目的。例如成本管理责任制度、技术组织措施制度、成本管理制度、定额管理制度、材料管理制度、劳动工资管理制度、固定资产管理制度等，都与成本控制关系非常密切。

在施工项目成本管理中，上述手段同时进行并综合使用，不应孤立地使用某一种手段。

五、施工项目成本的常用控制方法

（一）偏差分析法

在施工成本控制中，把已完工程成本的实际值与计划值的差异称为施工项目成本偏差，即

$$施工项目成本偏差 = 已完工程实际成本 - 已完工程计划成本 \qquad (8-5)$$

若计算结果为正数，表示施工项目成本超支；否则为节约。

该方法为事后控制的一种方法，也可以说是成本分析的一种方法。

（二）以施工图预算控制成本

采用此法时，要认真分析企业实际的管理水平与定额水平之间的差异，否则达不到控制成本的目的。具体的处理方法如下。

1. 人工费的控制

项目经理与施工作业队签订劳动合同时，应该将人工费单价定得低一些，其余的部分可以用于定额外人工费和关键工序的奖励费。这样人工费不但不会超支，还留有余地，以备关键工序之需。

2. 材料费的控制

按"量价分离"方法计算工程造价的条件下，水泥、钢材、木材的价格由市场价格而定，实行高进高出，即地方材料的预算价格 = 基准价×(1+材差系数)。由于材料价格随市场价格变动频繁，所以项目材料管理人员必须经常关注材料市场价格的变动，并积累详细的市场信息。

3. 周转设备使用费的控制

施工图预算中的周转设备使用费 = 耗用数×市场价格，而实际发生的周转设备使用费等于企业内部的租赁价格或摊销率，由于两者计算方法不同，只能以周转设备预算费的总量来控制实际发生的周转设备使用费的总量。

4. 施工机械使用费的控制

施工图预算中的施工机械使用费＝工程量×定额台班单价。由于施工项目的特殊性，实际的机械使用率不可能达到预算定额的取定水平；加上机械的折旧率又有较大的滞后性，往往使施工图预算的施工机械使用费小于实际发生的机械使用费。在这种情况下，就可以用施工图预算的机械使用费和增加的机械费补贴来控制机械费的支出。

5. 构件加工费和分包工程费的控制

在市场经济条件下，混凝土构件、金属构件、木制品和成型钢筋的加工，以及相关的打桩、吊装、安装、装饰和其他专项工程的分包，都要以经济合同来明确双方的权利和义务。签订这些合同的时候绝不允许合同金额超过施工图预算。

（三）以施工预算控制成本消耗

该方法以施工过程中的各种消耗量，包括人工工日、材料消耗、机械台班消耗量为控制依据，以施工图预算所确定的消耗量为标准，人工单价、材料价格、机械台班单价按照承包合同所确定的单价为控制标准。该方法由于选取的定额是企业定额，它反映企业的实际情况，控制标准相对能够结合企业的实际，比较切实可行。具体的处理方法如下：

（1）项目开工以前，编制整个工程项目的施工预算作为指导和管理施工的依据。

（2）对生产班组的任务安排，必须签发施工任务单和限额领料单，并向生产班组进行技术交底。

（3）施工任务单和限额领料单在执行过程中，要求生产班组根据实际完成的工程量和实际消耗人工、实际消耗材料做好原始记录，作为施工任务单和限额领料单结算的依据。

（4）在任务完成后，根据回收的施工任务单和限额领料单进行结算，并按照结算内容支付报酬。

任务三　施工准备阶段成本控制

施工准备阶段成本控制管理工作是编制科学合理、具有竞争力的投标报价，中标后作为成本控制的上限指标。

一、投标报价编制依据

工程量清单是投标报价的重要依据。根据《水利工程工程量清单计价规范》(GB 50501—2007)，工程量清单由分类分项工程量清单、措施项目清单、其他项目清单和零星工作项目清单组成。

（一）分类分项工程量清单

分类分项工程量清单分为水利建筑工程工程量清单和水利安装工程工程量清单。水利建筑工程工程量清单分为土方开挖工程、石方开挖工程、土石方填筑工程、疏浚和吹填工程、砌筑工程、锚喷支护工程、钻孔和灌浆工程、基础防渗和地基加固工程、混凝土工程、模板工程、预制混凝土工程、原料开采及加工工程、原型观测工程和其他建筑工程等14类工程工程量清单；水利安装工程工程量清单分为机电设备安装工程、金属结构设备安装工程和安全监测设备采购及安装工程等3类工程工程量清单。

分类分项工程量清单计价采用工程单价计价。工程单价应根据单价组成内容、招标文件、图纸及主要工作内容确定。除另有约定外,对有效工程量以外的超挖、超填工程量,施工附加量,加工损耗量等,所消耗的人工、材料和机械费用,均应摊入相应有效工程量的工程单价中。

(二)措施项目清单

措施项目指为完成工程项目施工,发生于该工程项目施工前和施工过程中招标人不要求列明工程量的项目。措施项目清单主要包括环境保护、文明施工、安全防护措施、小型临时工程、施工企业进退场、大型施工设备安拆等项目。措施项目清单项目名称应按招标文件确定的措施项目名称填写。措施项目清单的金额应根据招标文件的要求以及工程的施工方案,以每一项措施项目为单位,按项计价。

(三)其他项目清单

其他项目指为完成工程项目施工,发生于该工程施工过程中招标人要求计列的费用项目。其他项目清单中的暂列金额和暂估价两项,指招标人为可能发生的合同变更而预留的金额和暂定项目。其中,暂列金额一般是分类分项工程项目和措施项目合价的5%。

(四)零星工作项目清单

零星工作项目指完成招标人提出的零星工作项目所需的人工、材料、机械单价,也称“计日工”。零星工作项目清单列出人工(按工种)、材料(按名称和规格型号)、机械(按名称和规格型号)的计量单位,单价由投标人确定。

二、投标报价编制程序

(一)研究招标文件

投标人取得招标文件之后,首要的工作就是认真仔细地研究招标文件,充分了解其内容和要求,以便有针对性地安排投标工作。

(二)调查投标环境

招标工程项目的自然、经济和社会条件,以及招标人、可能的合作伙伴等情况,影响到工程成本,是投标报价时必须考虑的。

(三)制订施工方案

施工方案是投标报价的一个前提条件,也是评标时要考虑的重要因素之一。

(四)计算投标报价初步数据

投标报价初步数据计算是对承建招标工程所要发生的各种费用的计算。在进行投标报价初步数据计算时,基础工作是根据招标文件复核或计算工程量。

(五)确定投标策略

确定投标策略对提高中标率并获得较高的利润有重要作用。常用的投标策略有以信誉取胜、以低价取胜、以缩短工期取胜、以改进设计取胜,同时可采取以退为进策略、以长远发展为目标策略等。

(六)编制投标报价

投标报价通常是决定是否中标的核心指标之一,在上述研究的基础上确定。

三、投标报价编写要求

(一)投标报价表组成

(1)投标总价。

(2)工程项目总价表。

(3)分类分项工程量清单计价表。

(4)措施项目清单计价表。

(5)其他项目清单计价表。

(6)零星工作项目清单计价表。

(7)工程单价汇总表。

(8)工程单价费(税)率汇总表。

(9)投标人生产电、风、水、砂石基础单价汇总表。

(10)投标人生产混凝土配合比材料费表。

(11)招标人供应材料价格汇总表(若招标人提供)。

(12)投标人自行采购主要材料预算价格汇总表。

(13)招标人提供施工机械台时(班)费汇总表(若招标人提供)。

(14)投标人自备施工机械台时(班)费汇总表。

(15)总价项目分类分项工程分解表。

(16)工程单价计算表。

(17)人工费单价汇总表。

上述17个表中,(1)~(6)也称为主表,(7)~(17)也称为辅表。需要注意的是,由于招标文件不给出零星工作项目清单工程量,零星工作项目清单计价表只填报单价,不计入工程项目总价表。

(二)投标报价表填写规定

招标文件提供工程量清单,投标人须根据招标文件有关工程量清单报价表的填写规定填报单价和合价。工程量清单报价表填写规定如下:

(1)除招标文件另有规定外,投标人不得随意增加、删除或涂改招标文件工程量清单中的任何内容。工程量清单中列明的所有需要填写的单价和合价,投标人均应填写;未填写的单价和合价,视为已包括在工程量清单的其他单价和合价中。

(2)工程量清单中的工程单价是完成工程量清单中一个质量合格的规定计量单位项目所需的直接费(包括人工费、材料费、机械使用费和季节、夜间、高原、风沙等原因增加的直接费)、施工管理费、企业利润和税金,并考虑到风险因素。

(3)投标金额(价格)均应以人民币表示。

(4)投标总价应按工程项目总价表合计金额填写。

(5)工程项目总价表中一级项目名称按招标文件工程项目总价表中的相应名称填写,并按分类分项工程量清单计价表中相应项目合计金额填写。

(6)分类分项工程量清单计价表中的序号、项目编码、项目名称、计量单位、工程数量和合同技术条款章节号,按招标文件分类分项工程量清单计价表中的相应内容填写,并填写相应项目的单价和合价。

(7)措施项目清单计价表中的序号、项目名称按招标文件措施项目清单计价表中的相应内容填写,并填写相应措施项目的金额和合计金额。

(8)其他项目清单计价表中的序号、项目名称、金额,按招标文件其他项目清单计价表中的相应内容填写。

(9)零星工作项目清单计价表的序号、人工、材料、机械的名称、型号规格以及计量单位,按招标文件零星工作项目清单计价表中的相应内容填写,并填写相应项目单价。

(三)投标报价计算方法

1.工料单价法

工料单价是根据已审定的工程量,按照定额的或市场的单价,逐项计算每个项目的合价,分别填入招标文件提供的工程量清单内,计算出全部工程直接费。再根据企业自定的各项费率及法定税率,依次计算出其他直接费、现场经费、间接费、企业利润及税金,得出工程总造价。对整个计算过程,要反复进行审核,保证据以报价的基础和工程总造价的正确无误。

2.综合单价法

综合单价法是将所填入工程量清单中的全部单价(应包括人工费、材料费、机械费、其他直接费、现场经费、间接费、企业利润、税金以及材料价差和风险金等全部费用)汇总后,得出工程总造价。

四、投标报价策略

投标报价策略是指在投标报价中采用一定的手法或技巧使招标人可以接受,而中标后又能获得更多的利润。常用的投标报价策略主要有以下几种。

(一)投标报价高报

下列情形可以将投标报价高报:

(1)施工条件差的工程;

(2)专业要求高且公司有专长的技术密集型工程;

(3)合同估算价低自己不愿做,又不方便不投标的工程;

(4)风险较大的特殊的工程;

(5)工期要求急的工程;

(6)投标竞争对手少的工程;

(7)支付条件不理想的工程。

(二)投标报价低报

下列情形可以将投标报价低报:

(1)施工条件好、工作简单、工程量大的工程;

(2)有策略开拓某一地区市场;

(3)在某地区面临工程结束,机械设备等无工地转移时;

(4)本公司在待发包工程附近有项目,而本项目又可利用该工程的设备、劳务,或有条件短期内突击完成的工程;

（5）投标竞争对手多的工程；

（6）工期宽松的工程；

（7）支付条件好的工程。

（三）不平衡报价

一个工程项目总报价基本确定后,可以调整内部各个项目的报价,以期既不提高总报价、不影响中标,又能在结算时得到更理想的经济效益。一般可以考虑在以下几方面采用不平衡报价：

（1）能够早日结账收款的项目(如临时工程费、基础工程、土方开挖等)可适当提高。

（2）预计今后工程量会增加的项目,单价适当提高。

（3）招标图纸不明确,估计修改后工程量要增加的,可以提高单价;对工程内容不清楚的,则可适当降低一些单价,待澄清后可再要求提价。

采用不平衡报价一定要建立在对工程量仔细核对分析的基础上,特别是对报低单价的项目,如工程量执行时增多将造成承包商的重大损失;不平衡报价过多和过于明显,可能会导致报价不合理等后果。

（四）计日工单价可高报

水利工程计日工不计入总价中,可以报高些,以便在发包人额外用工或使用施工机械时可多盈利。

（五）无利润报价

缺乏竞争优势的承包商,在不得已的情况下,可不考虑利润去竞争。这种办法一般是处于以下条件时采用：

（1）中标后,拟将大部分工程分包给报价较低的一些分包商;

（2）对于分期建设的项目,先以低价获得首期工程,而后赢得机会创造第二期工程中的竞争优势,并在以后的实施中赚得利润;

（3）较长时期内,承包商没有在建的工程项目,如果再不中标,企业亏损会更大。

任务四　施工实施阶段成本控制

施工实施阶段成本控制的核心是计量和支付,准确确定变更和索赔工程量计量是关键。施工企业在投标前应了解计量和支付规则,在实施阶段应做好基础资料收集工作。

一、土方开挖工程

（1）场地平整按施工图纸所示场地平整区域计算的有效面积以平方米为单位计量,由发包人按《工程量清单》相应项目有效工程量的每平方米工程单价支付。

（2）一般土方开挖、淤泥流砂开挖、沟槽开挖和柱坑开挖按施工图纸所示开挖轮廓尺寸计算的有效自然方体积以立方米为单位计量,由发包人按《工程量清单》相应项目有效工程量的每立方米工程单价支付。

（3）塌方清理按施工图纸所示开挖轮廓尺寸计算的有效塌方堆方体积以立方米为单位计量,由发包人按《工程量清单》相应项目有效工程量的每立方米工程单价支付。

（4）承包人完成"植被清理"工作所需的费用,包含在《工程量清单》相应土方明挖项目有效工程量的每立方米工程单价中,发包人不另行支付。

（5）土方明挖工程单价包括承包人按合同要求完成场地清理,测量放样,临时性排水措施（包括排水设备的安拆、运行和维修）,土方开挖、装卸和运输,边坡整治和稳定观测,基础、边坡面的检查和验收,以及将开挖可利用或废弃的土方运至监理人指定的堆放区并加以保护、处理等工作所需的费用。

（6）土方明挖开始前,承包人应根据监理人指示,测量开挖区的地形和计量剖面,经监理人检查确认后,作为计量支付的原始资料。土方明挖按施工图纸所示的轮廓尺寸计算有效自然方体积以立方米为单位计量,由发包人按《工程量清单》相应项目有效工程量的每立方米工程单价支付。施工过程中增加的超挖量和施工附加量所需的费用,应包含在《工程量清单》相应项目有效工程量的每立方米工程单价中,发包人不另行支付。

（7）除合同另有约定外,开采土料或砂砾料（包括取土、含水量调整、弃土处理、土料运输和堆放等工作）所需的费用,包含在《工程量清单》相应项目有效工程量的工程单价或总价中,发包人不另行支付。

（8）除合同另有约定外,承包人在料场开采结束后完成开采区清理、恢复和绿化等工作所需的费用,包含在《工程量清单》"环境保护和水土保持"相应项目的工程单价或总价中,发包人不另行支付。

二、石方开挖工程

（1）石方明挖和石方槽挖按施工图纸所示轮廓尺寸计算的有效自然方体积以立方米为单位计量,由发包人按《工程量清单》相应项目有效工程量的每立方米工程单价支付。施工过程中增加的超挖量和施工附加量所需的费用,应包含在《工程量清单》相应项目有效工程量的每立方米工程单价中,发包人不另行支付。

（2）直接利用开挖料作为混凝土骨料或填筑料的原料时,原料进入骨料加工系统进料仓或填筑工作面以前的开挖运输费用,不计入混凝土骨料的原料或填筑料的开采运输费用中。

（3）承包人按合同要求完成基础清理工作所需的费用,包含在《工程量清单》相应开挖项目有效工程量的每立方米工程单价中,发包人不另行支付。

（4）石方明挖过程中的临时性排水措施（包括排水设备的安拆、运行和维修）所需费用,包含在《工程量清单》相应石方明挖项目有效工程量的每立方米工程单价中,发包人不另行支付。

（5）除合同另有约定外,当骨料或填筑料原料由石料场开采时,原料开采所发生的费用和开采过程中弃料和废料的运输、堆放和处理所发生的费用,均包含在每吨（或立方米）材料单价中,发包人不另行支付。

（6）除合同另有约定外,承包人对石料场进行查勘、取样试验、地质测绘、大型爆破试验以及工程完建后的料场整治和清理等工作所需费用,应包含在每吨（或立方米）材料单价或《工程量清单》相应项目工程单价或总价中,发包人不另行支付。

三、地基处理工程

(一)振冲地基

(1)振冲加密或振冲置换成桩按施工图纸所示尺寸计算的有效长度以米为单位计量,由发包人按《工程量清单》相应项目有效工程量的每米工程单价支付。

(2)除合同另有约定外,承包人按合同要求完成振冲试验、振冲桩体密实度和承载力检验等工作所需的费用,包含在《工程量清单》相应项目有效工程量的每米工程单价中,发包人不另行支付。

(二)混凝土灌注桩基础

(1)钻孔灌注桩或者沉管灌注桩按施工图纸所示尺寸计算的桩体有效体积以立方米为单位计量,由发包人按《工程量清单》相应项目有效工程量的每立方米工程单价支付。

(2)除合同另有约定外,承包人按合同要求完成灌注桩成孔成桩试验、成桩承载力检验、校验施工参数和工艺、埋设孔口装置、造孔、清孔、护壁以及混凝土拌和、运输和灌注等工作所需的费用,包含在《工程量清单》相应灌注桩项目有效工程量的每立方米工程单价中,发包人不另行支付。

(3)灌注桩的钢筋按施工图纸所示钢筋强度等级、直径和长度计算的有效重量以吨为单位计量,由发包人按《工程量清单》相应项目有效工程量的每吨工程单价支付。

四、土方填筑工程

(1)坝(堤)体填筑按施工图纸所示尺寸计算的有效压实方体积以立方米为单位计量,由发包人按《工程量清单》相应项目有效工程量的每立方米工程单价支付。

(2)坝(堤)体全部完成后,最终结算的工程量应是经过施工期间压实并经自然沉降后按施工图纸所示尺寸计算的有效压实方体积。若分次支付的累计工程量超出最终结算的工程量,发包人应扣除超出部分工程量。

(3)黏土心墙、接触黏土、混凝土防渗墙顶部附近的高塑性黏土、上游铺盖区的土料、反滤料、过渡料和垫层料均按施工图纸所示尺寸计算的有效压实方体积以立方米为单位计量,由发包人按《工程量清单》相应项目有效工程量的每立方米工程单价支付。

(4)坝体上、下游面块石护坡按施工图纸所示尺寸计算的有效体积以立方米为单位计量,由发包人按《工程量清单》相应项目有效工程量的每立方米工程单价支付。

(5)除合同另有约定外,承包人对料场(土料场、石料场和存料场)进行复核、复勘、取样试验、地质测绘以及工程完建后的料场整治和清理等工作所需的费用,包含在每立方米(吨)材料单价或《工程量清单》相应项目工程单价或总价中,发包人不另行支付。

(6)坝体填筑的现场碾压试验费用,由发包人按《工程量清单》相应项目的总价支付。

五、混凝土工程

(一)模板

(1)除合同另有约定外,现浇混凝土的模板费用,包含在《工程量清单》相应混凝土或钢筋混凝土项目有效工程量的每立方米工程单价中,发包人不另行计量和支付。

（2）混凝土预制构件模板所需费用,包含在《工程量清单》相应预制混凝土构件项目有效工程量的工程单价中,发包人不另行支付。

（二）钢筋

按施工图纸所示钢筋强度等级、直径和长度计算的有效重量以吨为单位计量,由发包人按《工程量清单》相应项目有效工程量的每吨工程单价支付。施工架立筋、搭接、套筒连接、加工及安装过程中操作损耗等所需费用,均包含在《工程量清单》相应项目有效工程量的每吨工程单价中,发包人不另行支付。

（三）普通混凝土

（1）普通混凝土按施工图纸所示尺寸计算的有效体积以立方米为单位计量,由发包人按《工程量清单》相应项目有效工程量的每立方米工程单价支付。

（2）混凝土有效工程量不扣除设计单体体积小于 $0.1\ m^3$ 的圆角或斜角,单体占用的空间体积小于 $0.1\ m^3$ 的钢筋和金属件,单体横截面面积小于 $0.1\ m^2$ 的孔洞、排水管、预埋管和凹槽等所占的体积,按设计要求对上述孔洞回填的混凝土也不予计量。

（3）不可预见地质原因超挖引起的超填工程量所发生的费用,由发包人按《工程量清单》相应项目或变更项目的每立方米工程单价支付。除此之外,同一承包人由于其他原因超挖引起的超填工程量和由此增加的其他工作所需的费用,均应包含在《工程量清单》相应项目有效工程量的每立方米工程单价中,发包人不另行支付。

（4）混凝土在冲(凿)毛、拌和、运输和浇筑过程中的操作损耗,以及为临时性施工措施增加的附加混凝土量所需的费用,应包含在《工程量清单》相应项目有效工程量的每立方米工程单价中,发包人不另行支付。

（5）施工过程中,承包人按本合同技术条款规定进行的各项混凝土试验所需的费用(不包括以总价形式支付的混凝土配合比试验费),均包含在《工程量清单》相应项目有效工程量的每立方米工程单价中,发包人不另行支付。

（6）止水、止浆、伸缩缝等按施工图纸所示各种材料数量以米(或平方米)为单位计量,由发包人按《工程量清单》相应项目有效工程量的每米(或平方米)工程单价支付。

（7）混凝土温度控制措施费(包括冷却水管埋设及通水冷却费用、混凝土收缩缝和冷却水管的灌浆费用,以及混凝土坝体的保温费用)包含在《工程量清单》相应混凝土项目有效工程量的每立方米工程单价中,发包人不另行支付。

（8）混凝土坝体的接缝灌浆(接触灌浆),按设计图纸所示要求灌浆的混凝土施工缝(混凝土与基础、岸坡岩体的接触缝)的接缝面积以平方米为单位计量,由发包人按《工程量清单》相应项目有效工程量的每平方米工程单价支付。

（9）混凝土坝体内预埋排水管所需的费用,应包含在《工程量清单》相应混凝土项目有效工程量的每立方米工程单价中,发包人不另行支付。

六、砌筑工程

（1）浆砌石、干砌石、混凝土预制块和砖砌体按施工图纸所示尺寸计算的有效砌筑体积以立方米为单位计量,由发包人按《工程量清单》相应项目有效工程量的每立方米工程单价支付。

(2)砌筑工程的砂浆、拉结筋、垫层、排水管、止水设施、伸缩缝、沉降缝及埋设件等费用,包含在《工程量清单》相应砌筑项目有效工程量的每立方米工程单价中,发包人不另行支付。

(3)承包人按合同要求完成砌体建筑物的基础清理和施工排水等工作所需的费用,包含在《工程量清单》相应砌筑项目有效工程量的每立方米工程单价中,发包人不另行支付。

七、疏浚和吹填工程

(1)疏浚工程按施工图纸所示轮廓尺寸计算的水下有效自然方体积以立方米为单位计量,由发包人按《工程量清单》相应项目有效工程量的每立方米工程单价支付。

(2)疏浚工程施工过程中疏浚设计断面以外增加的超挖量、施工期自然回淤量、开工展布与收工集合、避险与防干扰措施、排泥管安拆移动以及使用辅助船只等所需的费用,包含在《工程量清单》相应项目有效工程量的每立方米工程单价中,发包人不另行支付。疏浚工程的辅助措施(如疏浚前扫床和障碍物的清除、排泥区围堰、隔埝、退水口及排水渠等项目)另行计量支付。

(3)吹填工程按施工图纸所示尺寸计算的有效吹填体积(扣除吹填区围堰、隔埝等的体积)以立方米为单位计量,由发包人按《工程量清单》相应项目有效工程量的每立方米工程单价支付。

(4)吹填工程施工过程中吹填土体的沉降量、原地基因上部吹填荷载而产生的沉降量和泥沙流失量、对吹填区平整度要求较高的工程配备的陆上土方机械等所需费用,包含在《工程量清单》相应项目有效工程量的每立方米工程单价中,发包人不另行支付。吹填工程的辅助措施(如疏浚前扫床和障碍物的清除、排泥区围堰、隔埝、退水口及排水渠等项目)另行计量支付。

(5)利用疏浚排泥进行吹填的工程,疏浚和吹填的计量和支付分别根据合同相关条款的具体约定执行。

八、闸门及启闭机安装

(一)闸门

(1)钢闸门安装工程按施工图纸所示尺寸计算的闸门本体有效重量以吨为单位计量,由发包人按《工程量清单》相应项目的每吨工程单价支付。钢闸门附件安装、附属装置安装、钢闸门本体及附件涂装、试验检测和调试校正等工作所需费用,包含在《工程量清单》相应钢闸门安装项目有效工程量的每吨工程单价中,发包人不另行支付。

(2)门槽(楣)安装工程按施工图纸所示尺寸计算的有效重量以吨为单位计量,由发包人按《工程量清单》相应项目的每吨工程单价支付。二次埋件、附件安装、涂装、调试校正等工作所需费用,均包含在《工程量清单》相应门槽(楣)安装项目有效工程量的每吨工程单价中,发包人不另行支付。

(二)启闭机

(1)启闭机安装工程按施工图纸所示启闭机数量以台为单位计量,由发包人按《工程量清单》相应启闭机安装项目每台工程单价支付。

（2）除合同另有约定外，基础埋件安装、附属设备（起吊梁或平衡梁、供电系统、控制操作系统、液压启闭机的液压系统等）安装、与闸门连接和调试校正等工作所需费用，均包含在《工程量清单》相应启闭机安装项目每台工程单价中，发包人不另行支付。

任务五　降低施工项目成本的措施

降低施工项目成本的途径应该是既开源又节流，只开源不节流或者只节流不开源，都不可能达到降低成本的目的。一方面主要是控制各种消耗和单价，另一方面是增加收入。

一、加强图纸会审，减少设计造成的浪费

施工单位应该在满足用户的要求和保证工程质量的前提下，联系项目施工的主、客观条件，对设计图纸进行认真地会审，并提出积极的修改意见，在取得用户和设计单位的同意后，修改设计图纸，同时办理增减账。

二、加强合同预算管理，增加工程预算收入

深入研究招标文件、合同文件，正确编写施工图预算；把合同规定的"开口"项目作为增加预算收入的重要方面；根据工程变更资料及时办理增减账。因此，项目承包方应就工程变更对既定施工方法、机械设备使用、材料供应、劳动力调配和工期目标影响程度，以及实施变更内容所需要的各种资料进行合理估价，及时办理增减账手续，并通过工程结算从建设单位取得补偿。

三、制订先进合理的施工方案，减少不必要的窝工等损失

施工方案不同，工期就不同，所需的机械也不同，因而发生的费用也不同。因此，制订施工方案要以合同工期和上级要求为依据，联系项目规模、性质、复杂程度、现场条件、装备情况、人员素质等因素综合考虑。

四、落实技术措施，组织均衡施工，保证施工质量，加快施工进度

（1）根据施工具体情况，合理规划施工现场平面布置（包括机械布置，材料、构件的堆放场地，车辆进出施工现场的运输道路，临时设施搭建数量和标准等），为文明施工、减少浪费创造条件。

（2）严格执行技术规范和以预防为主的方针，确保工程质量，减少零星工程的修补，消灭质量事故，不断降低质量成本。

（3）根据工程设计特点和要求，运用自身的技术优势，采用有效的技术组织措施，走经济与技术相结合的道路。

（4）严格执行安全施工操作规程，减少一般安全事故，确保安全生产，将事故损失降到最低。

五、降低材料因为量差和价差所产生的材料成本

(1)材料采购和构件加工要求选择质优价廉、运距短的供应单位。对到场的材料、构件要正确计量,认真验收,若遇到不合格产品或用量不足要进行索赔。切实做到降低材料、构件的采购成本,减少采购加工过程中的管理损耗。

(2)根据项目施工的进度计划,及时组织材料、构件的供应,保证项目施工的顺利进行,防止因停工造成损失。在构件生产过程中,要按照施工顺序组织配套供应,以免因规格不齐造成施工间隙,浪费时间和人力。

(3)在施工过程中,严格按照限额领料制度控制材料消耗,同时要做好余料回收和利用工作,为考核材料的实际消耗水平提供正确的数据。

(4)根据施工需要,合理安排材料储备,减少资金占用率,提高资金利用效率。

六、提高机械的利用效果

(1)根据工程特点和施工方案,合理选择机械的型号、规格和数量。

(2)根据施工需要,合理安排机械施工,充分发挥机械的效能,减少机械使用成本。

(3)严格执行机械维修和养护制度,加强平时的维修保养,保证机械完好和运转良好。

七、重视人的因素,加强激励职能的利用,调动职工的积极性

(1)对关键工序施工的关键班组要实行重奖。

(2)对材料操作损耗特别大的工序,可由生产班组直接承包。

(3)实行钢模零件和脚手架螺栓有偿回收。

(4)实行班组承包。

习　题

8-1　简述施工项目管理成本管理的内容及措施。

8-2　施工项目管理成本控制的方法有哪些?

8-3　施工项目成本核算的方法有哪些?

8-4　施工项目成本控制的依据有哪些?

8-5　分类分项清单单价应包括哪些费用?

8-6　其他项目清单单价包括哪些费用?

8-7　在什么情况下报高价和低价?

8-8　土石方工程计量规则是什么?

8-9　砌筑工程如何计量?

项目九　施工进度管理

项目重点

　　常用施工进度计划的控制方法,施工进度计划实施中的调整方法,解决施工进度拖延的基本策略与措施。

教学目标

　　熟悉实际进度和工期的表述以及施工进度拖延的原因,解决施工进度拖延应注意的问题;掌握施工进度计划的控制方法,解决施工进度拖延的基本策略与措施。

任务一　施工进度控制

一、工作包的实际工期和进度的表达

　　进度控制的对象是各个层次的项目单元,而最低层次的工作包是主要对象,有时进度控制还要细到具体的网络计划中的工程活动。有效的进度控制必须能迅速且正确地在项目参加者(工程小组、分包商、供应商等)的工作岗位上反映如下进度信息:

　　(1)项目正式开始后,必须监控项目的进度以确保每项活动按计划进行,掌握各工作包(或工程活动)的实际工期信息,如实际开始时间,记录并报告工期受到的影响及原因,这些必须明确反映在工作包的信息卡(报告)上。

　　(2)工作包(或工程活动)所达到的实际状态,即完成程度和已消耗的资源。在项目控制期末(一般为月底)对各工作包的实施状况、完成程度、资源消耗量进行统计。这时,如果一个工程活动已完成或未开始,则已完成的进度为100%,未开始的为0,但这时必然有许多工程活动已开始但尚未完成。为了便于比较精确地进行进度控制和成本核算,必须定义它的完成程度。通常有以下几种定义模式:①0~100%,即开始后完成前进度一直为0,直到完成进度才为100%,这是一种比较悲观的反映。②50%~100%,一经开始直到完成前都认为进度为50%,完成后才为100%。③实物工作量或成本消耗、劳动消耗所占的比例,即按已完成的工作量占总计划工作量的比例计算。④按已消耗工期与计划工期(持续时间)的比例计算。这在横道图计划与实际工期对比和网络调整中均得到应用。⑤按工序(工作步骤)分析定义。这里要分析该工作包的工作内容和步骤,并定义各个步骤的进度份额。例如,某基础混凝土工程,它的施工程序如表9-1所示。

　　各步骤占总进度的份额由进度描述指标的比例来计算。例如,可以按工时投入比例,也可以按成本比例。如果到月底隐蔽工程验收刚完,则该分项工程完成60%,而如果混凝土浇捣完成一半,则达77%。

表 9-1　某基础混凝土工程施工程序

步骤	时间(d)	工时投入	份额(%)	累计进度(%)
放样	0.5	24	3	3
支模	4	216	27	30
钢筋	6	240	30	60
隐蔽工程验收	0.5	0	0	60
混凝土浇捣	4	280	35	95
养护拆模	5	40	5	100
合计	20	800	100	100

当工作包内容复杂,无法用统一的、均衡的指标衡量时,可以采用按工序(工作步骤)定义的方法,该方法的优点是可以排除工时投入浪费、初期的低效率等造成的影响,可以较好地反映工程进度。例如,上述某基础混凝土工程中,支模已经完成,绑扎钢筋工作量仅完成了 70%,则如果绑扎钢筋全完成进度为 60%,现绑扎钢筋仍有 30% 未完成,则该分项工程的进度为

$$60\% - 30\%(1 - 70\%) = 60\% - 9\% = 51\%$$

这比前面的各种方法都要精确。

工程活动完成程度的定义不仅对进度描述和控制有重要作用,有时它还是业主与承包商之间工程价款结算的重要参数。

(3)预算该工作包到结束尚需要的时间或结束的日期常常需要考虑剩余工作量、已有的拖延、后期工作效率的提高等因素。

二、施工项目进度计划的控制方法

施工项目进度控制是工程项目进度控制的主要环节,常用的控制方法有横道图控制法、S 形曲线控制法、香蕉形曲线比较法等。

(一)横道图控制法

人们常用的、最熟悉的方法是用横道图编制实施性进度计划,指导项目的实施。其简明、形象、直观、编制方法简单、使用方便。

横道图控制法是在项目实施过程中,收集检查实际进度的信息,经整理后直接用横道线表示,并直接与原计划的横道线进行比较。

利用横道图检查时,图示清楚明了,可在图中用粗细不同的线条分别表示实际进度与计划进度。在横道图中,完成任务量可以用实物工程量、劳动消耗量和工作量等不同方式表示。

(二)S 形曲线控制法

S 形曲线是一个以横坐标表示时间、纵坐标表示完成工作量的曲线。工作量的具体内容可以是实际工程量、工时消耗或费用,也可以是相对的百分比。对于大多数工程项目

来说,在整个项目实施期内单位时间(以天、周、月、季等为单位)的资源消耗(人、财、物的消耗)通常是中间多而两头少。由于这一特性,资源消耗累加后便形成一条中间陡而两头平缓的形如"S"的曲线。

同横道图一样,S形曲线也能直观反映工程项目的实际进展情况。项目进度控制工程师事先绘制进度计划的S形曲线。在项目施工过程中,每隔一定时间按项目实际进度情况绘制完工进度的S形曲线,并与原计划的S形曲线进行比较,如图9-1所示。

(1)项目实际进展速度。如果项目实际进展的累计完成量在原计划的S形曲线左侧,表示此时的实际进度比计划进度超前,如图9-1中 a 点;反之,如果项目实际进展的累计完成量在原计划的S形曲线右侧,表示实际进度比计划进度拖后,如图9-1中 b 点。

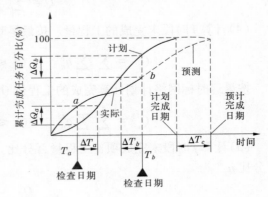

(2)进度超前或拖延时间。如图9-1中,ΔT_a 表示 T_a 时刻进度超前时间;ΔT_b 表示 T_b 时刻进度拖延时间。

(3)工程量完成情况。在图9-1中,ΔQ_a 表示 T_a 时刻超额完成的工程量;ΔQ_b 表示 T_b 时刻拖欠的工程量百分比。

图9-1　S形曲线比较图

(4)项目后续进度的预测。在图9-1中,虚线表示项目后续进度若仍按原计划速度实施,总工期拖延的预测值为 ΔT_c。

(三)香蕉形曲线比较法

香蕉形曲线是由两条以同一开始时间、同一结束时间的S形曲线组合而成的。其中一条S形曲线是按最早开始时间安排进度所绘制的S形曲线,简称ES曲线;而另一条S形曲线是按最迟开始时间安排进度所绘制的S形曲线,简称LS曲线。除项目的开始点和结束点外,ES曲线在LS曲线上方,同一时刻两条曲线所对应完成的工作量是不同的。在项目实施过程中,理想的状况是任一时刻的实际进度为在两条曲线所包区域内的曲线 R,如图9-2所示。

香蕉形曲线的绘制步骤如下:

(1)计算时间参数。在项目的网络计划基础上,确定项目数目 n 和检查次数 m,计算项目工作的时间参数 ES_i、$LS_i(i=1,2,\cdots,n)$。

(2)确定在不同时间计划完成的工程量。以项目的最早时标网络计划确定工作在各单位时间的计划完成工程量 q_{ij}^{ES},即第 i 项工作按最早开始时间开工,第 j 时段内计划完成的工程量 $(1\leqslant i\leqslant n,0\leqslant j\leqslant m)$;以项目的最迟时标网络计

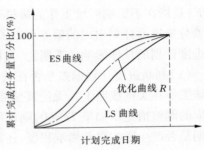

图9-2　香蕉形曲线图

划确定工作在各单位时间的计划完成工程量 q_{ij}^{LS}，即第 i 项工作按最迟开始时间开工，第 j 时段内计划完成的工程量（$1 \leqslant i \leqslant n, 0 \leqslant j \leqslant m$）。

（3）计算项目总工程量 Q，即

$$Q = \sum_{i=1}^{n} \sum_{j=1}^{m} q_{ij}^{ES} \tag{9-1}$$

或

$$Q = \sum_{i=1}^{n} \sum_{j=1}^{m} q_{ij}^{LS} \tag{9-2}$$

（4）计算 j 时段末完成的工程量。按最早时标网络计划计算完成的工程量 Q_j^{ES} 为

$$Q_j^{ES} = \sum_{i=1}^{n} \sum_{j=1}^{m} q_{ij}^{ES} \qquad (1 \leqslant i \leqslant n, 0 \leqslant j \leqslant m) \tag{9-3}$$

按最迟时标网络计划计算完成的工程量 Q_j^{LS} 为

$$Q_j^{LS} = \sum_{i=1}^{n} \sum_{j=1}^{m} q_{ij}^{LS} \qquad (1 \leqslant i \leqslant n, 0 \leqslant j \leqslant m) \tag{9-4}$$

（5）计算 j 时段末完成项目工程量百分比。按最早时标网络计划计算完成工程量的百分比 μ_j^{ES} 为

$$\mu_j^{ES} = \frac{Q_j^{ES}}{Q} \times 100\% \tag{9-5}$$

按最迟时标网络计划计算完成工程量的百分比 μ_j^{LS} 为

$$\mu_j^{LS} = \frac{Q_j^{LS}}{Q} \times 100\% \tag{9-6}$$

（6）绘制香蕉形曲线。以（μ_j^{ES}, j）（$j = 0, 1, \cdots, m$）绘制 ES 曲线；以（μ_j^{LS}, j）（$j = 0, 1, \cdots, m$）绘制 LS 曲线，由 ES 曲线和 LS 曲线构成项目的香蕉形曲线。

三、进度计划实施中的调整方法

（一）分析偏差对后续工作及工期的影响

当进度计划出现偏差时，需要分析偏差对后续工作产生的影响。分析的方法主要是利用网络计划中工作的总时差和自由时差来判断。工作的总时差（TF）不影响项目工期，但影响后续工作的最早开始时间，是工作拥有的最大机动时间；而工作的自由时差（FF）是指在不影响后续工作的最早开始时间的条件下，工作拥有的最大机动时间。利用时差分析进度计划出现的偏差可以了解进度偏差对进度计划的局部影响（后续工作）和对进度计划的总体影响（工期）。具体分析步骤如下：

（1）判断进度计划偏差是否在关键线路上。如果出现工作的进度偏差，则 $TF = 0$，说明该工作在关键线路上。无论其偏差有多大，都对其后续工作和工期产生影响，必须采取相应的调整措施。如果 $TF \neq 0$，则说明工作在非关键线路上。偏差的大小对后续工作和工期是否产生影响以及影响程度，还需要进一步分析判断。

（2）判断进度偏差是否大于总时差，如果工作的进度偏差大于工作的总时差，说明偏差必将影响后续工作和总工期。如果偏差小于或等于工作的总时差，说明偏差不会影响项目的总工期，但它是否对后续工作产生影响还需进一步与自由时差进行比较判断来

确定。

（3）判断进度偏差是否大于自由时差。如果工作进度的偏差大于工作的自由时差，说明偏差将对后续工作产生影响，但偏差不会影响项目的总工期；反之，如果偏差小于或等于工作的自由时差，说明偏差不会对后续工作产生影响，原进度计划可不做调整。

采用上述分析方法，进度控制人员可以根据工作的偏差对后续工作的不同影响采取相应的进度调整措施，以指导项目进度计划的实施。具体的判断分析过程如图9-3所示。

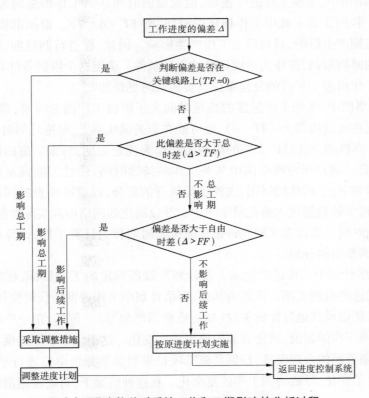

图9-3　进度偏差对后续工作和工期影响的分析过程

（二）进度计划实施中的调整方法

当进度控制人员发现问题后，对实施进度进行调整。为了实现进度计划的控制目标，究竟采用何种调整方法，要在分析的基础上确定。从实现进度计划的控制目标来看，可行的调整方案可能有多种，存在一个方案优选的问题。一般来说，进度调整的方法主要有改变工作之间的逻辑关系和改变工作延续时间两种。

1.改变工作之间的逻辑关系

改变工作之间的逻辑关系主要是通过改变关键线路上工作之间的先后顺序、逻辑关系来实现缩短工期的目的。例如，若原进度计划比较保守，各项工作依次实施，即某项工作结束后，另一项工作才开始。通过改变工作之间的逻辑关系，变顺序关系为平行搭接关系，便可达到缩短工期的目的。这样进行调整，由于增加了工作之间的平行搭接时间，进度控制工作就显得更加重要,实施中必须做好协调工作。

　　2.改变工作延续时间

　　改变工作延续时间主要是对关键线路上的工作进行调整,工作之间的逻辑关系并不发生变化。例如,某项目的进度拖延后,为了加快进度,可采用压缩关键线路上工作的持续时间,增加相应的资源来达到加快进度的目的。这种调整通常在网络计划图上直接进行,其调整方法与限制条件及对后续工作的影响程度有关,一般可考虑以下三种情况。

　　(1)在网络图中,某项工作进度拖延,但拖延的时间在该工作的总时差范围以内、自由时差以外。若用 Δ 表示此项工作拖延的时间,则 $FF < \Delta < TF$。根据前面的分析,这种情况不会对工期产生影响,只对后续工作产生影响。因此,在进行调整前,要确定后续工作允许拖延的时间限制,并作为进度调整的限制条件。确定这个限制条件有时很复杂,特别是当后续工作由多个平行的分包单位负责实施时更是如此。

　　(2)在网络图中,某项工作进度的拖延时间大于项目工作的总时差,即 $\Delta > TF$。这时该项工作可能在关键线路上($TF = 0$),也可能在非关键线路上,但拖延的时间超过了总时差($\Delta > TF$)。调整的方法是以工期的限制时间作为规定工期,对未实施的网络计划进行工期–费用优化。通过压缩网络图中某些工作的持续时间,使总工期满足规定工期的要求。具体步骤如下:①简化网络图,去掉已经执行的部分,以进度检查时间作为开始节点的起点时间,将实际数据代入简化网络图中。②以简化的网络图和实际数据为基础,计算工作最早开始时间。③以总工期允许拖延的极限时间作为计算工期,计算各工作最迟开始时间,形成调整后的计划。

　　(3)在网络计划中工作进度超前。在计划阶段所确定的工期目标,往往是综合考虑各方面因素优选的合理工期。正因为如此,网络计划中工作进度的任何变化,无论是拖延还是超前都可能造成其他目标的失控(如造成费用增加等)。例如,在一个施工总进度计划中,由于某项工作的超前,致使资源的使用发生变化。这不仅影响原进度计划的继续执行,也影响各项资源的合理安排,特别是施工项目采用多个分包单位进行平行施工时,因进度安排发生了变化,导致协调工作的复杂化。在这种情况下,对进度超前的项目也需要加以控制。

任务二　进度拖延原因分析及解决措施

一、进度拖延原因分析

　　项目管理者应按预定的项目计划定期评审实施进度情况,分析并确定拖延的根本原因。进度拖延是工程项目实施过程中经常发生的现象,各层次的项目单元,各个阶段都可能出现延误,分析进度拖延的原因可以采用许多方法,其中包括:

　　(1)通过工程活动(工作包)的实际工期记录与计划对比确定被拖延的工程活动及拖延量。

　　(2)采用关键线路分析的方法确定各拖延对总工期的影响。由于各工程活动(工作包)在网络中所处的位置(关键线路或非关键线路)不同,其对整个工期拖延的影响不同。

　　(3)采用因果关系分析图(表),影响因素分析表,工程量、劳动效率对比分析等方法详细分析各工程活动(工作包)对整个工期拖延的影响因素和各因素影响量的大小。

　　进度拖延的原因是多方面的,包括工期计划的失误、边界条件变化、管理过程中的失误和其他原因。

　　(一)工期计划的失误

　　工期计划失误是常见的现象。人们在计划期将持续时间安排得过于乐观。包括:

　　(1)计划时忘记(遗漏)部分必需的功能或工作。

　　(2)计划值(如计划工作量、持续时间)不足,相关的实际工作量增加。

　　(3)资源或能力不足,如计划时没考虑到资源的限制或缺陷,没有考虑如何完成工作。

　　(4)出现了计划中未能考虑到的风险或状况,未能使工程实施达到预定的效率。

　　(5)在现代工程中,上级(业主、投资者、企业主管)常常在一开始就提出很紧迫的工期要求,使承包商或其他设计人、供应商的工期太紧,而且许多业主为了缩短工期,常常压缩承包商做标期、前期准备的时间。

　　(二)边界条件变化

　　(1)工作量的变化可能是由于设计的修改、设计的错误、业主新的要求、修改项目的目标及系统范围的扩展造成的。

　　(2)外界(如政府、上层系统)对项目新的要求或限制,设计标准的提高可能造成项目资源的缺乏,使得工程无法及时完成。

　　(3)环境条件的变化,如不利的施工条件不仅造成对工程实施过程的干扰,甚至有时直接要求调整原来已确定的计划。

　　(4)发生不可抗力事件,如地震、台风、动乱、战争等。

　　(三)管理过程中的失误

　　(1)计划部门与实施者之间,总分包商之间,业主与承包商之间缺少沟通。

　　(2)工程实施者缺乏工期意识,如管理者拖延了图纸的供应和批准,任务下达时缺少必要的工期说明和责任落实,拖延了工程活动。

　　(3)项目参加单位对各个活动(各专业工程和供应)之间的逻辑关系(活动链)没有清楚地了解,下达任务时也没有做详细的解释,同时对活动的必要前提条件准备不足,各单位之间缺少协调和信息沟通,许多工作脱节、资源供应出现问题。

　　(4)由于其他方面未完成项目计划规定的任务造成拖延。例如,设计单位拖延设计、运输不及时、上级机关拖延批准手续、质量检查拖延、业主不果断处理问题等。

　　(5)承包商没有集中力量施工,材料供应拖延,资金缺乏,工期控制不紧。这可能是由于承包商同期工程太多,力量不足造成的。

　　(6)业主没有集中资金的供应,拖欠工程款,或业主的材料、设备供应不及时。

　　(四)其他原因

　　由于采取其他调整措施造成工期的拖延,如设计的变更、质量问题的返工、实施方案的修改。

二、解决进度拖延的措施

（一）基本策略

对已产生的进度拖延可以采用以下基本策略：

（1）采取积极的措施赶工，以弥补或部分地弥补已经产生的拖延。主要通过调整后期计划、采取措施赶工、采用修改网络等方法解决进度拖延问题。

（2）不采取特别的措施，在目前进度状态的基础上，仍按照原计划安排后期工作。但通常情况下，拖延的影响会越来越大。有时刚开始仅一两周的拖延，到最后会导致一年拖延的结果。这是一种消极的办法，最终结果必然损害工期目标和经济效益。

（二）可以采取的赶工措施

与在计划阶段压缩工期一样，解决进度拖延有许多方法，但每种方法都有它的适用条件、限制，必然会带来一些负面影响。在人们以往的讨论以及实际工作中，都将重点集中在时间问题上，这是不对的。许多措施常常没有效果，或引起其他更严重的问题，最典型的是增加成本开支、现场混乱和引起质量问题。因此，应该将它作为一个新的计划过程来处理。

在实际工程中经常采取以下赶工措施：

（1）增加资源投入。例如，增加劳动力、材料、周转材料和设备的投入量，这是最常用的办法。它会带来以下几个问题：①造成费用增加，如增加人员的调遣费用、周转材料一次性费用、设备的进出场费用；②由于增加资源造成资源使用效率的降低；③加剧资源供应困难，如有些资源没有增加的可能性，加剧项目之间或工序之间对资源的激烈竞争。

（2）重新分配资源。例如，将服务部门的人员投入到生产中去，投入风险准备资源，采用加班或多班制工作。

（3）减少工作范围。包括减少工作量或删去一些工作包（或分项工程），但这可能产生以下影响：①损害工程的完整性、经济性、安全性、运行效率，或提高项目运行费用；②必须经过上层管理者，如投资者、业主的批准。

（4）改善工具、器具以提高劳动效率。

（5）提高劳动生产率。主要通过辅助措施和合理的工作过程，这里要注意以下几个问题：①加强培训，通常培训应尽可能提前；②注意工人级别与工人技能的协调；③工作中的激励机制，如奖金、小组精神发扬、个人负责制、目标明确；④改善工作环境及项目的公用设施（需要花费）；⑤项目小组在时间上和空间上合理的组合和搭接；⑥避免项目组织中的矛盾，多沟通。

（6）将部分任务转移。例如分包、委托给另外的单位，将原计划由自己生产的结构构件改为外购等。当然这不仅有风险、产生新的费用，而且需要增加控制和协调工作。

（7）改变网络计划中工程活动的逻辑关系，如将前后顺序工作改为平行工作，或采用流水施工的方法。这又可能产生以下几个问题：①工程活动逻辑上的矛盾性；②资源的限制，平行施工要增加资源的投入强度，尽管投入总量不变；③工作面限制及由此产生的现场混乱和低效率问题。

（8）将一些工作包合并，特别是在关键线路上按先后顺序实施的工作包合并，与实施者一道研究,通过局部调整实施过程和人力、物力的分配达到缩短工期的目的。

通常 A_1、A_2 两项工作如果由两个单位分包按次序施工(见图9-4),则持续时间较长,而如果将它们合并为 A,由一个单位来完成,则持续时间就大大缩短。这是由于:①两个单位分别负责,它们都经过前期准备低效率→正常施工→后期低效率过程,则总的平均效率很低。②由两个单位分别负责时,中间有一个对 A_1 工作的检查、打扫和场地交接及对 A_2 工作准备的过程,会使工期延长,这是由分包合同或工作任务单决定的。③如果合并由一个单位完成,则平均效率会较高,而且许多工作能够穿插进行。④实践证明,采用设计-施工总承包,或项目管理

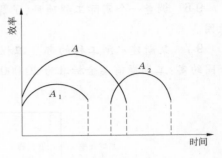

图9-4 工作时间—效率图

总承包,比分阶段、分专业平行包工期会大大缩短。⑤修改实施方案,如将现浇混凝土改为场外预制、现场安装,这样可以提高施工速度。又如在一国际工程中,原施工方案为现浇混凝土,工期较长,进一步调查发现该国技术工缺乏,劳动力的素质和可培训性较差,无法保证原工期,后来采用预制装配施工方案,大大缩短了工期。当然这一方面必须有可用的资源,另一方面又要考虑是否会造成成本的超支。

(三)应注意的问题

在选择措施时,要考虑到以下几点:

(1)赶工应符合项目的总目标与总战略。

(2)措施应是有效的、可以实现的。

(3)花费比较省。

(4)对项目的实施及承包商、供货商的影响面较小。

在制订后续工作计划时,这些措施应与项目的其他过程协调。

在实际工作中,人们常常采取许多事先认为有效的措施,但实际效力却很小,常常达不到预期缩短工期的效果,主要原因有以下几种:

(1)这些计划是无正常计划期状态下的计划,常常是不周全的。

(2)缺少协调,没有将加速的要求、措施、新的计划、可能引起的问题通知相关各方,如其他分包商、供货商、运输单位、设计单位。

(3)人们对以前造成拖延的问题的影响认识不清。例如,由于外界干扰到目前为止已造成拖延,实质上,这些影响是有惯性的,还会继续扩大,所以即使现在采取措施,在一段时间内,其效果很小,拖延仍会继续扩大。

习 题

9-1 简述工期与进度的联系与区别。

9-2 工程项目中导致工期拖延的原因有哪些?

9-3 解决工期拖延有哪些主要措施?

9-4　在解决工期拖延时应注意哪些问题?

9-5　以你所熟悉的工程项目为例列举反映进度的主要指标。

9-6　调查一个实际工程项目,了解它的实际及计划工期情况,做出对比分析,指出其原因。

9-7　某新建水闸工程的部分工程经监理单位批准的施工进度计划如图9-5所示。合同约定:工期提前奖金标准为20 000元/d,逾期完工违约金标准为20 000元/d。

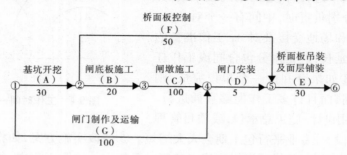

图9-5　施工进度计划

施工中发生如下事件:

事件1:A工作过程中发现局部地质条件与项目法人提供的勘察报告不符,需进行处理,A工作的实际工作时间为34 d。

事件2:在B工作中,部分钢筋安装质量不合格,施工单位按监理单位要求进行返工处理,B工作实际工作时间为26 d。

事件3:在C工作中,施工单位采取赶工措施,进度曲线如图9-6所示。

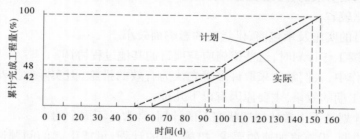

图9-6　施工进度曲线

事件4:由于项目法人未能及时提供设计图纸,导致闸门在开工后第153天末才运抵现场。

问题:

1.计算计划总工期,指出关键线路。

2.指出事件1、事件2、事件4的责任方,并分别分析对计划总工期有何影响。

3.根据事件3,指出C工作的实际工作持续时间;说明第100天末时C工作实际比计划提前(或拖延)的累计工程量;指出第100天末完成了多少天的赶工任务。

4.综合上述事件,计算实际总工期和施工单位可获得的工期补偿天数;计算施工单位因工期提前得到的奖金或因逾期支付的违约金金额。

项目十 水利水电工程施工合同管理

项目重点

施工合同类型与特点,施工合同构成,合同管理等内容。

教学目标

了解施工合同作用和订立条件与原则;熟悉水利工程合同条款,掌握水利工程合同文件构成,质量与安全、进度、费用管理的有关条款,以及工程变更与索赔处理,会进行工程款计算。

任务一 施工合同类型与订立

合同是一个契约,是平等主体的自然人、法人、其他组织之间设立、变更、终止民事权利义务关系的协议。依法成立的合同,对当事人具有法律约束力,受法律保护,当事人应当按照约定履行自己的义务,不得擅自变更或者解除合同。

施工承包合同(简称施工合同)是合同的一种,是业主和准备为他承建工程项目的承包商之间所签订的合同。施工合同的订立在业主和承包商之间产生了确定的权利和义务关系。依照施工合同,承包人应完成一定的建筑安装工程任务,业主应提供必要的施工条件并支付工程价款。施工合同一经依法签订,即具有法律约束力。

水利部组织编制了《水利水电工程标准施工招标资格预审文件》(2009年版)和《水利水电工程标准施工招标文件》(2009年版)(简称《水利水电工程标准文件》),并以《关于印发水利水电工程标准施工资格预审文件和水利水电工程标准施工招标文件的通知》(水建管〔2009〕629号文)予以发布。凡列入国家或地方建设计划的大中型水利水电工程使用《水利水电工程标准文件》,小型水利水电工程可参照使用。

一、施工合同的作用

(1)明确业主和施工企业在施工中的权利和义务。

施工合同一经签订,即具有法律效力。施工合同明确了发包人和承包人在工程施工中的权利和义务。双方应认真履行各自的义务,任何一方无权随意变更或解除施工合同;任何一方违反合同规定的内容,都必须承担相应的法律责任。如果不订立合同,将无法规范发包方和承包方的行为,也无法明确各自在工程施工中所能享受的权利和应承担的义务。

（2）有利于工程施工的管理。

工程施工过程是建筑产品的形成过程。为了如期得到优质、优价的建筑产品，必须加强对工程施工过程的管理。这种管理的主要依据是施工合同。

（3）有利于建筑市场的培育、规范和发展。

在社会主义市场经济体制中，建筑活动主要是通过建筑市场实现的。而合同是维系市场运转的主要因素。建筑市场主体之间的权利义务关系主要是通过合同确定的。业主和施工企业必须按照有关法律、法规的规定，依法签订施工合同，强化合同的法律约束作用，确保建筑活动协调有序地运行，从而有利于建筑市场的培育、规范和健康有序的发展。

二、施工合同的类型

按合同计价方式，施工合同可分为总价合同、单价合同和成本加酬金合同三种。

（一）总价合同

总价合同是合同总价不变，或影响价格的关键因素是固定的一种合同。这种合同一般要求投标人按照招标文件要求报一个总价，在这个价格下完成合同规定的全部项目。

总价合同分为固定总价合同、调值总价合同、固定工程量总价合同三种形式。

1.固定总价合同

固定总价合同是指发包人与承包人之间达成的由承包人完成某工程项目的全部工作，并且承担一切风险责任，发包人支付固定不变的工程总价格的协议。

这种合同的优点是发包人应当付给承包人的费用一次包死，省事；缺点是承包人承担的风险大、责任重、报价较高。

这种合同形式一般适用风险不大、技术不太复杂、工期不长、工程图纸不变、工程要求十分明确的项目。如果施工图纸变更、工程要求提高，应考虑合同价格的调整。

2.调值总价合同

调值总价合同基本同固定总价合同，所不同的是在合同中规定了由于通货膨胀引起的工料成本增加到某一规定的限度时，合同总价应做相应的调整。

这种合同规定承包方承担施工的有关工期、成本等因素变化的风险；发包方承担因通货膨胀引起的人工、材料价格上涨的风险。

这种合同一般适用于工期较长（一年以上）、工程内容和技术要求很明确的项目。要求合同中列有调值条款和价格调整的差额计算方法。

3.固定工程量总价合同

固定工程量总价合同即业主要求投标人在投标时按单价合同办法填报分项工程单价，从而计算出投标总价，据之签订的合同。原定工程项目全部完成后，根据合同总价付款给承包商。如果改变设计或增加新项目，则用合同中已确定的单价来调整总价。

这种合同对业主有利，一是可以了解投标人投标时的总价是如何计算出来的，便于业主审查投标报价，特别是对投标人过度的不平衡报价，可以在合同谈判时压价；二是当物价上涨或增加新项目时可利用已确定的单价。这种合同一般适用于工程量变化不大的项目。

（二）单价合同

在整个合同执行期间使用同一合同单价，而工程量则按实际完成量结算，这种合同称为单价合同。在初步设计被批准后就进行招标的工程项目，不能较精确地计算工程量，为避免单方承担大的风险，采用单价合同比较适宜。

单价合同分为估算工程量单价合同、纯单价合同、单价与包干混合式合同三种形式。

1.估算工程量单价合同

估算工程量单价合同是指业主在招标文件中列出工程量清单，投标人投标时在工程量清单中填入各项单价，从而计算出投标总价，据之签订的合同。工程量清单中的工程量是用作投标报价的估算工程量，不作为最终结算的工程量，用于结算的工程量是承包人实际完成的，并按合同有关计量规定计量的工程量。

在履行合同过程中，常发生各种类型的工程变更，或者实际工程量与合同工程量清单中估算工程量出现差值，因此在合同中要规定合同价格调整的条款。

这种合同规定业主和承包商共同承担风险，是目前我国水利水电工程中运用较多的一种合同形式。

2.纯单价合同

招标文件只向投标者给出工程范围、完成的工作项目和内容，而未列出工程量。投标人在投标时，只需列出各工程项目的单价，业主按承包商实际完成的工程量付款。有时也可由业主一方在招标文件中列出单价，而投标一方提出修正意见，双方磋商后确定最后的承包单价。

3.单价与包干混合式合同

以单价合同为基础，对工程量较大且易计算工程量的项目采用单价形式，而对工程量较小或者不易计算工程量的项目采用总价包干的形式。在合同执行过程中，业主分别按单价合同和总价包干合同的形式支付工程款。

（三）成本加酬金合同

成本加酬金合同也称成本补偿合同，是指业主向承包商支付实际工程成本中的直接费（一般包括人工、材料及机械设备费），并按事先协议好的某一种方式支付管理费及利润的一种合同方式。这种合同一般是在工程内容及其技术经济指标尚未完全确定，而又急于建设的工程中采用，常用于改建、灾后恢复、前所未有的或施工风险很大的工程项目中。

成本加酬金合同一般有以下四种。

1.成本加固定百分比酬金合同

合同双方在合同中约定工程直接费用实报实销，然后按直接费的某一百分比提取酬金，作为承包方的管理费和利润。其计算公式为

$$C = C_d(1 + P) \tag{10-1}$$

式中　　C——工程总造价；

　　　　C_d——实际发生的工程直接费；

　　　　P——某一固定百分数。

采用这种合同方式，工程总造价随实际发生的工程直接费用的增加而增加，虽然支付

简单,但不利于鼓励承包商降低成本、缩短工期,因而对业主不利。

2.成本加固定酬金合同

根据合同双方讨论约定的工程估算成本来确定一笔固定的酬金。这笔酬金是事先双方商定的,其数额不随成本增减而变化,除非工程范围发生变更,超出招标文件的规定。工程估算成本仅作为确定酬金而用,而工程成本仍按实报实销的原则。其表达公式为

$$C = C_d + F \tag{10-2}$$

式中 F——固定酬金。

这种合同方式虽然不能鼓励承包商关心成本,但从尽快取得酬金出发,承包商将会关心缩短工期。为了鼓励承包商降低成本,也有在固定酬金之外,再根据工程质量、工期和降低成本情况加奖金的。

3.成本加浮动酬金合同

成本加浮动酬金合同具有奖罚的性质,因此又称成本加奖罚合同。这种合同是经合同双方确定工程的一个概算直接成本,作为目标成本,再根据目标成本来确定酬金数额。将实际发生的成本与目标成本比较,若实际成本低于目标成本,承包方除得到实际成本和酬金的补偿外,还可根据成本降低额得到一笔固定的或按节约成本的某一百分比的奖金;当实际成本高于目标成本时,承包方仅得到成本和酬金的补偿,并根据实际成本高出目标成本情况,处以某一固定的或增加成本中的某一百分比的罚金。其计算公式为

$$C = C_d + P_1 C_0 + P_2(C_0 - C_d) \tag{10-3}$$

式中 C_0——目标成本;

P_1——酬金百分数;

P_2——奖罚金百分数。

这种合同方式可以促使承包商关心降低成本和缩短工期,对合同双方都无多大风险。

4.成本加固定最大酬金合同

在这种形式的合同中,设有三种成本总额:报价成本、最高成本和最低成本。如果承包人在完成工程项目任务中所花费的实际成本没有超出最低成本,则其所花费的全部成本及应得酬金都可以得到发包方的支付,并且承包人与发包人可以共享节约额;如果实际成本在最低成本和报价成本之间,承包方只能得到成本和酬金;如果实际成本在报价成本与最高成本之间,只有实际成本可以得到发包方支付;实际成本超过最高成本时,超出部分发包人不予支付。

这种合同形式有利于控制工程造价,并能鼓励承包方最大限度地降低工程成本。

一项工程招标前,选用恰当的合同形式,是业主编制招标文件、制订发包策略及发包计划的一项重要工作。按计价方式分类的合同的选用与工程建设设计深度和便于投标人投标报价有关,同时涉及工程开工前的准备工作情况。一般来讲,如果一个项目仅达到可行性研究阶段,多采用成本加酬金合同;工程项目达到初步设计阶段,多采用单价合同;工程项目达到施工图设计阶段,能满足设备、材料的计划安排,非标准设备的制造,施工图预算的编制等,多采用总价合同。

三、施工合同的订立

（一）订立施工合同应具备的条件

（1）初步设计已经批准；

（2）工程项目已经列入年度建设计划；

（3）有能够满足施工需要的设计文件和有关技术资料；

（4）建设资金和主要建筑材料设备来源已经落实；

（5）对于招标投标工程，中标通知书已经下达。

（二）订立施工合同的原则

1.合法的原则

合法的原则是订立施工合同必须遵守的首要原则。根据该项原则，订立施工合同的主体、内容、形式、程序等都要符合有关法律法规。唯有遵守法律法规，施工合同才具有法律效力，当事人的合法权益才能得到法律的保护。

2.平等自愿的原则

贯彻平等自愿原则的前提是发包人和承包人在法律地位上处于平等地位。合同的当事人如果都是具有独立地位的法人，他们就处于平等地位。施工合同当事人一方不得将自己的意愿强加给另一方，当事人依法享有自愿订立施工合同的权利，任何单位和个人不得非法干预。

3.公平原则

贯彻公平原则的最基本要求是发包人与承包人的合同权利、义务要对等，而不能有失公平，要合理分担责任。施工合同是双方合同，双方都享有合同规定的权利，同时应承担相应的义务。一方在享有权利的同时，不能不承担义务，或者只承担与权利不相应的义务。

（三）订立施工合同的程序

施工合同作为合同的一种，其订立也要经过要约和承诺两个阶段。根据《水利工程建设项目招标投标管理规定》的有关规定，绝大部分水利工程建设项目都必须通过招标投标的方式选择承包人并签订施工合同。招标投标的过程，实质上就是进行要约与承诺的过程，也是招标投标工程施工合同的签订过程。

任务二　水利水电工程施工合同文件构成

根据《水利水电工程标准施工招标文件》（2009年版），合同文件指组成合同的各项文件，包括协议书、中标通知书、投标函及投标函附录、专用合同条款、通用合同条款、技术标准和要求（合同技术条款）、图纸、已标价工程量清单、经合同双方确认进入合同的其他文件。上述次序也是解释合同的优先顺序。

一、合同文件（或称合同）

合同文件（或称合同）指由发包人与承包人签订的为完成本合同规定的各项工作所

列入本合同条件的全部文件和图纸,以及其他在协议书中明确列入的文件和图纸。

二、协议书

承包人按中标通知书规定的时间与发包人签订合同协议书。除法律另有规定或合同另有约定外,发包人和承包人的法定代表人或其委托代理人在合同协议书上签字并盖单位章后,合同生效。

三、中标通知书

中标通知书指发包人正式向中标人授标的通知书。中标人确定后,发包人应发中标通知书给中标人,表明发包人已接受其投标并通知该中标人在规定的期限内派代表前来签订合同。若在签订合同前尚有遗留问题需要洽谈,可在发中标通知书前先发中标意向书,邀请对方就遗留问题进行合同谈判。一般来说,意向书仅表达发包人接受投标的意愿,但尚有一些问题需进一步洽谈,并不说明该投标人已中标。

四、投标函及投标函附录

投标函指构成合同文件组成部分的由承包人填写并签署的函。投标函附录指附在投标函后构成合同文件的附录。

五、专用合同条款

专用合同条款是补充和修改通用合同条款中条款号相同的条款或当需要时增加的条款。通用合同条款与专用合同条款应对照阅读,一旦出现矛盾或不一致,则以专用合同条款为准,通用合同条款中未补充和修改的部分仍有效。

六、通用合同条款

通用合同条款的编制依据是《中华人民共和国合同法》和《中华人民共和国标准施工招标文件》,其编制体系参照了国际通用的 FIDIC 施工合同条件,吸收了现行水利水电工程建设项目中有关质量、安全、进度、变更、索赔、计量支付、风险管理等方面的规定。

七、技术标准和要求(合同技术条款)

列入施工合同的技术条款是构成施工合同的重要组成部分,专用合同条款和通用合同条款主要是划清发包人和承包人双方在合同中各自的责任、权利和义务,而技术条款则是双方责任、权利和义务在工程施工中的具体工作内容,也是合同责任、权利和义务在工程安全和施工质量管理等实物操作领域的具体延伸。技术条款是发包人委托监理人进行合同管理的实物标准,也是发包人和监理人在工程施工过程中实施进度、质量和费用控制的操作程序和方法。

技术条款是投标人进行投标报价和发包人进行合同支付的实物依据。投标人应按合同进度要求和技术条款规定的质量标准,根据自身的施工能力和水平,参照行业定额,运用实物法原理编制其企业的施工定额,计算投标价进行投标;中标后,承包人应根据合同约定和技术条款的规定组织工程施工；在施工过程中，发包人和监理人则应根据技术条款规定的质量标准进行检查和验收，并按计量支付条款的约定执行支付。

八、图纸

图纸指列入合同的招标图纸、投标图纸和发包人按合同约定向承包人提供的施工图纸和其他图纸（包括配套说明和有关资料）。列入合同的招标图纸已成为合同文件的一部分，具有合同效力，主要用于在履行合同中作为衡量变更的依据，但不能直接用于施工。经发包人确认进入合同的投标图纸亦成为合同文件的一部分，是在履行合同中检验承包人是否按其投标时承诺的条件进行施工的依据，亦不能直接用于施工。

九、已标价工程量清单

已标价工程量清单指构成合同文件组成部分的由承包人按照规定的格式和要求填写并标明价格的工程量清单。

任务三　水利水电工程施工合同管理

《水利水电工程标准施工招标文件》（2009 年版）将发包人和承包人的义务和责任进行了合理划分。合同约定的发包人义务和责任反映了合同管理的主要方面。除合同约定外，发包人还须根据有关规定承担法定的义务和责任。

一、发包人的义务和责任及注意事项

（一）发包人的义务和责任

（1）遵守法律。

（2）发出开工通知。

（3）提供施工场地。

（4）协助承包人办理证件和批件。

（5）组织设计交底。

（6）支付合同价款。

（7）组织法人验收。

（8）发包人应将其持有的现场地质勘探资料、水文气象资料提供给承包人，并对其准确性负责。

（9）专用合同条款约定的其他义务和责任。

（二）发包人在履行义务和责任时应注意事项

（1）发包人在履行合同过程中应遵守法律，并保证承包人免于承担因发包人违反法律而引起的任何责任。

（2）发包人应及时向承包人发出开工通知，若延误发出开工通知，将可能使承包人失去开工的最佳时机，影响工程工期，并可能形成索赔。开工通知的具体要求如下：

①监理人应在开工日期 7 d 前向承包人发出开工通知。监理人在发出开工通知前应

获得发包人同意。

②工期自监理人发出的开工通知中载明的开工日期起计算。

③承包人应在开工日期后尽快施工。承包人在接到开工通知后14 d内未按进度计划要求及时进场组织施工,监理人可通知承包人在接到通知后7 d内提交一份说明其进场延误的书面报告,报送监理人。书面报告应说明不能及时进场的原因和补救措施,由此增加的费用和工期延误责任由承包人承担。

(3)提供施工场地是发包人的义务和责任,特殊条件下,临时征地可由承包人负责实施,但责任仍旧是发包人的。施工场地包括永久占地和临时占地。发包人提供施工场地的要求如下:

①发包人应在合同双方签订合同协议书后的14 d内,将本合同工程的施工场地范围图提交给承包人。发包人提供的施工场地范围图应标明场地范围内永久占地与临时占地的范围和界限,以及指明提供给承包人用于施工场地布置的范围和界限及其有关资料。

②发包人提供的施工用地范围在专用合同条款中约定。

③除专用合同条款另有约定外,发包人应按技术标准和要求(合同技术条款)的约定,向承包人提供施工场地内的工程地质图纸和报告,以及地下障碍物图纸等施工场地有关资料,并保证资料的真实、准确、完整。

(4)发包人应协助承包人办理法律规定的有关施工证件和批件。

(5)发包人应根据合同进度计划,组织设计单位向承包人进行设计交底。

(6)发包人应按合同约定向承包人及时支付合同价款,包括按合同约定支付工程预付款和进度付款,工程通过完工验收后支付完工付款,保修期期满后及时支付最终结清款。

(7)发包人应按合同约定及时组织法人验收。发包人在验收方面的义务即承担法人验收职责。法人验收包括分部工程验收、单位工程验收、中间机组启动验收和合同工程完工验收。水利水电工程竣工验收是政府验收范畴,由政府负责。验收的具体要求按《水利水电建设工程验收规程》(SL 223—2008)在合同验收条款中约定。

(三)发包人提供材料和工程设备时应注意事项

1.供货与验收

发包人提供的材料和工程设备应在专用合同条款中写明材料和工程设备的名称、规格、数量、价格、交货方式、交货地点和计划交货日期等。承包人应根据合同进度计划的安排,向监理人报送要求发包人交货的日期计划。发包人应按照监理人与合同双方当事人商定的交货日期,向承包人提交材料和工程设备。发包人应在材料和工程设备到货7 d前通知承包人,承包人应会同监理人在约定的时间内赴交货地点共同进行验收。发包人提供的材料和工程设备运至交货地点验收后,由承包人负责接收、卸货、运输和保管。发包人要求向承包人提前交货的,承包人不得拒绝,但发包人应承担承包人由此增加的费用。承包人要求更改交货日期或地点的,应事先报请监理人批准,所增加的费用和(或)工期延误由承包人承担。发包人提供的材料和工程设备的规格、数量或质量不符合合同要求或因发包人发生交货日期延误及交货地点变更等情况的,发包人应承担由此增加的费用和(或)工期延误,并向承包人支付合理利润。

2.发包人提供材料时的费用处理

发包人提供材料时,材料供应商一般由招标选定。材料费的处理有两种情形:

(1)材料费包含在承包人签约合同价中。根据合同约定的计量规则计量(通常以监理人批准的领料计划作为领料和扣除的依据),按约定的材料预算价格(通常比该材料供应商中标价低)作为扣除价,由发包人在工程进度支付款中扣除发包人供应材料费。

(2)材料费不包括在承包人签约合同价中。合同规定材料预算价格及其损耗率的计入和扣回方式,承包人只获得该材料预算价格带来的管理费率滚动产生的费用,材料费由发包人直接向材料供应商支付。

二、承包人的义务和责任及注意事项

(一)承包人的义务和责任

(1)遵守法律。

(2)依法纳税。

(3)完成各项承包工作。

(4)对施工作业和施工方法的完备性负责。

(5)保证工程施工和人员的安全。

(6)负责施工场地及其周边环境与生态的保护工作。

(7)避免施工对公众与他人的利益造成损害。

(8)为他人提供方便。

(9)工程的维护和照管。

(10)承包人应对其阅读发包人提供的有关资料后所做出的解释和推断负责。

(11)承包人应对施工场地和周围环境进行查勘,并收集地质、水文、气象条件、交通条件、风俗习惯以及其他为完成合同工作有关的当地资料。

(12)在全部合同工作中,应视为承包人已充分估计了应承担的责任和风险。

(13)专用合同条款约定的其他义务和责任。

(二)承包人在履行义务和责任时应注意事项

(1)承包人在履行合同过程中应遵守法律,并保证发包人免于承担因承包人违反法律而引起的任何责任。

(2)承包人应按有关法律规定纳税,应缴纳的税金包括在合同价格内。承包人应纳税包括营业税、城建税、教育费附加、企业所得税等。

(3)承包人应按合同约定以及监理人指示,实施、完成全部工程,并修补工程中的任何缺陷。除合同条款另有约定外,承包人应提供为完成合同工作所需的劳务、材料、施工设备、工程设备和其他物品,并按合同约定负责临时设施的设计、建造、运行、维护、管理和拆除。

(4)承包人应按合同约定的工作内容和施工进度要求,编制施工组织设计和施工措施计划,并对所有施工作业和施工方法的完备性和安全可靠性负责。

(5)承包人应采取施工安全措施,确保工程及其人员、材料、设备和设施的安全,防止因工程施工造成的人身伤害和财产损失。承包人必须按国家法律法规、技术标准和要求,通过详细编制并实施经批准的施工组织设计和措施计划,确保建设工程能满足合同约定的质量标准和国家安全法规的要求。承包人安全生产方面的职责和义务参见《水利工程建设项目安全生产管理规定》。

(6)承包人在进行合同约定的各项工作时,不得侵害发包人与他人使用公用道路、水源、市政管网等公共设施的权利,避免对邻近的公共设施产生干扰。承包人占用或使用他人的施工场地,影响他人作业或生活的,应承担相应责任。

(7)承包人应按监理人的指示为他人在施工场地或附近实施与工程有关的其他各项工作提供可能的条件。除合同另有约定外,提供有关条件的内容和可能发生的费用,由监理人商定或确定。

(8)除合同另有约定外,合同工程完工证书颁发前,承包人应负责照管和维护工程。合同工程完工证书颁发时尚有部分未完工程的,承包人还应负责该未完工程的照管和维护工作,直至完工后移交给发包人。

(三)履约担保的期限

承包人应按招标文件的要求,在中标前提交履约担保,履约担保在发包人颁发合同工程完工证书前一直有效。发包人应在合同工程完工证书颁发后28 d内将履约担保退还给承包人。

(四)承包人项目经理要求

1.项目经理驻现场的要求

(1)承包人应按合同约定指派项目经理,并在约定的期限内到职。

(2)承包人更换项目经理应事先征得发包人同意,并应在更换14 d前通知发包人和监理人。

(3)承包人项目经理短期离开施工场地,应事先征得监理人同意,并委派代表代行其职责。

监理人要求撤换不能胜任本职工作、行为不端或玩忽职守的承包人项目经理和其他人员的,承包人应予以撤换。

2.项目经理职责

项目经理应按合同约定以及监理人指示,负责组织合同工程的实施。在情况紧急且无法与监理人取得联系时,可采取保证工程和人员生命财产安全的紧急措施,并在采取措施后24 h内向监理人提交书面报告。承包人为履行合同发出的一切函件均应盖有承包人授权的施工场地管理机构章,并由承包人项目经理或其授权代表签字。承包人项目经理可以授权其下属人员履行其某项职责,但事先应将这些人员的姓名和授权范围通知监理人。

(五)承包人提供材料和工程设备时应注意事项

1.材料和工程设备的提供

水利水电工程所需材料宜由承包人负责采购;主要工程设备(如闸门、启闭机、水泵、水轮机、电动机)可由发包人另行组织招标采购。而对于电气设备、清污机、起重机、电梯等设备可根据招标项目具体情况在专用合同条款中进一步约定。

承包人负责采购、运输和保管完成合同工作所需的材料和工程设备的,承包人应对其采购的材料和工程设备负责。

2.承包人采购要求

承包人应按专用合同条款的约定,将各项材料和工程设备的供货人及品种、规格、数量和供货时间等报送监理人审批。承包人应向监理人提交其负责提供的材料和工程设备的质量证明文件,并满足合同约定的质量标准。

3.验收

对承包人提供的材料和工程设备,承包人应会同监理人进行检验和交货验收,查验材料合格证明和产品合格证书,并按合同约定和监理人指示,进行材料的抽样检验和工程设备的检验测试,检验和测试结果应提交监理人,所需费用由承包人承担。

4.材料和工程设备专用于合同工程

(1)运入施工场地的材料、工程设备,包括备品备件、安装专用工器具与随机资料,必须专用于合同工程,未经监理人同意,承包人不得运出施工场地或挪作他用。

(2)随同工程设备运入施工场地的备品备件、专用工器具与随机资料,应由承包人会同监理人按供货人的装箱单清点后共同封存,未经监理人同意不得启用。承包人因合同工作需要使用上述物品时,应向监理人提出申请。

5.禁止使用不合格的材料和工程设备

(1)监理人有权拒绝承包人提供的不合格材料或工程设备,并要求承包人立即进行更换。监理人应在更换后再次进行检查和检验,由此增加的费用和(或)工期延误由承包人承担。

(2)监理人发现承包人使用了不合格的材料和工程设备,应即时发出指示要求承包人立即改正,并禁止在工程中继续使用不合格的材料和工程设备。

三、监理人的职责和权力

(一)监理人角色

监理人是受发包人委托在施工现场实施合同管理的执行者。监理人按发包人与承包人签订的施工合同进行监理,监理人不是合同的第三方,无权修改合同,无权免除或变更合同约定的发包人与承包人的责任、权利和义务。监理人的任务是忠实地执行合同双方签订的合同,监理人的指示被认为已取得发包人授权。

(二)监理人权力来源

监理人的权力范围在专用合同条款中明确。发包人宜将工程的进度控制、质量监督、安全管理和日常的合同支付签证尽量授权给监理人,使其充分行使职权。有关工程分包、工期调整和重大变更(可规定合同价格限额)等重大问题,监理人应在做出指示前得到发包人的批准。

(三)紧急事件的处置权

当监理人认为出现了危及生命、工程或毗邻财产等安全的紧急事件时,在不免除合同约定的承包人责任的情况下,监理人可以指示承包人实施为消除或减少这种危险所必须进行的工作,即使没有发包人的事先批准,承包人也应立即遵照执行。监理人应按变更的约定增加相应的费用,并通知承包人。

(四)监理人履行权力的限制

监理人发出的任何指示应视为已得到发包人的批准,但监理人无权免除或变更合同约定的发包人和承包人的权利、义务和责任。

(五)监理人的检查和检验

合同约定应由承包人承担的义务和责任,不因监理人对承包人提交文件的审查或批准,对工程、材料和设备的检查和检验,以及为实施监理做出的指示等职务行为而减轻或解除。

监理人的指示应盖有监理人授权的施工场地机构章,并由总监理工程师或总监理工程师授权的监理人员签字。承包人收到监理人指示后应遵照执行。指示构成变更的,应按变更条款处理。在紧急情况下,总监理工程师或被授权的监理人员可以当场签发临时书面指示,承包人应遵照执行。承包人应在收到上述临时书面指示后 24 h 内,向监理人发出书面确认函。监理人在收到书面确认函后 24 h 内未予答复的,该书面确认函应被视为监理人的正式指示。除合同另有约定外,承包人只从总监理工程师或其授权的监理人员处取得指示。由于监理人未能按合同约定发出指示、指示延误或指示错误而导致承包人费用增加和(或)工期延误的,由发包人承担赔偿责任。

(六)监理人的商定或确定权

合同履行的通畅原则贯穿合同实施始终。监理人与合同双方经常通过协商处理好各项合同事宜,及时解决合同纠纷是提高合同管理效能的良好方法。监理人履行商定和确定权的要求如下:合同约定总监理工程师对如变更、价格调整、不可抗力、索赔等事项进行商定或确定时,总监理工程师应与合同当事人协商,尽量达成一致。不能达成一致的,总监理工程师应认真研究后审慎确定。

总监理工程师应将商定或确定的事项通知合同当事人,并附详细依据。

监理人的商定和确定不是强制的,也不是最终的决定。对总监理工程师的确定有异议的,构成争议,按照合同争议的约定处理。在争议解决前,双方应暂按总监理工程师的确定执行,按照合同争议的约定对总监理工程师的确定做出修改的,按修改后的结果执行。

合同争议处理方法有友好协商解决、提请争议评审组评审、仲裁、诉讼。

四、不利物质条件

(一)不利物质条件的界定原则

水利水电工程的不利物质条件,指在施工过程中遭遇诸如地下工程开挖中遇到发包人进行的地质勘探工作未能查明的地下溶洞或溶蚀裂隙和坝基河床深层的淤泥层或软弱带等,使施工受阻。

(二)不利物质条件的处理方法

承包人遇到不利物质条件时,应采取适应不利物质条件的合理措施继续施工,并及时通知监理人。承包人有权要求延长工期及增加费用。监理人收到此类要求后,应在分析上述外界障碍或自然条件是否不可预见及不可预见程度的基础上,按照变更的约定办理。

五、施工交通

(一)道路通行权和场外设施

除专用合同条款另有约定外,承包人应根据合同工程的施工需要,负责办理取得出入施工场地的专用和临时道路的通行权,以及取得为工程建设所需修建场外设施的权利,并承担相关费用。发包人应协助承包人办理上述手续。

(二)场内施工道路

(1)除合同约定由发包人提供的部分道路和交通设施外,承包人应负责修建、维修、养护和管理其施工所需的全部临时道路和交通设施(包括合同约定由发包人提供的部分道路和交通设施的维修、养护和管理),并承担相应费用。

(2)承包人修建的临时道路和交通设施,应免费供发包人、监理人以及与合同有关的其他承包人使用。

(三)场外交通

(1)承包人车辆外出行驶所需的场外公共道路的通行费、养路费和税款等由承包人承担。

(2)承包人应遵守有关交通法规,严格按照道路和桥梁的限制荷重安全行驶,并服从交通管理部门的检查和监督。

(四)超大件和超重件的运输

由承包人负责运输的超大件或超重件,应由承包人负责向交通管理部门办理申请手续,发包人给予协助。运输超大件或超重件所需的道路和桥梁临时加固改造费用和其他有关费用由承包人承担,但专用合同条款另有约定除外。

(五)道路和桥梁的损坏责任

因承包人运输造成施工场地内外公共道路和桥梁损坏的,由承包人承担修复损坏的全部费用和可能引起的赔偿。

六、测量放线

(一)施工控制网

(1)除专用合同条款另有约定外,施工控制网由承包人负责测设,发包人应在本合同协议书签订后的 14 d 内,向承包人提供测量基准点、基准线和水准点及其相关资料。承包人应在收到上述资料后的 28 d 内,将施测的施工控制网资料提交监理人审批。监理人应在收到报批件后的 14 d 内批复承包人。

(2)承包人应负责管理施工控制网点。施工控制网点丢失或损坏的,承包人应及时修复。承包人应承担施工控制网点的管理与修复费用,并在工程竣工后将施工控制网点移交发包人。

(3)监理人需要使用施工控制网的,承包人应提供必要的协助,发包人不再为此支付费用。

(二)施工测量

(1)承包人应负责施工过程中的全部施工测量放线工作,并配置合格的人员、仪器、设备和其他物品。

（2）监理人可以指示承包人进行抽样复测，当复测中发现错误或出现超过合同约定的误差时，承包人应按监理人指示进行修正或补测，并承担相应的复测费用。

（三）基准资料错误的责任

（1）发包人应对其提供的测量基准点、基准线和水准点及其书面资料的真实性、准确性和完整性负责。

（2）发包人提供上述基准资料错误导致承包人测量放线工作的返工或造成工程损失的，发包人应当承担由此增加的费用和（或）工期延误，并向承包人支付合理利润。

（3）承包人发现发包人提供的上述基准资料存在明显错误或疏忽的，应及时通知监理人。

（四）补充地质勘探

在合同实施期间，监理人可以指示承包人进行必要的补充地质勘探并提供有关资料。承包人为本合同永久工程施工的需要进行补充地质勘探时，须经监理人批准，并应向监理人提交有关资料，上述补充勘探的费用由发包人承担。承包人为其临时工程设计及施工的需要进行的补充地质勘探，其费用由承包人承担。

七、施工安全生产管理

（一）发包人的施工安全责任

（1）发包人应按合同约定履行安全职责。

（2）发包人委托监理人对承包人的安全责任履行情况进行监督和检查。监理人的监督检查不减轻承包人应负的安全责任。

（3）发包人应对其现场机构雇用的全部人员的工伤事故承担责任，但由于承包人造成发包人人员工伤的，应由承包人承担责任。

（4）发包人应负责赔偿以下各种情况造成的第三者人身伤亡和财产损失：

①工程或工程的任何部分对土地的占用所造成的第三者财产损失；

②由于发包人在施工场地及其毗邻地带造成的第三者人身伤亡和财产损失。

（5）除专用合同条款另有约定外，发包人负责向承包人提供施工现场及施工可能影响的毗邻区域内供水、排水、供电、供气、供热、通信、广播电视等地下管线资料，气象和水文观测资料，拟建工程可能影响的相邻建筑物地下工程的有关资料，并保证有关资料的真实、准确、完整，满足有关技术规程的要求。

（6）发包人按照已标价工程量清单所列金额和合同约定的计量支付规定，支付安全作业环境及安全施工措施所需费用。

（7）发包人负责组织工程参建单位编制保证安全生产的措施方案。工程开工前，就落实保证安全生产的措施进行全面系统的布置，进一步明确承包人的安全生产责任。

（8）发包人负责在拆除工程和爆破工程施工14 d前向有关部门或机构报送相关备案资料。

（二）承包人的施工安全责任

（1）承包人应按合同约定履行安全职责，执行监理人有关安全工作的指示。承包人应编制施工安全技术措施提交监理人审批。

（2）承包人应加强施工作业安全管理，特别应加强易燃材料、易爆材料、火工器材、有毒与腐蚀性材料和其他危险品的管理，以及对爆破作业和地下工程施工等危险作业的管理。

（3）承包人应严格按照国家安全标准制定施工安全操作规程，配备必要的安全生产和劳动保护设施，加强对承包人人员的安全教育，并发放安全工作手册和劳动保护用具。

（4）承包人应按监理人的指示制订应对灾害的紧急预案，报送监理人审批。承包人还应按预案做好安全检查，配置必要的救助物资和器材，切实保护好有关人员的人身和财产安全。

（5）合同约定的安全作业环境及安全施工措施所需费用应遵守有关规定，并包括在相关工作的合同价格中。因采取合同未约定的安全作业环境及安全施工措施增加的费用，由监理人商定或确定。

（6）承包人应对其履行合同所雇用的全部人员，包括分包人人员的工伤事故承担责任，但由于发包人造成承包人人员工伤事故的，应由发包人承担责任。

（7）由于承包人在施工场地内及其毗邻地带造成的第三者人员伤亡和财产损失，由承包人负责赔偿。

（8）承包人已标价工程量清单应包含工程安全作业环境及安全施工措施所需费用。

（9）承包人应建立健全安全生产责任制度和安全生产教育培训制度，制定安全生产规章制度和操作规程，保证本单位建立和完善安全生产条件所需资金的投入，对本工程进行定期和专项安全检查，并做好安全检查记录。

（10）承包人应设立安全生产管理机构，施工现场应有专职安全生产管理人员。专职安全生产人员应与投标文件承诺一致，专职安全生产人员应持证上岗并负责对安全生产进行现场监督检查。发现生产安全事故隐患，应当及时向项目经理和安全生产管理机构报告；对违章指挥、违章操作的，应当立即制止。

（11）承包人应负责对特种作业人员进行专门的安全作业培训，并保证特种作业人员持证上岗。特种作业人员指垂直运输作业人员、安装拆卸工、爆破作业人员、起重信号工、登高架设作业人员等与安全生产紧密相关的人员。

（12）承包人应在施工组织设计中编制安全技术措施和施工现场临时用电方案。基坑支护与降水工程、土方和石方开挖工程、模板工程、起重吊装工程、脚手架工程、拆除爆破工程、围堰工程和其他危险性较大的工程对专用合同条款约定的工程，应编制专项施工方案报监理人批准。对高边坡、深基坑、地下暗挖工程、高大模板工程施工方案，还应组织专家进行论证、审查，其中专家1/2人员应经发包人同意。

（13）承包人在使用施工起重机械和整体提升脚手架、模板等自升式架设设施前，应组织有关单位进行验收。

八、进度管理

（一）合同进度计划

（1）承包人应编制详细的施工总进度计划及其说明，提交监理人审批。

（2）监理人应在约定的期限内批复承包人，否则该进度计划视为已得到批准。

(3)经监理人批准的施工进度计划称为合同进度计划,是控制合同工程进度的依据。

(4)承包人还应根据合同进度计划,编制更为详细的分阶段或单位工程或分部工程进度计划,报监理人审批。

(二)合同进度计划的修订

(1)不论何种原因造成工程的实际进度与合同进度计划不符时,承包人均应在 14 d 内向监理人提交修订合同进度计划的申请报告,并附有关措施和相关资料,报监理人审批。

(2)监理人应在收到申请报告后的 14 d 内批复。当监理人认为需要修订合同进度计划时,承包人应按监理人的指示,在 14 d 内向监理人提交修订的合同进度计划,并附调整计划的相关资料,提交监理人审批。监理人应在收到进度计划后的 14 d 内批复。

(3)不论何种原因造成施工进度延迟,承包人均应按监理人的指示,采取有效措施赶上进度。承包人应在向监理人提交修订合同进度计划的同时,编制一份赶工措施报告提交监理人审批。

(4)施工进度延迟在分清责任的基础上按合同约定处理。

(三)开工

(1)监理人应在开工日期 7 d 前向承包人发出开工通知。监理人在发出开工通知前应获得发包人同意。工期自监理人发出的开工通知中载明的开工日期起计算。

(2)承包人应向监理人提交工程开工报审表,经监理人审批后执行。开工报审表应详细说明按合同进度计划正常施工所需的施工道路、临时设施、材料设备、施工人员等施工组织措施的落实情况以及工程的进度安排。

(3)若发包人未能按合同约定向承包人提供开工的必要条件,承包人有权要求延长工期。监理人应在收到承包人的书面要求后,与合同双方商定或确定增加的费用和延长的工期。

(4)承包人在接到开工通知后 14 d 内未按进度计划要求及时进场组织施工,监理人可通知承包人在接到通知后 7 d 内提交一份说明其进场延误的书面报告,报送监理人。书面报告应说明不能及时进场的原因和补救措施,由此增加的费用和工期延误责任由承包人承担。

(四)完工

承包人应在约定的期限内完成合同工程。合同工程实际完工日期在合同工程完工证书中明确。

1.发包人原因的工期延误

在履行合同过程中,由于发包人的下列因素造成工期延误的,承包人有权要求发包人延长工期和(或)增加费用,并支付合理利润。需要修订合同进度计划的,按照约定办理:

(1)增加合同工作内容;

(2)改变合同中任何一项工作的质量要求或其他特性;

(3)发包人延迟提供材料、工程设备或变更交货地点的;

(4)因发包人导致的暂停施工;

(5)提供图纸延误;

(6)未按合同约定及时支付预付款、进度款;

(7)发包人造成工期延误的其他原因。

2.异常恶劣的气候条件

异常恶劣气候条件的界定,应以当地政府气象部门的气象报告为准。可参考的因素有:

(1)日降雨量大于_____ mm 的雨日超过_____ d;

(2)风速大于_____ m/s 的_____级以上台风灾害;

(3)日气温超过_____℃的高温大于_____ d;

(4)日气温低于_____℃的严寒大于_____ d;

(5)造成工程损坏的冰雹和大雪灾害:_____。

当工程所在地发生危及施工安全的异常恶劣气候时,发包人和承包人应及时采取暂停施工或部分暂停施工措施。异常恶劣气候条件解除后,承包人应及时安排复工。

异常恶劣气候条件造成的工期延误和工程损坏,应由发包人与承包人参照不可抗力的约定协商处理。

3.承包人原因的工期延误

因承包人导致未能按合同进度计划完成工作,或监理人认为承包人施工进度不能满足合同工期要求的,承包人应采取措施加快进度,并承担加快进度所增加的费用。因承包人造成工期延误,承包人应支付逾期竣工违约金。逾期竣工违约金的计算方法在专用合同条款中约定。承包人支付逾期竣工违约金,不免除承包人完成工程及修补缺陷的义务。

4.工期提前

发包人要求承包人提前完工,或承包人提出提前完工的建议能够给发包人带来效益的,应由监理人与承包人共同协商采取加快工程进度的措施和修订合同进度计划。发包人应承担承包人由此增加的费用,并向承包人支付专用合同条款约定的相应奖金。

发包人要求提前完工的,双方协商一致后应签订提前完工协议,协议内容包括:

(1)提前的时间和修订后的进度计划;

(2)承包人的赶工措施;

(3)发包人为赶工提供的条件;

(4)赶工费用(包括利润和奖金)。

(五)暂停施工

1.承包人暂停施工的责任

因下列因素暂停施工增加的费用和(或)工期延误由承包人承担:

(1)承包人违约引起的暂停施工;

(2)由承包人造成的为工程合理施工和安全保障所必需的暂停施工;

(3)承包人擅自暂停施工;

(4)承包人其他原因引起的暂停施工;

(5)专用合同条款约定由承包人承担的其他暂停施工。

2.发包人暂停施工的责任

由于发包人引起的暂停施工造成工期延误的,承包人有权要求发包人延长工期和

(或)增加费用,并支付合理利润。

属于下列任何一种情况引起的暂停施工,均为发包人的责任:

(1)由于发包人违约引起的暂停施工;

(2)由于不可抗力的自然或社会因素引起的暂停施工;

(3)专用合同条款中约定的其他由于发包人引起的暂停施工。

3.监理人暂停施工指示

(1)监理人认为有必要时,可向承包人做出暂停施工的指示,承包人应按监理人指示暂停施工。

(2)不论何种原因引起的暂停施工,暂停施工期间承包人应负责妥善保护工程并提供安全保障。

(3)由发包人引起的发生暂停施工的紧急情况,且监理人未及时下达暂停施工指示的,承包人可先暂停施工,并及时向监理人提出暂停施工的书面请求。监理人应在接到书面请求后的24 h内予以答复,逾期未答复的,视为同意承包人的暂停施工请求。

4.暂停施工后的复工

(1)暂停施工后,监理人应与发包人和承包人协商,采取有效措施积极消除暂停施工的影响。当工程具有复工条件时,监理人应立即向承包人发出复工通知。承包人收到复工通知后,应在监理人指定的期限内复工。

(2)承包人无故拖延和拒绝复工的,由此增加的费用和工期延误由承包人承担;因发包人造成无法按时复工的,承包人有权要求发包人延长工期和(或)增加费用,并支付合理利润。

5.暂停施工持续56 d以上

1)发包人原因

监理人发出暂停施工指示后56 d内未向承包人发出复工通知,除该项停工属于承包人责任的情况外,承包人可向监理人提交书面通知,要求监理人在收到书面通知后28 d内准许已暂停施工的工程或其中一部分工程继续施工。假如监理人逾期不予批准,则承包人可以通知监理人,将工程受影响的部分视为可取消工作。假如暂停施工影响到整个工程,可视为发包人违约。

2)承包人原因

由于承包人责任引起的暂停施工,如承包人在收到监理人暂停施工指示后56 d内不认真采取有效的复工措施,造成工期延误,可视为承包人违约,应按《水利水电工程标准施工招标文件》(2009年版)第22.1款的规定办理。

九、质量管理

(一)承包人的质量管理

(1)承包人应在施工场地设置专门的质量检查机构,配备专职质量检查人员,建立完善的质量检查制度。

(2)承包人应按编制工程质量保证措施文件,包括质量检查机构的组织和岗位责任、质量检查人员的组成、质量检查程序和实施细则等,提交监理人审批。

(3)承包人应加强对施工人员的质量教育和技术培训,定期考核施工人员的劳动技能,严格执行规范和操作规程。

(4)承包人应按合同约定对材料、工程设备以及工程的所有部位及其施工工艺进行全过程的质量检查和检验,并做详细记录,编制工程质量报表,报送监理人审查。

(二)监理人的质量检查

(1)监理人有权对工程的所有部位及其施工工艺、材料和工程设备进行检查和检验。

(2)承包人应为监理人的检查和检验提供方便,包括监理人到施工场地,或制造、加工地点,或合同约定的其他地方进行察看和查阅施工原始记录。

(3)承包人应按监理人指示,进行施工场地取样试验、工程复核测量和设备性能检测,提供试验样品、提交试验报告和测量成果以及监理人要求进行的其他工作。

(4)监理人的检查和检验,不免除承包人按合同约定应负的责任。

(三)工程隐蔽部位覆盖前的检查

1.通知监理人检查

经承包人自检确认的工程隐蔽部位具备覆盖条件后,承包人应通知监理人在约定的期限内检查。承包人的通知应附有自检记录和必要的检查资料。监理人应按时到场检查。经监理人检查确认质量符合隐蔽要求,并在检查记录上签字后,承包人才能进行覆盖。监理人检查确认质量不合格的,承包人应在监理人指示的时间内修整返工后,由监理人重新检查。

2.监理人未到场检查

监理人未按约定的时间进行检查的,除监理人另有指示外,承包人可自行完成覆盖工作,并做相应记录报送监理人,监理人应签字确认。监理人事后对检查记录有疑问的,可重新检查。

3.监理人重新检查

承包人覆盖工程隐蔽部位后,监理人对质量有疑问的,可要求承包人对已覆盖的部位进行钻孔探测或揭开重新检验,承包人应遵照执行,并在检验后重新覆盖恢复原状。经检验证明工程质量符合合同要求的,由发包人承担由此增加的费用和(或)工期延误,并支付承包人合理利润;经检验证明工程质量不符合合同要求的,由此增加的费用和(或)工期延误由承包人承担。

4.承包人私自覆盖

承包人未通知监理人到场检查,私自将工程隐蔽部位覆盖的,监理人有权指示承包人钻孔探测或揭开检查,由此增加的费用和(或)工期延误由承包人承担。

十、变更管理

(一)变更的范围和内容

在履行合同中发生以下情形之一,应进行变更:

(1)取消合同中任何一项工作,但被取消的工作不能转由发包人或其他人实施;

(2)改变合同中任何一项工作的质量或其他特性;

(3)改变合同工程的基线、标高、位置或尺寸;

(4)改变合同中任何一项工作的施工时间或改变已批准的施工工艺或顺序;

(5)为完成工程需要追加的额外工作;

(6)增加或减少专用合同条款中约定的关键项目工程量超过其工程总量的一定数量百分比。

上述变更内容引起工程施工组织和进度计划发生实质性变动和影响其原定的价格时,才予调整该项目的单价。第(6)条情形下单价调整方式在专用合同条款中约定。

(二)变更权

在履行合同过程中,经发包人同意,监理人可按变更程序向承包人做出变更指示,承包人应遵照执行。没有监理人的变更指示,承包人不得擅自变更。

(三)变更程序

1.变更的提出

(1)在合同履行过程中,可能发生变更约定情形的,监理人可向承包人发出变更意向书。

(2)变更意向书应说明变更的具体内容和发包人对变更的时间要求,并附必要的图纸和相关资料。

(3)变更意向书应要求承包人提交包括拟实施变更工作的计划、措施和完工时间等内容的实施方案。

(4)发包人同意承包人根据变更意向书要求提交的变更实施方案的,由监理人发出变更指示。

(5)在合同履行过程中,发生变更情形的,监理人应向承包人发出变更指示。

(6)承包人收到监理人发出的图纸和文件,经检查认为其中存在变更情形的,可向监理人提出书面变更建议。变更建议应阐明要求变更的依据,并附必要的图纸和说明。

(7)监理人收到承包人书面建议后,应与发包人共同研究,确认存在变更的,应在收到承包人书面建议后的14 d 内做出变更指示。经研究后不同意变更的,应由监理人书面答复承包人。

(8)若承包人收到监理人的变更意向书后认为难以实施此项变更,应立即通知监理人,说明原因并附详细依据。监理人与承包人和发包人协商后确定撤销、改变或不改变原变更意向书。

2.变更估价

(1)除专用合同条款对期限另有约定外,承包人应在收到变更指示或变更意向书后的14 d 内,向监理人提交变更报价书,报价内容应根据约定的估价原则,详细开列变更工作的价格组成及其依据,并附必要的施工方法说明和有关图纸。

(2)变更工作影响工期的,承包人应提出调整工期的具体细节。监理人认为有必要时,可要求承包人提交要求提前或延长工期的施工进度计划及相应施工措施等详细资料。

(3)除专用合同条款对期限另有约定外,监理人收到承包人变更报价书后的14 d 内,根据约定的估价原则,商定或确定变更价格。

3.变更指示

(1)变更指示只能由监理人发出。

(2)变更指示应说明变更的目的、范围、变更内容以及变更的工程量及其进度和技术要求,并附有关图纸和文件。承包人收到变更指示后,应按变更指示进行变更工作。

4.变更的估价原则

除专用合同条款另有约定外,因变更引起的价格调整按照本款约定处理。

(1)已标价工程量清单中有适用于变更工作的子目的,采用该子目的单价。

(2)已标价工程量清单中无适用于变更工作的子目,但有类似子目的,可在合理范围内参照类似子目的单价,由监理人按《水利水电工程标准施工招标文件》(2009年版)第3.5款商定或确定变更工作的单价。

(3)已标价工程量清单中无适用或类似子目的单价,可按照成本加利润的原则,由监理人商定或确定变更工作的单价。

(四)暂估价

在工程招标阶段已经确定的材料、工程设备或工程项目,但又无法在当时确定准确价格,而可能影响招标效果的,可由发包人在工程量清单中给定一个暂估价。暂估价的管理要求如下。

1.必须招标的暂估价项目

(1)若承包人不具备承担暂估价项目的能力或具备承担暂估价项目的能力但明确不参与投标的,由发包人和承包人组织招标。

(2)若承包人具备承担暂估价项目的能力且明确参与投标的,由发包人组织招标。

(3)暂估价项目中标金额与工程量清单中所列金额差以及相应的税金等其他费用列入合同价格。

(4)必须招标的暂估价项目招标组织形式、发包人和承包人组织招标时双方的权利义务关系在专用合同条款中约定。

2.不招标的暂估价项目

(1)给定暂估价的材料和工程设备不属于依法必须招标的范围或未达到规定的规模标准的,应由承包人提供。经监理人确认的材料、工程设备的价格与工程量清单中所列的暂估价的金额差以及相应的税金等其他费用列入合同价格。

(2)给定暂估价的专业工程不属于依法必须招标的范围或未达到规定的规模标准的,由监理人按照变更处理原则进行估价,但专用合同条款另有约定的除外。经估价的专业工程与工程量清单中所列的暂估价的金额差以及相应的税金等其他费用列入合同价格。

十一、价格调整

(一)人工、材料和设备等价格波动影响合同价格时的调整

1.价格调整公式

$$\Delta P = P_0 \left[A + \left(B_1 \times \frac{F_{t1}}{F_{01}} + B_2 \times \frac{F_{t2}}{F_{02}} + B_3 \times \frac{F_{t3}}{F_{03}} + \cdots + B_n \times \frac{F_{tn}}{F_{0n}} \right) - 1 \right] \qquad (10\text{-}4)$$

式中　ΔP——需调整的价格差额;

　　　　P_0——付款证书中承包人应得到的已完成工程量的金额,此项金额应不包括价格调整、不计质量保证金的扣留和支付、预付款的支付和扣回,变更及其他金

额已按现行价格计价的,也不计在内;

A——定值权重(不调部分的权重);

$B_1,B_2,B_3,\cdots,B_n$——各可调因子的变值权重(可调部分的权重),为各可调因子在投票函投票总报价中所占的比例;

$F_{t1},F_{t2},F_{t3},\cdots,F_{tn}$——各可调因子的现行价格指数,指付款证书相关周期最后一天的前42 d的各可调因子的价格指数;

$F_{01},F_{02},F_{03},\cdots,F_{0n}$——各可调因子的基本价格指数,指基准日期的各可调因子的价格指数。

2.基础数据来源

价格调整公式中的各可调因子、定值权重和变值权重,以及基本价格指数及其来源在投标函附录价格指数和权重表中约定。价格指数应首先采用有关部门提供的价格指数,缺乏上述价格指数时,可采用有关部门提供的价格代替。

暂时确定调整差额在计算调整差额时得不到现行价格指数的,可暂用上一次价格指数计算,并在以后的付款中再按实际价格指数进行调整。

3.承包人原因误期

由承包人造成未在约定的工期内完工的,则对原约定完工日期后继续施工的工程,在使用价格调整公式时,应采用原约定完工日期与实际完工日期的两个价格指数中较低的一个作为现行价格指数。

(二)法律变化引起的价格调整

在基准日后,因法律变化导致承包人在合同履行中所需要的工程费用发生除物价波动以外的增减时,监理人应根据法律、国家或省、自治区、直辖市有关部门的规定,商定或确定需调整的合同价款。

十二、计量与支付

(一)计量

1.单价子目的计量

(1)已标价工程量清单中的单价子目工程量为估算工程量。结算工程量是承包人实际完成的,并按合同约定的计量方法进行计量的工程量。

(2)承包人对已完成的工程进行计量,向监理人提交进度付款申请单、已完成工程量报表和有关计量资料。

(3)监理人对承包人提交的工程量报表进行复核,以确定实际完成的工程量。对数量有异议的,可要求承包人进行共同复核和抽样复测。承包人应协助监理人进行复核并按监理人要求提供补充计量资料。承包人未按监理人要求参加复核,监理人复核或修正的工程量视为承包人实际完成的工程量。

(4)监理人认为有必要时,可通知承包人共同进行联合测量、计量,承包人应遵照执行。

(5)承包人完成工程量清单中每个子目的工程量后,监理人应要求承包人派人员共同对每个子目的历次计量报表进行汇总,以核实最终结算工程量。监理人可要求承包人提供补充计量资料,以确定最后一次进度付款的准确工程量。承包人未按监理人要求派人员参加的,监理人最终核实的工程量视为承包人完成该子目的准确工程量。

(6)监理人应在收到承包人提交的工程量报表后的 7 d 内进行复核,监理人未在约定时间内复核的,承包人提交的工程量报表中的工程量视为承包人实际完成的工程量,据此计算工程价款。

2.总价子目的计量

总价子目的分解和计量按照下述约定进行:

(1)总价子目的计量和支付应以总价为基础,不因价格调整而进行调整。承包人实际完成的工程量,是进行工程目标管理和控制进度支付的依据。

(2)承包人应按工程量清单的要求对总价子目进行分解,并在签订协议书后的 28 d 内将各子目的总价支付分解表提交监理人审批。分解表应标明其所属子目和分阶段需支付的金额。承包人应按批准的各总价子目支付周期,对已完成的总价子目进行计量,确定分项的应付金额列入进度付款申请单中。

(3)监理人对承包人提交的上述资料进行复核,以确定分阶段实际完成的工程量和工程形象目标。对其有异议的,可要求承包人进行共同复核和抽样复测。

(4)除变更外,总价子目的工程量是承包人用于结算的最终工程量。

(二)预付款

1.预付款的定义和分类

预付款用于承包人为合同工程施工购置材料、工程设备、施工设备、修建临时设施以及组织施工队伍进场等,分为工程预付款和工程材料预付款。预付款必须专用于合同工程。

2.工程预付款的额度和预付办法

一般工程预付款为签约合同价的 10%,分两次支付,招标项目包含大宗设备采购的,可适当提高但不宜超过 20%。

3.工程预付款保函

(1)承包人在第一次收到工程预付款的同时需提交等额的工程预付款保函(担保)。

(2)第二次工程预付款保函可用承包人进入工地的主要设备(其估算价值已达到第二次预付款金额)代替。

(3)当履约担保的保证金额度大于工程预付款额度,发包人分析认为可以确保履约安全的情况下,承包人可与发包人协商不提交工程预付款保函,但应在履约保函中写明其兼具预付款保函的功能。此时,工程预付款的扣款办法不变,但不能递减履约保函金额。

(4)工程预付款担保的担保金额可根据工程预付款扣回的金额相应递减。

4.工程预付款的扣回与还清公式

$$R = \frac{A}{(F_2 - F_1)S}(C - F_1 S) \tag{10-5}$$

式中　R——每次进度付款中累计扣回的金额;

　　　A——工程预付款总金额;

　　　S——签约合同价;

C——合同累计完成金额;

F_1——开始扣款时合同累计完成合同金额达到签约合同价的比例,一般取 20%;

F_2——全部扣清时合同累计完成金额达到签约合同价的比例,一般取 80% ~ 90%。

上述合同累计完成金额均指价格调整前未扣质量保证金的金额。

(三)工程进度付款

1.进度付款申请单内容

(1)截至本次付款周期末已实施工程的价款;

(2)变更金额;

(3)索赔金额;

(4)应支付的预付款和扣减的返还预付款;

(5)应扣减的质量保证金;

(6)根据合同应增加和扣减的其他金额。

2.进度付款证书和支付时间

(1)监理人在收到承包人进度付款申请单以及相应的支持性证明文件后的 14 d 内完成核查,经发包人审查同意后,出具经发包人签认的进度付款证书。

(2)发包人应在监理人收到进度付款申请单后的 28 d 内,将进度应付款支付给承包人。发包人不按期支付的,按专用合同条款的约定支付逾期付款违约金。

(3)监理人出具进度付款证书,不应视为监理人已同意、批准或接受了承包人完成的该部分工作。

(4)进度付款涉及政府投资资金的,按照国库集中支付等国家相关规定和专用合同条款的约定办理。

(四)质量保证金

1.扣留

(1)从第一个付款周期在付给承包人的工程进度付款中(不包括预付款支付和扣回)扣留 5% ~ 8%,直至达到规定的质量保证金总额。

(2)一般情况下,质量保证金总额为签约合同价的 2.5% ~ 5%。

2.退还

(1)合同工程完工证书颁发后 14 d 内,发包人将质量保证金总额的一半支付给承包人。

(2)在工程质量保修期满时,发包人将在 30 个工作日内核实后将剩余的质量保证金支付给承包人。

(3)在工程质量保修期满时,承包人没有完成缺陷责任的,发包人有权扣留与未履行责任剩余工作所需金额相应的质量保证金余额,并有权延长缺陷责任期,直至完成剩余工作。

(五)完工结算

1.完工付款申请单

(1)承包人应在合同工程完工证书颁发后 28 d 内,向监理人提交完工付款申请单,并提供相关证明材料。

(2)完工付款申请单应包括下列内容:完工结算合同总价、发包人已支付承包人的工程价款、应扣留的质量保证金、应支付的完工付款金额。

2.完工付款证书及支付时间

(1)监理人在收到承包人提交的完工付款申请单后的 14 d 内完成核查,提出发包人到期应支付给承包人的价款送发包人审核并抄送承包人。

(2)发包人应在收到后 14 d 内审核完毕,由监理人向承包人出具经发包人签认的完工付款证书。

(3)监理人未在约定时间内核查,又未提出具体意见的,视为承包人提交的完工付款申请单已经监理人核查同意。

(4)发包人未在约定时间内审核又未提出具体意见的,监理人提出发包人到期应支付给承包人的价款视为已经发包人同意。

(5)发包人应在监理人出具完工付款证书后的 14 d 内,将应支付款支付给承包人。发包人不按期支付的,将逾期付款违约金支付给承包人。

(6)承包人对发包人签认的完工付款证书有异议的,发包人可出具完工付款申请单中承包人已同意部分的临时付款证书。

(7)完工付款涉及政府投资资金的,按照国库集中支付等国家相关规定和专用合同条款的约定办理。

(六)最终结清

1.最终结清申请单

工程质量保修责任终止证书签发后,承包人应按监理人批准的格式提交最终结清申请单。

2.最终结清证书和支付时间

(1)监理人收到承包人提交的最终结清申请单后的 14 d 内,提出发包人应支付给承包人的价款送发包人审核并抄送承包人。

(2)发包人应在收到后 14 d 内审核完毕,由监理人向承包人出具经发包人签认的最终结清证书。

(3)监理人未在约定时间内核查,又未提出具体意见的,视为承包人提交的最终结清申请已经监理人核查同意。

(4)发包人未在约定时间内审核又未提出具体意见的,监理人提出应支付给承包人的价款视为已经发包人同意。

(5)发包人应在监理人出具最终结清证书后的 14 d 内,将应支付款支付给承包人。发包人不按期支付的,将逾期付款违约金支付给承包人。

(6)最终结清付款涉及政府投资资金的,按照国库集中支付等国家相关规定和专用合同条款的约定办理。

(7)最终结清后,发包人的支付义务结束。

【例 10-1】 某承包商承包某水利工程的施工,与业主签订的承包合同约定:工程合同价 2 000 万元;若遇物价变动,工程价款采用价格调整公式调价。该工程的人工费占工程价款的 35%、水泥占 23%、钢材占 12%、石材占 8%、砂料占 7%、不调值费用占 15%;开工前业主向承包商支付合同价 10% 的工程预付款,当工程进度款达到合同价的 60% 时,开始从超过部分的工程结算款中按60%抵扣工程预付款,竣工前全部结清;工程进度款逐月结算,每月月中预支半月工程款。

问题:(1)工程预付款和起扣点是多少?

(2)当工程完成合同70%后,正好遇上国家采取积极财政政策,导致水泥、钢材涨价,其中,水泥价格增长20%,钢材价格增长15%,试问承包商可索赔价款多少? 合同实际价款为多少?

(3)若工程质量保证金按合同预算价格的5%计算,则工程结算款应为多少?

解　(1)本合同工程预付款为合同价的10%,起扣点为合同价的60%。

工程预付款为　　　　　　　　$2\,000 \times 10\% = 200(万元)$

工程预付款起扣点为　　　$T = 2\,000 \times 60\% = 1\,200(万元)$

(2)计算应调部分合同价款;列出价格调整计算公式,计算调整价款;承包商可索赔价款为调整后价款与原合同价款的差值;合同实际价款为调整价差与原合同价之和。

价格调整计算公式:

$$P = P_0 \times (0.15 + 0.35A/A_0 + 0.23B/B_0 + 0.12C/C_0 + 0.08D/D_0 + 0.07E/E_0)$$

式中　P——调值后合同价款或工程实际结算款;

$\quad\quad P_0$——合同价款中工程预算进度款;

$\quad\quad A_0 \, \text{、} B_0 \, \text{、} C_0 \, \text{、} D_0 \, \text{、} E_0$——基期价格指数或价格;

$\quad\quad A \, \text{、} B \, \text{、} C \, \text{、} D \, \text{、} E$——工程结算日期的价格指数或价格。

当工程完成70%时　　　$P_0 = 2\,000 \times (1 - 0.7) = 600(万元)$

应索赔价款为

$$\begin{aligned}
\Delta P &= P - P_0 \\
&= 600 \times [(0.15 + 0.35 \times 1 + 0.23 \times 1.2 + 0.12 \times 1.15 + 0.08 \times 1 + 0.07 \times 1) - 1] \\
&= 38.4(万元)
\end{aligned}$$

合同实际价款:

$$2\,000 + 38.4 = 2\,038.4(万元)$$

(3)工程结算款为合同实际价款与质量保证金金额之差。本例中,质量保证金金额为原合同价的5%。

质量保证金:

$$2\,000 \times 5\% = 100(万元)$$

工程结算款:

$$2\,038.4 - 100 = 1\,938.4(万元)$$

十三、保修

(一)缺陷责任期(工程质量保修期)的起算时间

(1)除专用合同条款另有约定外,缺陷责任期(工程质量保修期)从工程通过合同工程完工验收后开始计算。

(2)在合同工程完工验收前,已经发包人提前验收的单位工程或部分工程,若未投入使用,其缺陷责任期(工程质量保修期)从工程通过合同工程完工验收后开始计算。

（3）若已投入使用，其缺陷责任期（工程质量保修期）从通过单位工程或部分工程投入使用验收后开始计算。缺陷责任期（工程质量保修期）的期限在专用合同条款中约定。

（二）工程质量保修责任终止证书

（1）合同工程完工验收或投入使用验收后，发包人与承包人应办理工程交接手续，承包人应向发包人递交工程质量保修书。

（2）工程质量保修期满后 30 个工作日内，发包人应向承包人颁发工程质量保修责任终止证书，并退还剩余的质量保证金，但保修责任范围内的质量缺陷未处理完成的应除外。

（3）水利水电工程质量保修期通常为一年，河湖疏浚工程无工程质量保修期。

十四、保险

（一）工程保险

除专用合同条款另有约定外，承包人应以发包人和承包人的共同名义向双方同意的保险人投保建筑工程一切险、安装工程一切险。其具体的投保内容、保险金额、保险费率、保险期限等有关内容在专用合同条款中约定。

（二）人员工伤事故的保险

1.承包人人员工伤事故的保险

承包人应依照有关法律规定参加工伤保险，为其履行合同所雇用的全部人员缴纳工伤保险费，并要求其分包人也参加此项保险。

2.发包人人员工伤事故的保险

发包人应依照有关法律规定参加工伤保险，为其现场机构雇用的全部人员缴纳工伤保险费，并要求其监理人也参加此项保险。

3.人身意外伤害险

（1）发包人应在整个施工期间为其现场机构雇用的全部人员投保人身意外伤害险、缴纳保险费，并要求其监理人也参加此项保险。

（2）承包人应在整个施工期间为其现场机构雇用的全部人员投保人身意外伤害险、缴纳保险费，并要求其分包人也参加此项保险。

4.第三者责任险

（1）第三者责任险是指在保险期内，对因工程意外事故造成的、依法应由被保险人负责的工地上及毗邻地区的第三者人身伤亡、疾病或财产损失（本工程除外），以及被保险人因此而支付的诉讼费用和事先经保险人书面同意支付的其他费用等赔偿责任。

（2）在缺陷责任期终止证书颁发前，承包人应以承包人和发包人的共同名义投保第三者责任险，其保险费率、保险金额等有关内容在专用合同条款中约定。

5.其他保险

除专用合同条款另有约定外，承包人应为其施工设备、进场的材料和工程设备等办理保险。

十五、不可抗力

(一)不可抗力的确认

(1)不可抗力是指承包人和发包人在订立合同时不可预见,在工程施工过程中不可避免发生并不能克服的自然灾害和社会性突发事件,如地震、海啸、瘟疫、水灾、骚乱、暴动、战争和专用合同条款约定的其他情形。

(2)不可抗力发生后,发包人和承包人应及时认真统计所造成的损失,收集不可抗力造成损失的证据。合同双方对是否属于不可抗力或其损失的意见不一致的,由监理人商定或确定。发生争议时,按争议的约定办理。

(二)不可抗力的通知

(1)合同一方当事人遇到不可抗力事件,使其履行合同义务受到阻碍时,应立即通知合同另一方当事人和监理人,书面说明不可抗力和受阻碍的详细情况,并提供必要的证明。

(2)如不可抗力持续发生,合同一方当事人应及时向合同另一方当事人和监理人提交中间报告,说明不可抗力和履行合同受阻的情况,并于不可抗力事件结束后 28 d 内提交最终报告及有关资料。

(三)不可抗力后果及其处理

1.不可抗力造成损害的责任

除专用合同条款另有约定外,不可抗力导致的人员伤亡、财产损失、费用增加和(或)工期延误等后果,由合同双方按以下原则承担:

(1)永久工程,包括已运至施工场地的材料和工程设备的损害,以及因工程损害造成的第三者人员伤亡和财产损失由发包人承担。

(2)承包人设备的损坏由承包人承担。

(3)发包人和承包人各自承担其人员伤亡和其他财产损失及其相关费用。

(4)承包人的停工损失由承包人承担,但停工期间应监理人要求照管工程和清理、修复工程的金额由发包人承担。

(5)不能按期竣工的,应合理延长工期,承包人不需支付逾期竣工违约金。发包人要求赶工的,承包人应采取赶工措施,赶工费用由发包人承担。

2.延迟履行期间发生的不可抗力

合同一方当事人延迟履行,在延迟履行期间发生不可抗力的,不免除其责任。

3.避免和减少不可抗力损失

不可抗力发生后,发包人和承包人均应采取措施尽量避免和减少损失的扩大,任何一方没有采取有效措施导致损失扩大的,应对扩大的损失承担责任。

4.因不可抗力解除合同

(1)合同一方当事人因不可抗力不能履行合同的,应当及时通知对方解除合同。

(2)合同解除后,承包人应撤离施工场地。已经订货的材料、设备由订货方负责退货或解除订货合同,不能退还的货款和因退货、解除订货合同发生的费用,由发包人承担,因未及时退货造成的损失由责任方承担。

十六、违约

(一)承包人违约

在履行合同过程中发生的下列情况,属承包人违约:

(1)承包人私自将合同的全部或部分权利转让给其他人,或私自将合同的全部或部分义务转移给其他人。

(2)承包人未经监理人批准,私自将已按合同约定进入施工场地的施工设备、临时设施或材料撤离施工场地。

(3)承包人使用了不合格材料或工程设备,工程质量达不到标准要求,又拒绝清除不合格工程。

(4)承包人未能按合同进度计划及时完成合同约定的工作,已造成或预期造成工期延误。

(5)承包人在缺陷责任期(工程质量保修期)内,未能对合同工程完工验收鉴定书所列的缺陷清单的内容或缺陷责任期(工程质量保修期)内发生的缺陷进行修复,而又拒绝按监理人指示再进行修补。

(6)承包人无法继续履行或明确表示不履行或实质上已停止履行合同。

(7)承包人不按合同约定履行义务的其他情况。

(二)发包人违约

在履行合同过程中发生的下列情形,属发包人违约:

(1)发包人未能按合同约定支付预付款或合同价款,或拖延、拒绝批准付款申请和支付凭证,导致付款延误的。

(2)因发包人造成停工的。

(3)监理人无正当理由没有在约定期限内发出复工指示,导致承包人无法复工的。

(4)发包人无法继续履行或明确表示不履行或实质上已停止履行合同的。

(5)发包人不履行合同约定其他义务的。

十七、索赔

(一)承包人索赔

1.承包人提出索赔程序

(1)承包人应在知道或应当知道索赔事件发生后 28 d 内,向监理人递交索赔意向通知书,并说明发生索赔事件的事由。承包人未在前述 28 d 内发出索赔意向通知书的,丧失要求追加付款和(或)延长工期的权利。

(2)承包人应在发出索赔意向通知书后 28 d 内,向监理人正式递交索赔通知书。索赔通知书应详细说明索赔理由以及要求追加的付款金额和(或)延长的工期,并附必要的记录和证明材料。

(3)索赔事件具有连续影响的,承包人应按合理时间间隔继续递交延续索赔通知,说明连续影响的实际情况和记录,列出累计的追加付款金额和(或)工期延长天数。

(4)在索赔事件影响结束后的 28 d 内,承包人应向监理人递交最终索赔通知书,说明最终要求索赔的追加付款金额和延长的工期,并附必要的记录和证明材料。

2.承包人索赔处理程序

(1)监理人收到承包人提交的索赔通知书后,应及时审查索赔通知书的内容、查验承包人的记录和证明材料,必要时监理人可要求承包人提交全部原始记录副本。

(2)监理人应商定或确定追加的付款和(或)延长的工期,并在收到上述索赔通知书或有关索赔的进一步证明材料后的42 d内,将索赔处理结果答复承包人。

(3)承包人接受索赔处理结果的,发包人应在做出索赔处理结果答复后28 d内完成赔付。承包人不接受索赔处理结果的,按争议约定办理。

3.承包人提出索赔的期限

(1)承包人接受了完工付款证书后,应被认为已无权再提出在合同工程完工证书颁发前所发生的任何索赔。

(2)承包人提交的最终结清申请单中,只限于提出合同工程完工证书颁发后发生的索赔。提出索赔的期限自接受最终结清证书时终止。

(二)发包人的索赔

(1)发生索赔事件后,监理人应及时书面通知承包人,详细说明发包人有权得到的索赔金额和(或)延长缺陷责任期的细节和依据。

(2)发包人提出索赔的期限和要求与承包人索赔相同,延长工程质量保修期的通知应在工程质量保修期届满前发出。

(3)监理人商定或确定发包人从承包人处得到赔付的金额和工程质量保修期的延长期。

(4)承包人应付给发包人的金额可从拟支付给承包人的合同价款中扣除,或由承包人以其他方式支付给发包人。

(5)承包人对监理人发出的索赔书面通知内容持异议时,应在收到书面通知后的14 d内,将持有异议的书面报告及其证明材料提交监理人。

(6)监理人应在收到承包人书面报告后的14 d内,将异议的处理意见通知承包人,并执行赔付。若承包人不接受监理人的索赔处理意见,可按合同争议的规定办理。

习　题

10-1　施工合同的作用是什么? 施工合同订立的条件和原则是什么?

10-2　施工合同的类型有哪些? 各有何特点?

10-3　按优先解释顺序,水利工程合同文件由哪些部分构成?

10-4　水利工程施工合同双方分别有哪些责任和义务?

10-5　如何对施工质量与安全、进度进行管理?

10-6　工程变更有哪些条款? 变更的费用如何处理?

10-7　简述工程施工合同纠纷处理方法和索赔的程序。

10-8　某水利水电工程,发包人与承包人依据《水利水电土建工程施工合同条件》(2009年版)签订了施工承包合同,合同价为8 000万元,合同规定:

（1）工程预付款为合同价的10%。

（2）质量保证金扣留比率为5%，总数达合同价5%后不再扣留。

（3）物价调整采用价格调整公式法。

（4）工程预付款扣除采用 $R=\dfrac{A}{S(F_2-F_1)}(C-F_1S)$ 公式。规定 $F_1=15\%$，$F_2=90\%$。

（5）材料预付款按发票的90%支付。

（6）材料预付款从付款的下一月开始扣，6个月内扣完，每月扣除1/6。

（7）月支付的最低限额为100万元。

工程进行到某月底的情况是：

（1）到上月止累计已完成合同金额2 000万元，已扣工程预付款累计150万元。

（2）该月完成工程量，按BOQ中单价计，金额为500万元。

（3）该月承包人购材料费发票值为60万元。

（4）该月完成了监理工程师指令的工程变更，并检验合格，由于工程量清单中没有与此工程变更相同或相近的项目，故根据实际情况协商结果，发包人应支付变更项目金额为40万元。

（5）该月的价格调整差额系数为0.05。

（6）该月中发包人按合同规定应从承包人处扣回20万元（由于承包人未执行监理工程师指示处理工程质量问题，监理工程师指示其他方完成该项任务）。

（7）从开工到本月初未支付任何材料预付款。

（8）监理工程师审核承包人支付申请表，完全属实，数字准确。

简述发包人索赔程序。

项目十一　施工安全与环境管理

安全管理体系建立,施工单位主要安全责任,应急救援,质量与安全事故划分,警示标志,施工安全技术。

了解安全管理体系建立,职业健康和环境文明施工;熟悉应急救援和事故报告;掌握施工单位主要安全责任,质量与安全事故划分,文明施工与警示标志,施工安全技术。

任务一　安全与环境管理体系建立

施工安全管理的目的是最大限度地保护生产者的人身安全,控制影响工作环境内所有员工(包括临时工作人员、合同方人员、访问者和其他有关人员)安全的条件和因素,避免因使用不当对使用者造成安全危害,防止安全事故的发生。

一、安全管理部门的建立

为了保证施工过程不发生安全事故,必须建立安全管理的组织机构。

(1)成立以项目经理为首的安全生产施工领导小组,具体负责施工期间的安全工作。

(2)项目副经理、技术负责人、各科室负责人和生产工段的负责人等作为安全小组成员,共同负责安全工作。

(3)必须设立专门的安全管理机构,并配备安全管理负责人和专职安全管理人员,安全管理人员(安全员)须经安全培训持证(A、B、C证)上岗,专门负责施工过程中的工作安全,只要施工现场有施工作业人员,安全员就要上岗值班,在每个工序开工前,安全员要检查工程环境和设施情况,认定安全后方可进行工序施工。

(4)各技术及其他管理科室和施工段要设兼职安全员,负责本部门的安全生产预防和检查工作,各作业班组组长要兼本班组的安全检查员,具体负责本班组的安全检查。

(5)设立安全事故应急处置机构,可以由专职安全管理人员和项目经理等组成,实行施工总承包的,由总承包单位统一组织编制水利工程建设生产安全事故应急救援预案,工程总承包单位和分包单位按照应急救援预案,各自建立应急救援组织或者配备应急救援人员,配备救援器材、设备,并定期组织演练。

二、建立安全生产责任制

安全生产责任制是指企业对项目经理部各部门、各类人员所规定的在他们各自职责范围内对安全生产应负责任的制度,建立安全生产责任制是施工安全技术措施的重要保证。

(一)安全教育

要树立全员安全意识。安全教育的要求如下:

(1)广泛开展安全生产的宣传教育,使全体员工真正认识到安全生产的重要性和必要性,掌握安全生产的基础知识,牢固树立安全第一的思想,自觉遵守安全生产的各项法规和规章制度。

(2)安全教育的主要内容有安全知识、安全技能、设备性能、操作规程、安全法规等。

(3)对安全教育要建立经常性的安全教育考核制度。考核结果要记入员工人事档案。

(4)特殊工种,如电工、电焊工、架子工、司炉工、爆破工、机操工、起重工、机械司机、机动车辆司机等,除一般安全教育外,还要进行专业技能培训,经考试合格后,取得资格才能上岗工作。

(5)工程施工中采用新技术、新工艺、新设备,或人员调到新工作岗位时,要进行安全教育和培训,否则不能上岗。

工程项目部应定期召开安全生产工作会议,总结前期工作,找出问题,布置落实后期工作,利用施工空闲时间进行安全生产工作培训,在培训工作中和其他安全工作会议上,安全小组领导成员要讲解安全工作的重要意义,学习安全知识,增强员工安全警觉意识,把安全工作落实在预防阶段。根据工程的具体特点把不安全的因素和相应措施装订成册,使全体员工学习和掌握。

(二)制订计划

1.制订施工措施计划

施工措施计划的主要内容包括工程概况、控制目标、控制程序、组织机构、职责权限、规章制度、资源配置、安全措施、检查评价、激励机制等。

2.特殊情况应制订安全措施计划

对高空作业、井下作业等专业性强的作业,电器、压力容器等特殊工种的作业,应制定单项安全技术规程,并对管理人员和操作人员的安全作业资格和身体状况进行合格检查。

对于结构复杂、施工难度大、专业性较强的工程项目,除制订总体安全保证计划外,还须制订单位工程和分部(分项)工程安全技术措施。

施工安全技术措施包括安全防护设施和安全预防措施,主要有防火、防毒、防爆、防洪、防尘、防雷击、防触电、防坍塌、防物体打击、防机械伤害、防起重机械滑落、防高空坠落、防交通事故、防寒、防暑、防疫、防环境污染等方面的措施。

(三)安全技术交底

对构件和设备吊装、爆破、高空作业、拆除、上下交叉作业、夜间作业、疲劳作业、带电作业、汛期施工、地下施工、脚手架搭设拆除等重要安全环节,必须在开工前进行技术交底、安全交底、联合检查后,确认安全,方可开工。基本要求是:

(1)实行逐级安全技术交底制度,从上到下,直到全体作业人员;

(2)安全技术交底工作必须具体、明确、有针对性;

（3）交底的内容要针对分部（分项）工程施工中给作业人员带来的潜在危害；

（4）应优先采取新的安全技术措施；

（5）应将施工方法、施工程序、安全技术措施等优先向工段长、班级组长进行详细交底。定期向多工种交叉施工或多个同时施工的作业队进行书面交底，并保持书面交底交接的书面签字记录。

交底的主要内容包括：工程施工项目作业特点和危险点，针对各危险点的具体措施，应注意的安全事项，对应的安全操作规程和标准，发生事故应及时采取的应急措施。

（四）安全警示标志设置

施工单位除在施工现场大门口设置"五牌一图"（工程概况牌、管理人员名单及监督电话牌、消防保卫牌、安全生产牌、文明施工牌和施工现场平面图）外，还应设置安全警示标识，在不安全因素的部位设立警示牌，严格检查进场人员佩戴安全帽、高空作业佩戴安全带情况，严格持证上岗工作，风雨天禁止高空作业，遵守施工设备专人使用制度，严禁在场内乱拉用电线路，严禁非电工人员从事电工工作。

根据《安全色》（GB 2893—2008）标准，安全色是传递安全信息含义的颜色，包括红、黄、蓝、绿四种颜色，分别表示禁止、警告、指令和指示。

根据《安全标志及其使用导则》（GB 2894—2008）标准，安全标志是用以表达特定安全信息的标志，由图形符号、安全色、几何形状（边框）或文字构成。安全标志分禁止标志、警告标志、指令标志和提示标志（见图 11-1~图 11-4）。

图 11-1　红色禁止标志

图 11-2　黄色警告标志

根据工程特点及施工的不同阶段，在危险部位有针对性地设置、悬挂明显的安全警示标志。危险部位主要是指施工现场入口处、施工起重机械、临时用电设施、脚手架、出入通道口、楼梯口、阳台口、电梯井口、桥梁口、隧道口、基坑边沿、爆破物及有害危险气体和

图 11-3　蓝色指令标志

图 11-4　绿色提示标志

液体存放处等。安全警示标志的类型、数量应当根据危险部位的性质不同,设置不同的安全警示标志(见表 11-1)。

表 11-1　安全警示标志设置

类别		位置
禁止标志	禁止吸烟	料库、油库、易燃易爆场所、木工厂、现场、打字室
	禁止通行	脚手架拆除、坑、沟、洞、槽、吊钩下方、危险部位
	禁止攀爬	电梯出口、通道口、马道出入口
	禁止跨越	外脚手架、栏杆、未验收外架
指令标志	安全帽	外电梯出入口、现场大门口、吊钩下方、危险部位、马道出入口、通道口、上下交叉作业处
	安全带	外电梯出入口、现场大门口、马道出入口、通道口、高处作业处、特种作业
	防护服	通道出入口、外电梯出入口、马道出入口、电焊及油漆作业处
	防护镜	通道出入口,外电梯出入口、马道出入口、车工、焊工、灰工、喷涂、电镀、修理、钢筋加工作业处
警告标志	当心弧光	焊工场所
	当心塌方	土石方开挖
	机具伤人	机械作业区、电锯、电刨、钢筋加工作业处
提示标志	安全状态通行	安全通道、防护棚

安全警示标志设置和现场管理结合同时进行,防止因管理不善产生安全隐患,工地防风、防雨、防火、防盗、防疾病等预防措施要健全,都要有专人负责,以确保各项措施及时落实到位。

(五)施工安全检查

施工安全检查的目的是消除安全隐患及违章操作、违反劳动纪律、违章指挥("三违"),制止、防止安全事故发生,改善劳动条件及提高员工的安全生产意识,是施工安全控制工作的一项重要内容。通过安全检查可以发现工程中的危险因素,以便有计划地采取相应的措施,保证安全生产的顺利进行。项目的施工生产安全检查应由项目经理组织,定期进行。

1.安全检查的类型

施工安全检查的类型分为日常性检查、专业性检查、季节性检查、节假日前后检查和不定期检查等。

1) 日常性检查

日常性检查是经常的、普遍的检查,一般每年进行 1~4 次。项目部、科室每月至少进行 1 次,施工班组每周、每班次都应进行检查,专职安全技术人员的日常性检查应有计划、有部位、有记录、有总结地周期性进行。

2) 专业性检查

专业性检查是指针对特种作业、特种设备、特殊场地进行的检查,如电焊、气焊、起重设备、运输车辆、锅炉压力容器、易燃易爆场所等,由专业检查员进行检查。

3) 季节性检查

季节性检查是根据季节性的特点,为保障安全生产的特殊要求所进行的检查,如春季空气干燥、风大,重点检查防火、防爆;夏季多雨、雷电、高温,重点检查防暑、降温、防汛、防雷击、防触电;冬季检查防寒、防冻等。

4) 节假日前后检查

节假日前后检查是针对节假期间容易产生麻痹思想的特点而进行的安全检查,包括节前的综合检查和节后的遵章守纪检查等。

5) 不定期检查

不定期检查是指在工程开工前、停工前、施工中、竣工时、试运转时进行的安全检查。

2.安全检查的主要内容

安全检查的主要内容是做好"五查"。

(1)查思想。主要检查企业干部和员工对安全生产工作的认识。

(2)查管理。主要检查安全管理是否有效,包括安全生产责任制、安全技术措施计划、安全组织机构、安全保证措施、安全技术交底、安全教育、持证上岗、安全设施、安全标识、操作规程、违规行为、安全记录等。

(3)查隐患。主要检查作业现场是否符合安全生产的要求,是否存在不安全因素。

(4)查事故。查明安全事故的原因、明确责任、对责任人做出处理,明确落实整改措施等要求。另外,检查对伤亡事故是否及时报告、认真调查、严肃处理。

(5)查整改。主要检查对过去提出的问题的整改情况。

三、安全生产考核制度

实行安全问题一票否决制、安全生产互相监督制,提高自检、自查意识,开展科室、班组经验交流和安全教育活动。

四、水利工程施工安全生产管理

根据《水利工程建设安全生产管理规定》水利工程施工安全生产管理主要有:

(1)施工单位从事水利工程的新建、扩建、改建、加固和拆除等活动,应当具备国家规定的注册资本、专业技术人员、技术装备和安全生产等条件,依法取得相应等级的资质证书,并在其资质等级许可的范围内承揽工程。

(2)施工单位应当依法取得安全生产许可证后,方可从事水利工程施工活动。

(3)施工单位主要负责人依法对本单位的安全生产工作全面负责。施工单位应当建立健全安全生产责任制度和安全生产教育培训制度,制定安全生产规章制度和操作规程,做好安全检查记录制度,对所承担的水利工程进行定期和专项安全检查,制定事故报告处理制度,保证本单位建立和完善安全生产条件所需资金的投入。

(4)施工单位的项目负责人应当由取得相应执业资格的人员担任,对水利工程建设项目的安全施工负责,落实安全生产责任制度、安全生产规章制度和操作规程,确保安全生产费用的有效使用,并根据工程的特点组织制订安全施工措施。消除安全事故隐患,及时、如实报告生产安全事故。

(5)施工单位在工程报价中应当包含工程施工的安全作业环境及安全施工措施所需费用。对列入建设工程概算的上述费用,应当用于施工安全防护用具及设施的采购和更新、安全施工措施的落实、安全生产条件的改善,不得挪作他用。

(6)施工单位应当设立安全生产管理机构,按照国家有关规定配备专职安全生产管理人员。施工现场必须有专职安全生产管理人员。

专职安全生产管理人员负责对安全生产进行现场监督检查。发现生产安全事故隐患,应当及时向项目负责人和安全生产管理机构报告;对违章指挥、违章操作的,应当立即制止。

(7)施工单位在建设有度汛要求的水利工程时,应当根据项目法人编制的工程度汛方案、措施制订相应的度汛方案,报项目法人批准;涉及防汛调度或者影响其他工程、设施度汛安全的,由项目法人报有管辖权的防汛指挥机构批准。

(8)垂直运输机械作业人员、安装拆卸工、爆破作业人员、起重信号工、登高架设作业人员等特种作业人员,必须按照国家有关规定经过专门的安全作业培训,并取得特种作业操作资格证书后,方可上岗作业。

(9)施工单位应当在施工组织设计中编制安全技术措施和施工现场临时用电方案,对基坑支护与降水工程,土方和石方开挖工程,模板工程,起重吊装工程,脚手架工程,拆除、爆破工程,围堰工程,其他危险性较大的工程应当编制专项施工方案,并附具安全验算结果,经施工单位技术负责人签字以及总监理工程师核签后实施,由专职安全生产管理人员进行现场监督。对所列上述工程中涉及高边坡、深基坑、地下暗挖工程、高大模板工程

的专项施工方案,施工单位还应当组织专家进行论证、审查(其中1/2专家应经项目法人认定)。其专项施工方案的主要内容如下:

①基坑支护与降水工程:编制依据和说明、工程概况、降水与支护施工方案与总体施工安排、施工部署、主要施工方法和技术措施、质量和安全保证措施、环保文明施工措施、施工应急处置措施、冬季和雨季特殊季节施工措施(如有)、支护结构和降排水计算书、各项资源供应一览表、施工进度和设计图等。

②土方和石方开挖工程:编制依据和说明、工程概况、施工工艺、边坡监测与监控、安全与环保文明施工措施、施工应急处置措施、冬季和雨季特殊季节施工措施(如有)、土方平衡和边坡稳定计算书与开挖平面和断面图纸等。

③模板工程:编制依据和说明、工程概况、施工部署、施工工艺技术、质量和安全保证措施、施工应急处置措施、模板设计计算书和设计详图等。

④起重吊装工程:编制依据和说明、工程概况、施工部署、起重设备安装运输条件、安装顺序和工艺、质量和安全保证措施、施工应急处置措施、计算书和安装平面布置与立面吊装图等

⑤脚手架工程:编制依据和说明、工程概况、脚手架设计、脚手架质量标准和验收程序方法、脚手架安装和拆除安全措施、施工应急处置措施、脚手架设计计算书和图表等。

⑥拆除、爆破工程:编制依据和说明、工程概况、施工计划、爆破设计与施工工艺、安全和环保施工措施、施工应急预案和监控措施、爆破设计与警戒布置图表等。

⑦围堰工程:编制依据和说明、工程概况、施工部署、施工工艺与监测、拆除工艺、安全与文明施工措施、施工应急处置措施、计算书和平面布置图等。

(10)施工单位在使用施工起重机械和整体提升脚手架、模板等自升式架设设施前,应当组织有关单位进行验收,也可以委托具有相应资质的检验检测机构进行验收;使用承租的机械设备和施工机具及配件的,由施工总承包单位、分包单位、出租单位和安装单位共同进行验收。验收合格的方可使用。

(11)施工单位的主要负责人、项目负责人、专职安全生产管理人员应当经水行政主管部门安全生产考核合格后方可任职。

施工单位应当对管理人员和作业人员每年至少进行一次安全生产教育培训,其教育培训情况记入个人工作档案。安全生产教育培训考核不合格的人员,不得上岗。

施工单位在采用新技术、新工艺、新设备、新材料时,应当对作业人员进行相应的安全生产教育培训。

【例11-1】　某泵站枢纽工程由泵站、清污机闸、进水渠、出水渠(宽9 m)、出水渠上公路桥等组成。

1.为创建文明建设工地,施工单位根据水利系统文明建设工地的相关要求,在施工现场大门口悬挂"五牌一图",施工现场设置了安全警示标志,并制定了相关安全管理制度。

2.根据施工需要,本工程主要采用泵送混凝土施工,现场布置有混凝土拌和系统、钢筋加工厂、木工厂、预制构件厂、油料库、零星材料仓库、油料库、生活区、变电站、围堰等临时设施。

3.在进行泵站上部结构施工过程中,在8 m高处的大模板支撑失稳倒塌,新浇混凝

结构毁坏,2人坠落身亡,起重机被砸坏。在事故调查时发现,该工程施工前,总包人要求分包人编制了应急救援预案,并按安全生产的相关规定,结合本工程的实际情况,编制了大模板专项施工方案,且附荷载验算结果,该方案编制完成后直接报监理单位批准实施。事故发生后,由总包人迅速组建了应急处置机构,进行事故处置。

问题：

1.施工单位在施工现场大门口悬挂的"五牌一图"分别是什么？制定了哪些安全管理制度。

2.根据《建设工程安全生产管理条例》,承包人应当在哪些地点和设施附近设置哪些安全警示标志？

3.施工单位编制的专项施工方案和预案的报批过程以及应急处置指挥机构有无不妥之处？如有,请说明正确做法。

4.本工程有哪些特种作业人员？大模板专项施工方案主要内容包括哪些？

解：1.(1)工程概况牌、管理人员名单及监督电话牌、消防保卫牌、安全生产牌、文明施工牌和施工现场平面图。

(2)安全生产责任制度、安全生产教育培训制度、安全生产规章制度和操作规程、安全检查记录制度、事故报告处理制度。

2.现场布置警示标志地点有钢筋加工厂警告标识,木工厂和油料库禁火标示,变电站禁止近前标志,围堰警告标志,现场大门口设置"三宝"佩戴及其他警示标识,起重机、脚手架设置警示标志。

3.有不妥。理由是：根据《水利工程安全生产管理规定》高大模板专项措施方案编制完成后,应首先由总包施工单位组织专家(其中1/2专家应经项目法人认定)审查后,施工总包和分包单位技术负责人签字,再报监理机构由总监理工程师核签,实施时有专职安全管理人员现场监督。

4.(1)垂直运输机械作业人员、安装拆卸工、起重信号工、登高架设作业人员、电工、焊工等特种作业人员。

(2)编制依据和说明、工程概况、施工部署、施工工艺技术、质量和安全保证措施、施工应急处置措施、模板设计计算书和设计详图等。

任务二　水利工程生产安全事故的应急救援和调查处理

关于生产安全事故的应急救援,《中华人民共和国安全生产法》第七十七条规定："县级以上地方各级人民政府应当组织有关部门制定本行政区域内特大生产安全事故应急救援预案,建立应急救援体系。"第七十九条规定："危险物品的生产、经营、储存单位以及矿山、建筑施工单位应当建立应急救援组织；生产经营规模较小,可以不建立应急救援组织的,应当指定兼职的应急救援人员。"

《建设工程安全生产管理条例》第四十七条规定："县级以上地方人民政府建设行政主管部门应当根据本级人民政府的要求,制定本行政区域内建设工程特大生产安全事故应急救援预案。"第四十八条规定："施工单位应当制定本单位生产安全事故应急救援预案,建立应急救援组织或者配备应急救援人员,配备必要的应急救援器材、设备,并定期组织演练。"

一、安全生产应急救援的要求

根据上述规定结合水利工程建设特点以及水利工程建设管理体系的实际情况,《水利工程建设安全生产管理规定》有关水利工程建设生产安全事故应急救援的要求主要有:

(1)各级地方人民政府水行政主管部门应当根据本级人民政府的要求,制订本行政区域内水利工程建设特大生产安全事故应急救援预案,并报上一级人民政府水行政主管部门备案。流域管理机构应当编制所管辖的水利工程建设特大生产安全事故应急救援预案,并报水利部备案。

(2)项目法人应当组织制订本建设项目的生产安全事故应急救援预案,并定期组织演练。应急救援预案应当包括紧急救援的组织机构、人员配备、物资准备、人员财产救援措施、事故分析与报告等方面的方案。

(3)施工单位应当根据水利工程施工的特点和范围,对施工现场易发生重大事故的部位、环节进行监控,制订施工现场生产安全事故应急救援预案。

二、生产安全事故的调查处理

(一)国务院规定关于安全事故划分

《生产安全事故报告和调查处理条例》经 2007 年 3 月 28 日国务院第 172 次常务会议通过,自 2007 年 6 月 1 日起施行,第三条规定,根据生产安全事故(以下简称事故)造成的人员伤亡或者直接经济损失,事故一般分为以下等级:

(1)特别重大事故,是指造成 30 人以上死亡,或者 100 人以上重伤(包括急性工业中毒,下同),或者 1 亿元以上直接经济损失的事故;

(2)重大事故,是指造成 10 人以上 30 人以下死亡,或者 50 人以上 100 人以下重伤,或者 5 000 万元以上 1 亿元以下直接经济损失的事故;

(3)较大事故,是指造成 3 人以上 10 人以下死亡,或者 10 人以上 50 人以下重伤,或者 1 000 万元以上 5 000 万元以下直接经济损失的事故;

(4)一般事故,是指造成 3 人以下死亡,或者 10 人以下重伤,或者 1000 万元以下直接经济损失的事故。

国务院安全生产监督管理部门可以会同国务院有关部门,制定事故等级划分的补充性规定。

(二)水利部应急预案安全事故分级

根据水利部《水利工程建设重大质量与安全事故应急预案》水建管〔2006〕202 号文件分级响应,按事故的严重程度和影响范围,将水利工程建设质量与安全事故分为Ⅰ、Ⅱ、Ⅲ、Ⅳ四级。对应相应事故等级,采取Ⅰ级、Ⅱ级、Ⅲ级、Ⅳ级应急响应行动。

(1)Ⅰ级(特别重大质量与安全事故):已经或者可能导致死亡(含失踪)30 人以上,或重伤(中毒)100 人以上,或需要紧急转移安置 10 万人以上,或直接经济损失 1 亿元以上的事故。

（2）Ⅱ级（特大质量与安全事故）：已经或者可能导致死亡（含失踪）10人以上、30人以下，或重伤（中毒）50人以上、100以下，或需要紧急转移安置1万人以上、10万人以下，或直接经济损失5 000万元以上、1亿元以下的事故。

（3）Ⅲ级（重大质量与安全事故）：已经或者可能导致死亡（含失踪）3人以上、10人以下，或重伤（中毒）30以上、50人以下，或直接经济损失1 000万元以上、5 000万元以下的事故。

（4）Ⅳ级（较大质量与安全事故）：已经或者可能导致死亡（含失踪）3人以下，或重伤（中毒）30以下，或直接经济损失1 000万元以下的事故。

根据国家有关规定和水利工程建设实际情况，事故分级将适时做出调整。

（三）水利工程安全事故报告制度

1.施工安全事故报告的程序

施工单位发生生产安全事故，应当按照国家有关伤亡事故报告和调查处理的规定，及时、如实地向负责安全生产监督管理的部门以及水行政主管部门或者流域管理机构报告；特种设备发生事故的，还应当同时向特种设备安全监督管理部门报告。接到报告的部门应当按照国家有关规定如实上报。实行施工总承包的建设工程，由总承包单位负责上报事故。发生生产安全事故，项目法人及其他有关单位应当及时、如实地向负责安全生产监督管理的部门以及水行政主管部门或者流域管理机构报告。

发生生产安全事故后，有关单位应当采取措施防止事故扩大，保护事故现场。需要移动现场物品时，应当做出标记和书面记录，妥善保管有关证物。

水利工程建设重大质量与安全事故发生后，事故现场有关人员应当立即报告本单位负责人。项目法人、施工等单位应当立即将事故情况按项目管理权限如实向流域机构或水行政主管部门和事故所在地人民政府报告，最迟不得超过4 h。流域机构或水行政主管部门接到事故报告后，应当立即报告上级水行政主管部门和水利部工程建设事故应急指挥部。水利工程建设过程中发生生产安全事故的，应当同时向事故所在地安全生产监督局报告；特种设备发生事故，应当同时向特种设备安全监督管理部门报告。接到报告的部门应当按照国家有关规定如实上报。

报告的方式可先采用电话口头报告，随后递交正式书面报告。在法定工作日向水利部工程建设事故应急指挥部办公室报告，夜间和节假日向水利部总值班室报告，总值班室归口负责向国务院报告。

各级水行政主管部门接到水利工程建设重大质量与安全事故报告后，应当遵循"迅速、准确"的原则，立即逐级报告同级人民政府和上级水行政主管部门。

对于水利部直管的水利工程建设项目以及跨省（自治区、直辖市）的水利工程项目，在报告水利部的同时应当报告有关流域机构。

特别紧急的情况下，项目法人和施工单位以及各级水行政主管部门可直接向水利部报告。

2. 事故报告的内容

1）事故发生后及时报告的内容

（1）发生事故的工程名称、地点、建设规模和工期,事故发生的时间、地点、简要经过、事故类别和等级、人员伤亡及直接经济损失初步估算;

（2）有关项目法人、施工单位、主管部门名称及负责人联系电话,施工等工程参建单位的、资质等级;

（3）事故报告的单位、报告签发人及报告时间和联系电话等。

2）根据事故处置情况及时续报的内容

（1）有关项目法人、勘察、设计、施工、监理等工程参建单位名称、资质等级情况,单位和项目负责人的姓名以及相关执业资格;

（2）事故原因分析;

（3）事故发生后采取的应急处置措施及事故控制情况;

（4）抢险交通道路可使用情况;

（5）其他需要报告的有关事项等。

各级应急指挥部应当明确专人对组织、协调应急行动的情况做出详细记录。

3. 安全事故处理

坚持"四不放过"原则:事故原因不清楚不放过、事故责任者和员工没受教育不放过、事故责任者没受处理不放过、没有制订防范措施不放过。

水利工程建设生产安全事故的调查、对事故责任单位和责任人的处罚与处理,按照有关法律、法规的规定执行。

三、突发安全事故应急预案

为提高应对水利工程建设重大质量与安全事故能力,做好水利工程建设重大质量与安全事故应急处置工作,有效预防、及时控制和消除水利工程建设重大质量与安全事故的危害,最大限度地减少人员伤亡和财产损失,保证工程建设质量与施工安全以及水利工程建设顺利进行,根据《中华人民共和国安全生产法》《国家突发公共事件总体应急预案》和《水利工程建设安全生产管理规定》等法律、法规和有关规定,结合水利工程建设实际,水利部制定了《水利工程建设重大质量与安全事故应急预案》(水建管〔2006〕202号),自2006年6月5日起实施。该应急预案共分为八章。

（一）应急预案分类

根据2005年1月26日国务院第79次常务会议通过的《国家突发公共事件总体应急预案》,按照不同的责任主体,国家突发公共事件应急预案体系设计为国家总体应急预案、专项应急预案、部门应急预案、地方应急预案、企事业单位应急预案五个层次。

《水利工程建设重大质量与安全事故应急预案》属于部门预案,是关于事故灾难的应急预案。《水利工程建设重大质量与安全事故应急预案》适用于水利工程建设过程中突然发生且已经造成或者可能造成重大人员伤亡、重大财产损失,有重大社会影响或涉及公共安全的重大质量与安全事故的应急处置工作。按照水利工程建设质量与安全事故发生的过程、性质和机制,水利工程建设重大质量与安全事故主要包括:①施工中土石方塌方和结构坍塌安全事故;②特种设备或施工机械安全事故;③施工围堰坍塌安全事故;④施工爆破安全事故;⑤施工场地内道路交通安全事故;⑥施工中发生的各种重大质量事故;⑦其他原因造成的水利工程建设重大质量与安全事故。水利工程建设中发生的自然灾害(如洪水、地震等)、公共卫生事件、社会安全等事件,依照国家和地方相应应急预案执行。

应急工作应当遵循"以人为本、安全第一;分级管理、分级负责;属地为主、条块结合;集中领导、统一指挥;信息准确、运转高效;预防为主、平战结合"的原则。

(二)应急组织指挥体系

水利工程建设重大质量与安全事故应急组织指挥体系由水利部及流域机构、各级水行政主管部门的水利工程建设重大质量与安全事故应急指挥部(简称水利部工程建设事故应急指挥部)、地方各级人民政府、水利工程建设项目法人以及施工等工程参建单位的质量与安全事故应急指挥部组成。水利工程建设重大质量与安全事故应急组织指挥体系中:

(1)水利部设立水利部工程建设事故应急指挥部,其在水利部安全生产领导小组的领导下开展工作。

(2)水利部工程建设事故应急指挥部下设办公室,作为其日常办事机构。水利部工程建设事故应急指挥部办公室设在水利部建设与管理司。

(3)水利部工程建设事故应急指挥部下设专家技术组、事故调查组等若干个工作组,各工作组在水利部工程建设事故应急指挥部的组织协调下,为事故应急救援和处置提供专业支援和技术支撑,开展具体的应急处置工作。

(三)质量与安全事故应急处置指挥部与主要职责

1.质量与安全事故应急处置指挥部

在本级水行政主管部门的指导下,水利工程建设项目法人应当组织制订本工程项目建设质量与安全事故应急预案(水利工程项目建设质量与安全事故应急预案应当报工程所在地县级以上水行政主管部门以及项目法人的主管部门备案),建立工程项目建设质量与安全事故应急处置指挥部。工程项目建设质量与安全事故应急处置指挥部的组成如下:

指挥:项目法人主要负责人;

副指挥:工程各参建单位主要负责人;

成员:工程各参建单位有关人员。

2.质量与安全事故应急处置指挥部的主要职责

(1)制订工程项目质量与安全事故应急预案(包括专项应急预案),明确工程各参建单位的责任,落实应急救援的具体措施;

(2)事故发生后,执行现场应急处置指挥机构的指令,及时报告并组织事故应急救援和处置,防止事故的扩大和后果的蔓延,尽力减少损失;

(3)及时向地方人民政府、地方安全生产监督管理部门和有关水行政主管部门应急指挥机构报告事故情况;

(4)配合工程所在地人民政府有关部门划定并控制事故现场的范围、实施必要的交通管制及其他强制性措施、组织人员和设备撤离危险区等;

（5）按照应急预案,做好与工程项目所在地有关应急救援机构和人员的联系沟通;

（6）配合有关水行政主管部门应急处置指挥机构及其他有关主管部门发布和通报有关信息;

（7）组织事故善后工作,配合事故调查、分析和处理;

（8）落实并定期检查应急救援器材、设备情况;

（9）组织应急预案的宣传、培训和演练;

（10）完成事故救援和处理的其他相关工作。

（四）施工质量与安全事故应急预案制订

承担水利工程施工的施工单位应当制订本单位施工质量与安全事故应急预案,建立应急救援组织或者配备应急救援人员,配备必要的应急救援器材、设备,并定期组织演练。水利工程施工企业应明确专人维护救援器材、设备等。在工程项目开工前,施工单位应当根据所承担的工程项目施工特点和范围,制订施工现场施工质量与安全事故应急预案,建立应急救援组织或配备应急救援人员并明确职责。在承包单位的统一组织下,工程施工分包单位(包括工程分包和劳务作业分包)应当按照施工现场施工质量与安全事故应急预案,建立应急救援组织或配备应急救援人员并明确职责。施工单位的施工质量与安全事故应急预案、应急救援组织或配备的应急救援人员和职责应当与项目法人制订的水利工程项目建设质量与安全事故应急预案协调一致,并将应急预案报项目法人备案。

（五）预警预防行动

施工单位应当根据建设工程的施工特点和范围,加强对施工现场易发生重大事故的部位、环节进行监控,配备救援器材、设备,并定期组织演练。对可能导致重大质量与安全事故后果的险情,项目法人和施工等知情单位应当按项目管理权限立即报告流域机构或水行政主管部门和工程所在地人民政府,必要时可越级上报至水利部工程建设事故应急指挥部办公室;对可能造成重大洪水灾害的险情,项目法人和施工单位等知情单位应当立即报告所在地防汛指挥部,必要时可越级上报至国家防汛抗旱总指挥部办公室。项目法人、各级水行政主管部门接到可能导致水利工程建设重大质量与安全事故的信息后,及时确定应对方案,通知有关部门、单位采取相应行动预防事故发生,并按照预案做好应急准备。

（六）事故现场指挥协调和紧急处置

（1）水利工程建设发生质量与安全事故后,在工程所在地人民政府的统一领导下,迅速成立事故现场应急处置指挥机构负责统一领导、统一指挥、统一协调事故应急救援工作。事故现场应急处置指挥机构由到达现场的各级应急指挥部和项目法人、施工等工程参建单位组成。

（2）水利工程建设发生重大质量与安全事故后,项目法人和施工等工程参建单位必须迅速、有效地实施先期处置,防止事故进一步扩大,并全力协助开展事故应急处置工作。

各级水行政主管部门要按照有关规定,及时组织有关部门和单位进行事故调查,认真吸取教训,总结经验,及时进行整改。重大质量与安全事故调查应当严格按照国家有关规定进行,其中重大质量事故调查应当执行《水利工程质量事故处理暂行规定》的有关规定。

（七）应急保障措施

应急保障措施包括通信与信息保障、应急支援与装备保障、经费与物资保障。

1.通信与信息保障

（1）各级应急指挥机构部门及人员通信方式应当报上一级应急指挥部备案，其中省级水行政主管部门以及国家重点建设项目的项目法人应急指挥部的通信方式报水利部和流域机构备案。通信方式发生变化的，应当及时通知水利部工程建设事故应急指挥部办公室以便及时更新。

（2）正常情况下，各级应急指挥机构和主要人员应当保持通信设备 24 h 正常畅通。

2.应急支援与装备保障

1）工程现场抢险及物资装备保障

（1）根据可能突发的重大质量与安全事故性质、特征、后果及其应急预案要求，项目法人应当组织工程有关施工单位配备适量应急机械、设备、器材等物资装备，以保障应急救援调用。

（2）重大质量与安全事故发生时，应当首先充分利用工程现场既有的应急机械、设备、器材。同时在地方应急指挥部的调度下，动用工程所在地公安、消防、卫生等专业应急队伍和其他社会资源。

2）应急队伍保障

各级应急指挥部应当组织好三支应急救援基本队伍：

（1）工程设施抢险队伍，由工程施工等参建单位的人员组成，负责事故现场的工程设施抢险和安全保障工作。

（2）专家咨询队伍，由从事科研、勘察、设计、施工、监理、质量监督、安全监督、质量检测等工作的技术人员组成，负责事故现场的工程设施安全性能评价与鉴定，研究应急方案、提出相应应急对策和意见；并负责从工程技术角度对已发事故还可能引起或产生的危险因素进行及时分析预测。

（3）应急管理队伍，由各级水行政主管部门的有关人员组成，负责接收同级人民政府和上级水行政主管部门的应急指令、组织各有关单位对水利工程建设重大质量与安全事故进行应急处置，并与有关部门进行协调和信息交换。

3）经费与物资保障

经费与物资保障应当做到地方各级应急指挥部确保应急处置过程中的资金和物资供给。

（八）宣传、培训

公众信息宣传交流应当做到：①水利部应急预案及相关信息公布至流域机构、省级水行政主管部门。②项目法人制订的应急预案应当公布至工程各参建单位及相关责任人，并向工程所在地人民政府及有关部门备案。

培训应当做到：①水利部负责对各级水行政主管部门以及国家重点建设项目的项目法人应急指挥机构有关工作人员进行培训。②项目法人应当组织水利工程建设各参建单位人员进行各类质量与安全事故及应急预案教育，对应急救援人员进行上岗前培训和常规性培训。培训工作应结合实际，采用多种形式，定期与不定期相结合，原则上每年至少组织一次。

(九)监督检查

水利部工程建设事故应急指挥部对流域机构、省级水行政主管部门应急指挥部实施应急预案进行指导和协调。按照水利工程建设管理事权划分,由水行政主管部门应急指挥部对项目法人以及工程项目施工单位应急预案进行监督检查。项目法人应急指挥部对工程各参建单位实施应急预案进行督促检查。

【例11-2】 某水利枢纽工程建设内容包括大坝、隧洞、水电站等建筑物。该工程由某市水利局管理机构组建的项目法人负责建设,工期4年。某施工单位负责施工,在工程施工过程中发生如下事件:

事件1:为加强工程施工质量与安全控制,项目法人组织制订了应急救援预案,组织成立了质量与安生事故应急处置指挥部,施工单位项目经理任指挥,项目监理部、设计代表处的安全生产分管人员为副指挥。

事件2:第三年1月,突降大雪,分包商在进行水电站厂房上部结构施工过程中,在15 m高处的大模板由于受到雪荷载作用,支撑失稳倒塌,新浇混凝土结构毁坏,2人坠落身亡,1人当场砸死,2人砸成重伤,2人砸成轻伤,起重机被砸坏。事故发生后,施工单位、项目法人立即向流域管理机构和当地水行政主管部门及安全生产监督管理部门如实进行了报告。在事故调查时发现,该工程施工前,总包人要求分包人编制了应急救援预案。

事件3:事故发生后,由总包人迅速组建了应急处置机构,进行事故处置。各级应急指挥部迅速采取应急保障措施和组织应急救援基本队伍进行救援。

问题:

1.根据《水利工程建设重大质量与安全事故应急预案》,指出事件1中质量与安生事故应急处置指挥部组成人员的不妥之处。该指挥部应由哪些人员组成?

2.根据《水利工程建设安生生产管理规定》,事件1中项目法人组织制订的应急救援预案包括哪些主要内容?

3.根据《水利工程建设重大质量与安全事故应急预案》,指出质量与安全事故等级、施工单位编制的施工应急预案以及应急处置指挥机构不妥之处?请分别说明理由。

4.事件2中事故发生后,施工单位、项目法人的上报程序有无不妥之处?请说出正确做法。

5.指出事故发生后,组建应急处置机构的不妥之出?处置机构由哪些单位组成?

6.应急保障措施和应急救援基本队伍各包括哪些?

解:1.不妥之处:①施工单位项目经理任指挥;②项目监理部、设计代表处的安全生产分管人员为副指挥。指挥部组成人员包括指挥:项目法人主要负责人;副指挥:工程各参建单位(或施工单位、监理单位、设计单位)主要负责人;成员:工程各参建单位(或施工单位、监理单位、设计单位)有关人员。

2.应急救援预案主要包括:应急救援的组织机构、人员配备、职责划分、检查制度、物资准备、人员财产救援措施、事故分析与事故报告。

3.在特殊雪天高空作业,事故属于(Ⅲ级)重大质量与安全事故。

由总包人编制应急救援预案,总包和分包人双方分别建立救援组织,并配备人员、器材设备,定期演练。

4.有不妥。正确做法:分包人向总包人报告,总包人上报监理机构,项目法人立即向市水利局及当地安全生产监督局如实进行报告。

5.总包人组织不妥,应该由当地政府统一领导组建应急处置指挥机构。应急处置指挥机构由到达现场的各级应急指挥部和项目法人、施工等工程参建单位组成。

6.应急保障措施包括通信与信息保障、应急支援与装备保障、经费与物资保障。

应急救援基本队伍包括工程设施抢险队伍、专家咨询队伍、应急管理队伍。

任务三　施工安全技术管理

《水利水电工程施工通用安全技术规程》(SL 398—2007)、《水利水电工程土建施工安全技术规程》(SL 399—2007)、《水利水电工程机电设备安装安全技术规程》(SL 400—2016)、《水利水电工程施工作业人员安全操作规程》(SL 401—2007)4 个标准形成了一个相对完整的水利水电工程建筑安装安全技术标准体系。

一、施工道路及交通

(1)施工生产区内机动车辆临时道路应符合道路纵坡不宜大于 8%,进入基坑等特殊部位的个别短距离地段最大纵坡不得超过 15%;道路最小转变半径不得小于 15 m,路面宽度不得小于施工车辆宽度的 1.5 倍,且双车道路面宽度不宜窄于 7.0 m,单车道不宜窄于 4.0 m,单车道应在可视范围内设有会车位置等要求。

(2)施工现场临时性桥梁应根据桥梁的用途、承重载荷和相应技术规范进行设计修建,并符合宽度应不小于施工车辆最大宽度的 1.5 倍;人行道宽度应不小于 1.0 m,并应设置防护栏杆等。

(3)施工现场架设临时性跨越沟槽的便桥和边坡栈桥,应符合以下要求:

①基础稳固、平坦畅通;

②人行便桥、栈桥宽度不得小于 1.2 m;

③手推车便桥、栈桥宽度不得小于 1.5 m;

④机动翻斗车便桥、栈桥应根据荷载进行设计施工,其最小宽度不得小于 2.5 m;

⑤设有防护栏杆。

(4)施工现场工作面、固定生产设备及设施处所等应设置人行通道,并符合宽度不小于 0.6 m 等要求。

二、工地消防

(1)根据施工生产防火安全的需要,合理布置消防通道和各种防火标志,消防通道应保持通畅,宽度不得小于 3.5 m。

(2)闪点在 45 ℃以下的桶装、罐装易燃液体不得露天存放,存放处应有防护栅栏,通风良好。

(3)施工生产作业区与建筑物之间的防火安全距离应遵守下列规定:

①用火作业区距所建的建筑物和其他区域不得小于 25 m;

②仓库区,易燃、可燃材料堆集场距所建的建筑物和其他区域不得小于 20 m;

③易燃品集中站距所建的建筑物和其他区域不得小于 30 m。

(4)加油站、油库应遵守下列规定:

①独立建筑与周围其他设施、建筑之间的防火安全距离应不小于 50 m;

②周围应设有高度不低于 2.0 m 的围墙、栅栏;

③库区内道路应为环形车道,路宽应不小于 3.5 m,并设有专门消防通道,保持畅通;

④罐体应装有呼吸阀、阻火器等防火安全装置;

⑤应安装覆盖库(站)区的避雷装置,且应定期检测,其接地电阻不大于 10 Ω;

⑥罐体、管道应设防静电接地装置,接地网、线用 40 mm×4 mm 扁钢或 Φ 10 圆钢埋设,且应定期检测,其接地电阻不大于 30 Ω;

⑦主要位置应设置醒目的禁火警示标志及安全防火规定标识;

⑧应配备相应数量的泡沫、干粉灭火器和砂土等灭火器材;

⑨应使用防爆型动力和照明电气设备;

⑩库区内严禁一切火源、吸烟及使用手机;

⑪工作人员应熟悉使用灭火器材和消防常识;

⑫运输使用的油罐车应密封,并有防静电设施。

(5)木材加工厂(场、车间)应遵守下列规定:

①独立建筑与周围其他设施、建筑之间的安全防火距离不小于 20 m;

②安全消防通道保持畅通;

③原材料、半成品、成品堆放整齐有序,并留有足够的通道,保持畅通;

④木屑、刨花、边角料等弃物及时清除,严禁置留在场内,保持场内整洁;

⑤设有 10 m³ 以上的消防水池、消火栓及相应数量的灭火器材;

⑥作业场所内禁止使用明火和吸烟;

⑦明显位置设置醒目的禁火警示标志及安全防火规定标识。

三、季节施工

当日平均气温连续 5 日稳定在 5 ℃ 以下或最低气温稳定在 -3 ℃ 以下,应编制冬期施工作业计划,并应制订防寒、防毒、防滑、防冻、防火、防爆等安全措施。

四、施工排水

(一)基坑排水

土方开挖应注重边坡和坑槽开挖的施工排水。坡面开挖时,应根据土质情况,间隔一定高度设置戗台,台面横向应为反向排水坡,并在坡脚设置护脚和排水沟。

石方开挖工区施工排水应合理布置,选择适当的排水方法,并应符合以下要求:

(1)一般建筑物基坑(槽)的排水采用明沟或明沟与集水井排水时,应在基坑周围或在基坑中心位置设排水沟,每隔 30~40 m 设一个集水井,集水井应低于排水沟至少 1 m 左右,井壁应做临时加固措施。

（2）厂坝基坑（槽）深度较大、地下水位较高时，应在基坑边坡上设置2~3层明沟，进行分层抽排水。

（3）大面积施工场区排水时，应在场区适当位置布置纵向深沟作为干沟，干沟沟底应低于基坑1~2 m，使四周边沟、支沟与干沟连通将水排出。

（4）岸坡或基坑开挖应设置截水沟，截水沟距坡顶的安全距离不小于5 m；明沟距道路边坡的距离应不小于1 m。

（5）工作面积水、渗水的排水，应设置临时集水坑，集水坑面积宜为2~3 m²，深1~2 m，并安装移动式水泵排水。

（6）采用深井（管井）排水方法时，应符合以下要求：

①管井水泵的选用应根据降水设计对管井的降深要求和排水量来选择，所选择水泵的出水量与扬程应大于设计值的20%~30%；

②管井宜沿基坑或沟槽一侧或两侧布置，井位距基坑边缘的距离应不小于1.5 m，管埋置的间距应为15~20 m。

（7）采用井点排水方法时，应满足以下要求：

①井点布置应选择合适方式及地点；

②井点管距坑壁不得小于1.0~1.5 m，间距应为1.0~2.5 m；

③滤管应埋在含水层内，并较所挖基坑底低0.9~1.2 m；

④集水总管标高宜接近地下水位线，且沿抽水水流方向有2‰~5‰的坡度。

（二）边坡工程排水

边坡工程排水应遵守下列规定：

（1）周边截水沟一般应在开挖前完成，截水沟深度及底宽不宜小于0.5 m，沟底纵坡不宜小于0.5%；长度超过500 m时，宜设置纵排水沟、跌水或急流槽。

（2）急流槽的纵坡不宜超过1∶1.5；急流槽过长时宜分段，每段不宜超过10 m；土质急流槽纵度较大时，应设多级跌水。

（3）边坡排水孔宜在边坡喷护之后施工，坡面上的排水孔宜上倾10%左右，孔深3~10 m，排水管宜采用塑料花管。

（4）挡土墙宜设有排水设施，防止墙后积水形成静水压力，导致墙体坍塌。

（5）采用渗沟排除地下水措施时，渗沟顶部宜设封闭层；寒冷地区沟顶回填土层小于冻层厚度时，宜设保温层；渗沟施工应边开挖、边支撑、边回填，开挖深度超过6 m时，应采用框架支撑；渗沟每隔30~50 m或平面转折和坡度由陡变缓处宜设检查井。

（三）料场排水

土质料场的排水宜采取截、排结合，以截为主的排水措施。对地表水宜在采料高程以上修截水沟加以拦截，对开采范围大的地表水应挖纵、横排水沟排出。立采料区可采用排水洞排水。

五、施工用电要求

施工单位应编制施工用电方案及安全技术措施。从事电气作业的人员，应持证上岗；非电工及无证人员禁止从事电气作业。从事电气安装、维修作业的人员应掌握安全用电基本知识和所用设备的性能,按规定穿戴和配备好相应的劳动防护用品,定期进行体检。

(一)安全用电距离

在建工程(含脚手架)的外侧边缘与外电架空线路的边线之间应保持安全操作距离。最小安全操作距离应不小于表11-2的规定。

表11-2　在建工程(含脚手架)的外侧边缘与外电架空线路的边线之间最小安全操作距离

外电线路电压(kV)	<1	1~10	35~110	154~220	330~500
最小安全操作距离(m)	4	6	8	10	15

注:上、下脚手架的斜道严禁搭设在有外电线路的一侧。

施工现场的机动车道与外电架空线路交叉时,架空线路的最低点与路面的垂直距离应不小于表11-3的规定。

表11-3　施工现场的机动车道与外电架空线路交叉时的最小垂直距离

外电线路电压(kV)	<1	1~10	35
最小垂直距离(m)	6	7	7

机械在高压线下进行工作或通过时,其最高点与高压线之间的最小垂直距离不得小于表11-4的规定。

表11-4　机械最高点与高压线间的最小垂直距离

线路电压(kV)	<1	1~20	35~110	154	220	330
机械最高点与线路间的垂直距离(m)	1.5	2	4	5	6	7

在带电体附近进行高处作业时,距带电体的最小安全距离应满足表11-5的规定,如遇特殊情况,应采取可靠的安全措施。

表11-5　高处作业时与带电体的安全距离

电压等级(kV)	≤10及以下	20~35	44	60~110	154	220	330
工器具、安装构件、接地线等与带电体的距离(m)	2.0	3.5	3.5	4.0	5.0	5.0	6.0
工作人员的活动范围与带电体的距离(m)	1.7	2.0	2.2	2.5	3.0	4.0	5.0
整体组立杆塔与带电体的距离(m)	应大于倒杆距离(自杆塔边缘到带电体的最近侧为塔高)						

旋转臂架式起重机的任何部位或被吊物边缘与10 kV以下的架空线路边线最小水平距离不得小于2 m。

施工现场开挖非热管道沟槽的边缘与埋地外电缆沟槽边缘之间的距离不得小于0.5 m。

对达不到规定的最小距离的部位,应采取停电作业或增设屏障、遮栏、围栏、保护网等安全防护措施,并悬挂醒目的警示标志牌。

用电场所电气灭火应选择适用于电气的灭火器材,不得使用泡沫灭火器。

(二)现场临时变压器的安装

施工用的10 kV及以下变压器装于地面时,应有0.5 m的高台,高台的周围应装设栅栏,其高度不低于1.7 m,栅栏与变压器外廓的距离不得小于1 m,杆上变压器安装的高度应不低于 2.5 m,并挂"止步、高压危险"的警示标志。变压器的引线应采用绝缘导线。

(三)施工照明

现场照明宜采用高光效、长寿命的照明光源。对需要大面积照明的场所,宜采用高压汞灯、高压钠灯或混光用的卤钨灯。照明器具选择应遵守下列规定:

(1)正常湿度时,选用开启式照明器;

(2)潮湿或特别潮湿的场所,应选用密闭型防水防尘照明器或配有防水灯头的开启式照明器;

(3)含有大量尘埃但无爆炸和火灾危险的场所,应采用防尘型照明器;

(4)对有爆炸和火灾危险的场所,应按危险场所等级选择相应的防爆型照明器;

(5)在振动较大的场所,应选用防振型照明器;

(6)对有酸碱等强腐蚀性的场所,应采用耐酸碱型照明器;

(7)照明器具和器材的质量均应符合有关标准、规范的规定,不得使用绝缘老化或破损的器具和器材。

(8)照明变压器应使用双绕组型,严禁使用自耦变压器。

一般场所宜选用额定电压为 220 V 的照明器材,对特殊场所地下工程,有高温、导电灰尘,且灯具离地面高度低于 2.5 m 等场所的照明,电源电压应不大于 36 V;地下工程作业、夜间施工或自然采光差等场所,应设一般照明、局部照明或混合照明,并应装设自备电源的应急照明。在潮湿和易触及带电体场所的照明电源电压不得大于 24 V;在特别潮湿的场所、导电良好的地面、锅炉或金属容器内工作的照明电源电压不得大于 12 V。

行灯电源电压不超过 36 V;灯体与手柄连接坚固、绝缘良好并耐热、耐潮湿;灯头与灯体结合牢固,灯头无开关;灯泡外部有金属保护网;金属网、反光罩、悬吊挂钩固定在灯具的绝缘部位上。

六、高处作业

(一)高处作业标准

凡在坠落高度基准面 2 m 和 2 m 以上有可能坠落的高处进行作业,均称为高处作业。高处作业的种类分为一般高处作业和特殊高处作业两种。

一般高处作业是指特殊高处作业以外的高处作业。高处作业的级别:高度在 2~5 m 时,称为一级高处作业;高度在 5~15 m 时,称为二级高处作业;高度在 15~30 m 时,称为三级高处作业;高度在 30 m 以上时,称为特级高处作业。

特殊高处作业分为以下几种类别:强风高处作业、异温高处作业、雪天高处作业、雨天高处作业、夜间高处作业、带电高处作业、悬空高处作业、抢救高处作业。

(二)安全防护措施

进行三级、特级、悬空高处作业时,应事先制订专项安全技术措施。施工前,应向所有施工人员进行技术交底。

高处作业下方或附近有煤气、烟尘及其他有害气体时,应采取排除或隔离等措施,否则不得施工。在坝顶、陡坡、屋顶、悬崖、杆塔、吊桥、脚手架以及其他危险边沿进行悬空高处作业时,临空面应搭设安全网或防护栏杆。

高处作业前,应检查排架、脚手板、通道、马道、梯子和防护设施,符合安全要求方可作业。高处作业使用的脚手架平台,应铺设固定脚手板,临空边缘应设高度不低于 1.2 m 的防护栏杆。安全网应随着建筑物升高而提高,安全网距离工作面的最大高度不超过 3 m。安全网搭设外侧比内侧高 0.5 m,长面拉直拴牢在固定的架子或固定环上。

在 2 m 以下高度进行工作时,可使用牢固的梯子、高凳或设置临时小平台,禁止站在不牢固的物件(如箱子、铁桶、砖堆等物)上进行工作。

从事高处作业时,作业人员应系安全带。高处作业的下方,应设置警戒线或隔离防护棚等安全措施。特殊高处作业应有专人监护,并有与地面联系信号或可靠的通信装置。遇有 6 级及以上的大风,禁止从事高处作业。

上下脚手架、攀登高层构筑物,应走斜马道或梯子,不得沿绳、立杆或栏杆攀爬。

高处作业时,不得坐在平台、孔洞、井口边缘,不得骑坐在脚手架栏杆、躺在脚手板上或安全网内休息,不得站在栏杆外的探头板上工作和凭借栏杆起吊物件。

在石棉瓦、木板条等轻型或简易结构上施工及进行修补、拆装作业时,应采取可靠的防止滑倒、踩空或因材料折断而坠落的防护措施。

高处作业周围的沟道、孔洞井口等,应用固定盖板盖牢或设围栏。

(三)常用安全工具

安全帽、安全带、安全网等施工生产使用的安全防护用具应符合国家规定的质量标准,具有厂家安全生产许可证、产品合格证和安全鉴定合格证书,否则不得采购、发放和使用。常用安全防护用具应经常检查和定期试验,其检查试验的要求和周期如表 11-6 所示。

表 11-6　常用安全用具的检验标准与试验周期

名称	检查与试验质量标准要求	检查试验周期
塑料安全帽	1.外表完整、光洁; 2.帽内缓冲带、帽带齐全无损; 3.耐 40~120 ℃ 高温不变形; 4.耐水、油、化学腐蚀性良好; 5.可抗 3 kg 的钢球从 5 m 高处垂直坠落的冲击力	一年一次
安全带	检查: 1.绳索无脆裂、断脱现象; 2.皮带各部接口完整、牢固,无霉朽和虫蛀现象; 3.销口性能良好。 试验: 1.静荷:使用 255 kg 重物悬吊 5 min 无损伤; 2.动荷:将质量为 120 kg 的重物从 2~2.8 m 高架上冲击,安全带各部件无损伤	1.每次使用前均应检查; 2.新带使用一年后抽样试验; 3.旧带每隔 6 个月抽查试验一次
安全网	1.绳芯结构和网筋边绳结构符合要求; 2.两件各 120 kg 的重物同时由 4.5 m 高处坠落冲击,完好无损	每年一次,每次使用前进行外表检查

高处临空作业应按规定架设安全网,作业人员使用的安全带,应挂在牢固的物体上或可靠的安全绳上,安全带严禁低挂高用。拴安全带用的安全绳不宜超过 3 m。

在有毒有害气体可能泄漏的作业场所,应配置必要的防毒护具,以备急用,并及时检查维修更换,保证其处在良好待用状态。

电气操作人员应根据工作条件选用适当的安全电工用具和防护用品,电工用具应符合安全技术标准并定期检查,凡不符合技术标准要求的绝缘安全用具、登高作业安全工具、携带式电压和电流指示器,以及检修中的临时接地线等,均不得使用。

七、工程爆破安全技术

(一)爆破器材的运输

禁止用翻斗车、自卸汽车、拖车、机动三轮车、人力三轮车、摩托车和自行车等运输爆破器材。运输炸药雷管时,装车高度要低于车厢 10 cm;车厢、船底应加软垫。雷管箱不许倒放或立放,层间也应垫软垫。气温低于 10 ℃,运输易冻的硝化甘油炸药时,应采取防冻措施;气温低于-15 ℃,运输难冻硝化甘油炸药时,也应采取防冻措施。水路运输爆破器材,停泊地点距岸上建筑物不得小于 250 m。汽车运输爆破器材,汽车的排气管宜设在车前下侧,并应设置防火罩装置。

汽车在视线良好的情况下行驶时,时速不得超过 20 km(工区内不得超过 15 km);在弯多坡陡、路面狭窄的山区行驶,时速应保持在 5 km 以内。行车间距:平坦道路应大于 50 m,上下坡应大于 300 m。

(二)爆破施工

1.明挖爆破音响信号

(1)预告信号:间断鸣三次长声,即鸣 30 s,停;鸣 30 s,停;鸣 30 s。此时现场停止作业,人员迅速撤离。

(2)准备信号:在预告信号 20 min 后发布,间断鸣一长、一短三次,即鸣 20 s,鸣 10 s,停;鸣 20 s,鸣 10 s,停;鸣 20 s,鸣 10 s。

(3)起爆信号:准备信号 10 min 后发出,连续三短声,即鸣 10 s,停;鸣 10 s,停;鸣 10 s。

(4)解除信号:应根据爆破器材的性质及爆破方式,确定炮响后到检查人员进入现场所需等待的时间。检查人员确认安全后,由爆破作业负责人通知警报房发出解除信号:一次长声,鸣 60 s;在特殊情况下,如准备工作尚未结束,应由爆破负责人通知警报房拖后发布起爆信号,并用广播器通知现场全体人员。装药和堵塞应使用木、竹制作的炮棍。严禁使用金属棍棒装填。

地下相向开挖的两端在相距 30 m 以内时,装炮前应通知另一端暂停工作,退到安全地点。当相向开挖的两端相距 15 m 时,一端应停止掘进,单头贯通。斜井相向开挖,除遵守上述规定外,应对距贯通尚有 5 m 长地段自上向下打通。

2.起爆安全技术

1)火花起爆应遵守的规定

深孔、竖井、倾角大于 30°的斜井、有瓦斯和粉尘爆炸危险等工作面的爆破,禁止采用火花起爆。炮孔的排距较密时,导火索的外露部分不得超过 1.0 m,以防止导火索互相交错而起火。一人连续单个点火的火炮,暗挖不得超过 5 个、明挖不得超过 10 个,并应在爆破负责人指挥下,做好分工及撤离工作。点燃导火索应使用香或专用点火工具,禁止使用火柴、香烟和打火机。

2)电力起爆应遵守的规定

用于同一爆破网路内的电雷管,电阻值应相同。康铜桥丝雷管的电阻极差不得超过 0.25 Ω,镍铬桥丝雷管的电阻极差不得超过 0.5 Ω。测量电阻只许使用经过检查的专用爆破测试仪表或线路电桥。严禁使用其他电气仪表进行量测。网路中全部导线绝缘,有水时导线架空。装炮前工作面一切电源应切除,照明至少设于距工作面 30 m 以外,只有确认炮区无漏电、感应电后,才可装炮。雷雨天严禁采用电爆网路。各接头应用绝缘胶布包好,两条线的搭接口禁止重叠,至少应错开 0.1 m。供给每个电雷管的实际电流应大于准爆电流,具体要求是:

(1)直流电源:一般爆破不小于 2.5 A;对于洞室爆破或大规模爆破不小于 3 A;

(2)交流电源:一般爆破不小于 3 A;对于洞室爆破或大规模爆破不小于 4 A。

起爆开关箱钥匙应由专人保管,起爆之前不得打开起爆箱。通电后若发生拒爆,应立即切断母线电源,将母线两端拧在一起,锁上电源开关箱进行检查。进行检查的时间:对于即发电雷管,至少在 10 min 以后;对于延发电雷管,至少在 15 min 以后。

3)导爆索起爆应遵守的规定

导爆索只准用快刀切割,不得用剪刀剪断导火索。支线要顺主线传爆方向连接,搭接长度不应少于 15 cm,支线与主线传爆方向的夹角应不大于 90°。起爆导爆索的雷管,其聚能穴应朝向导爆索的传爆方向。导爆索交叉敷设时,应在两根交叉导爆索之间设置厚度不小于 10 cm 的木质垫板。连接导爆索中间不应出现断裂破皮、打结或打圈现象。

4)导爆管起爆应遵守的规定

用导爆管起爆时,应有设计起爆网路,并进行传爆试验。网路中所使用的连接元件应经过检验合格。禁止导爆管打结,禁止在药包上缠绕。网路的连接处应牢固,两元件应相距 2 m。敷设后应严加保护,防止冲击或损坏。一个 8 号雷管起爆导爆管的数量不宜超过 40 根,层数不宜超过 3 层。只有确认网路连接正确,爆破无关人员已经撤离,才准许接入引爆装置。

八、堤防工程施工安全技术

(一)堤防基础施工

(1)堤防地基开挖较深时,应制订防止边坡坍塌和滑坡的安全技术措施。对深基坑支护应进行专项设计,作业前应检查安全支撑和挡护设施是否良好,确认符合要求后,方可施工。

(2)当地下水位较高或在黏性土、湿陷性黄土上进行强夯作业时,应在表面铺设一层厚 50~200 cm 的砂、砂砾或碎石垫层,以保证强夯作业安全。

(3)强夯夯击时应做好安全防范措施,现场施工人员应戴好安全防护用品。夯击时所有人员应退到安全线以外。应对强夯周围建筑物进行监测,以指导调整强夯参数。

（4）地基处理采用砂井排水固结法施工时，为加快堤基的排水固结，应在堤基上分级进行加载，加载时应加强现场监测，防止出现滑动破坏等失稳事故的发生。

（5）软弱地基处理采用抛石挤淤法施工时，应经常对机械作业部位进行检查。

（二）防护工程施工

（1）人工抛石作业时应按照计划制订的程序进行，严禁随意抛掷，以防意外事故发生。

（2）抛石所使用的设备应安全可靠、性能良好，严禁使用没有安全保险装置的机具进行作业。

（3）抛石护脚时应注意石块体重心位置，严禁起吊有破裂、脱落、危险的石块体。起重设备回转时，严禁在起重设备工作范围和抛石工作范围内进行其他作业和人员停留。

（4）抛石护脚施工时除操作人员外，严禁有人停留。

（三）堤防加固施工

（1）砌石护坡加固，应在汛期前完成；当加固规模、范围较大时，可拆一段砌一段，但分段宜大于 50 m；垫层的接头处应确保施工质量，新、老砌体应结合牢固，连接平顺。确需汛期施工时，分段长度可根据水情预报情况及施工能力而定，防止意外事故发生。

（2）护坡石沿坡面运输时，使用的绳索、刹车等设施应满足负荷要求，牢固可靠，在吊运时不应超载，发现问题及时检修。垂直运送料具时应有联系信号，专人指挥。

（3）堤防灌浆机械设备作业前应检查是否良好，安全设施防护用品是否齐全，警示标志设置是否标准，经检查确认符合要求后，方可施工。

（四）防汛抢险施工

堤防防汛抢险施工的抢护原则为：前堵后导、强身固脚、减载平压、缓流消浪。施工中应遵守各项安全技术要求，不应违反程序作业。

（1）堤身漏洞险情的抢护应遵守下列规定：

①堤身漏洞险情的抢护以"前截后导，临重于背"为原则。在抢护时，应在临水侧截断漏水来源，在背水侧漏洞出水口处采用反滤围井的方法，防止险情扩大。

②堤身漏洞险情在临水侧抢护以人力施工为主时，应配备足够的安全设施，确认安全可靠，且有专人指挥和专人监护后，方可施工。

③堤身漏洞险情在临水侧抢护以机械设备为主时，机械设备应停站或行驶在安全或经加固可以确认较为安全的堤身上，防止因漏洞险情导致设备下陷、倾斜或失稳等其他安全事故。

（2）管涌险情的抢护宜在背水面，采取反滤导渗，控制涌水，留有渗水出路。以人力施工为主进行抢护时，应注意检查附近堤段水浸后变形情况，如有坍塌危险应及时加固或采用其他安全有效的方法。

（3）当遭遇超标准洪水或有可能超过堤坝顶的洪水时，应迅速进行加高抢护，同时做好人员撤离安排，及时将人员、设备转移到安全地带。

（4）为削减波浪的冲击力，应在靠近堤坡的水面设置芦柴、柳枝、湖草和木料等材料的捆扎体，并设法锚定，防止被风浪水流冲走。

（5）当发生崩岸险情时，应抛投物料，如石块、石笼、混凝土多面体、土袋和柳石枕等，以稳定基础,防止崩岸进一步发展;应密切关注险情发展的动向,时刻检查附近堤身的变形情况,及时采取正确的处理措施,并向附近居民示警。

(6)堤防决口抢险应遵守下列规定:

①当堤防决口时,除有关部门快速通知附近居民安全转移外,抢险施工人员应配备足够的安全救生设备。

②堤防决口施工应在水面以上进行,并逐步创造静水闭气条件,确保人身安全。

③当在决口抢筑裹头时,应从水浅流缓、土质较好的地带采取打桩、抛填大体积物料等安全裹护措施,防止裹头处突然坍塌将人员与设备冲走。

④决口较大采用沉船截流时,应采取有效的安全防护措施,防止沉船底部不平整发生移动而给作业人员造成安全隐患。

九、水闸施工安全技术

(一)土方开挖

(1)建筑物的基坑土方开挖应本着先降水、后开挖的施工原则,并结合基坑的中部开挖明沟加以明排。

(2)降水措施应视地质条件而定,在条件许可时,提前进行降水试验,以验证降水方案的合理性。

(3)降水期间必须对基坑边坡及周围建筑物进行安全监测,发现异常情况及时研究处理措施,保证基坑边坡和周围建筑物的安全,做到信息化施工。

(4)若原有建筑物距基坑较近,视工程的重要性和影响程度,可以采用拆迁或适当的支护处理。基坑边坡视地质条件,可以采取适当的防护措施。

(5)在雨季,尤其是汛期必须做好基坑的排水工程,安装足够的排水设备。

(6)基坑土方开挖完成或基础处理完成,应及时组织基础隐蔽工程验收,及时浇筑垫层混凝土对基础进行封闭。

(7)基坑降水时应符合下列规定:

①基坑底、排水沟底、集水坑底应保持一定深差。

②集水坑和排水沟应设置在建筑物底部轮廓线以外一定距离。

③基坑开挖深度较大时,应分级设置马道和排水设施。

④流砂、管涌处应采取反滤导渗措施。

(8)基坑开挖时,在负温下,挖除保护层后应采取可靠的防冻措施。

(二)土方填筑

(1)填筑前,必须排除基坑底部的积水、清除杂物等,宜采取降水措施将基底水位降至 0.5 m 以下。

(2)填筑土料,应符合设计要求。

(3)岸墙、翼墙后的填土应分层回填、均衡上升。靠近岸墙、翼墙、岸坡的回填土宜用人工或小型机具夯压密实,铺土厚度宜适当减薄。

(4)高岸、翼墙后的回填土应按通水前后分期进行回填,以减小通水前墙体后的填土压力。

（5）高岸、翼墙后应布置排水系统，以减小填土中的水压力。

（三）地基处理

（1）原状土地基开挖到基底前预留 30～50 cm 保护层，在基础施工前，宜采用人工挖出，并使得基底平整，对局部超挖或低洼区域宜采用碎石回填。基底开挖之前宜做好降排水，保证开挖在干燥状态下施工。

（2）对加固地基，基坑降水应降至基底面以下 50 cm，保证基底干燥平整，以利地基处理设备施工安全。施工作业和移机过程中，应将设备支架的倾斜度控制在其规定值之内，严防设备倾覆事故的发生。

（3）应对桩基施工设备操作人员进行操作培训，取得合格证书后方可上岗。

（4）在正式施工前，应先进行基础加固的工艺试验，工艺及参数批准后展开施工。成桩后应按照相关规范的规定抽样，进行单桩承载力和复合地基承载力试验，以验证加固地基的可靠性。

（四）预制构件制作与吊装

（1）每天应对锅炉系统进行检查，蒸养每批构件之前，应对通汽管路、阀门进行检查，一旦损坏及时更换。

（2）应定期对蒸养池顶盖的提升桥机或吊车进行检查和维护。

（3）在蒸养过程中，锅炉或管路发现异常情况，应及时停止蒸汽的供应。同时无关人员不应站在蒸养池附近。

（4）浇筑后，构件应停放 2～6 h，停放温度一般为 10～20 ℃。

（5）升温速率：当构件表面系数大于等于 6 时，不宜超过 15 ℃/h；表面系数小于 6 时，不宜超过 10 ℃/h。

（6）恒温时的混凝土温度，不宜超过 80 ℃，相对湿度应为 90%～100%。

（7）降温速率：表面系数大于等于 6 时，不应超过 10 ℃/h；表面系数小于 6 时不应超过 5 ℃/h；出池后构件表面与外界温差不应大于 20 ℃。

（8）大件起吊运输应有单项技术措施。起吊设备操作人员必须具有特种操作许可证。

（9）起吊前应认真检查所用一切工具设备，均应良好。

（10）起吊设备起吊能力应有一定的安全储备。必须对起吊构件的吊点和内力进行详细的内力复核验算。非定型的吊具和索具均应验算。符合有关规定后才能使用。

（11）各种物件正式起吊前，应先试吊，确认可靠后方可正式起吊。

（12）起吊前，应先清理起吊地点及运行通道上的障碍物，通知无关人员避让，并应选择恰当的位置及随物护送的路线。

（13）应指定专人负责指挥操作人员进行协同吊装作业。各种设备的操作信号必须事先统一规定。

（14）在闸室上、下游混凝土防渗铺盖上行驶重型机械或堆放重物时，必须经过验算。

（五）永久缝施工

（1）一切预埋件应安装牢固，严禁脱落伤人。

（2）采用紫铜止水片时，接缝必须焊接牢固，焊接后应采用柴油渗透法检验是否渗漏,并须遵守焊接的有关安全技术操作规程。采用塑料和橡胶止水片时,应避免油污和长期暴晒,并有保护措施。

(3)结构缝使用柔性材料嵌缝处理时,应搭设稳定牢固的安全脚手架,系好安全带逐层作业。

十、泵站施工安全技术

(一)水泵基础施工

(1)水泵基础施工有度汛要求时,应按设计及施工需要,汛前完成度汛工程。

(2)水泵基础应优先选用天然地基。承载力不足时,宜采取工程加固措施进行基础处理。

(3)水泵基础允许沉降量和沉降差,应根据工程具体情况分析确定,满足基础结构安全和不影响机组的正常运行。

(4)水泵基础地基如为膨胀土地基,在满足水泵布置和稳定安全要求的前提下,应减小水泵基础底面面积,增大基础埋置深度,也可将膨胀土挖除,换填无膨胀性土料垫层,或采用桩基础。膨胀土地基的处理应遵守下列规定:

①膨胀土地基上泵站基础的施工,应安排在冬旱季节进行,力求避开雨季,否则应采取可靠的防雨水措施。

②基坑开挖前应布置好施工场地的排水设施,天然地表水不应流入基坑。

③应防止雨水浸入坡面和坡面土中水分蒸发,避免干湿交替,保护边坡稳定。可在坡面喷水泥砂浆保护层或用土工膜覆盖地面。

④基坑开挖至接近基底设计标高时,应留 0.3 m 左右的保护层,待下道工序开始前再挖除保护层。基坑挖至设计标高后,应及时浇筑素混凝土垫层保护地基,待混凝土达到50%以上强度后,及时进行基础施工。

⑤泵站四周回填应及时分层进行。填料应选用非膨胀土、弱膨胀土或掺有石灰的膨胀土;选用弱膨胀土时,其含水量宜为 1.1~1.2 倍塑限含水量。

(二)固定式泵站施工

(1)泵房水下混凝土宜整体浇筑。对于安装大、中型立式机组或斜轴泵的泵房工程,可按泵房结构并兼顾进、出水流道的整体性设计分层,由下至上分层施工。

(2)泵房浇筑混凝土,在平面上一般不再分块。若泵房底板尺寸较大,可以采用分期分段浇筑。

(三)金属输水管道制作与安装

(1)钢管焊缝应达到标准,且应通过超声波或射线检验,不应有任何渗漏水现象。

(2)钢管各支墩应有足够的稳定性,保证钢管在安装阶段不发生倾斜和沉降变形。

(3)钢管壁在对接接头的任何位置表面最大错位:纵缝不应大于 2 mm,环缝不应大于 3 mm。

(4)直管外表直线平直度可用任意平行于轴线的钢管外表一条线与钢管直轴线间的偏差确定:长度为 4 m 的管段,其偏差不应大于 3.5 mm。

(5)钢管的安装偏差值:对于鞍式支座的顶面弧度,间隙不应大于 2 mm;滚轮式和摇摆式支座垫板高程与纵横向中心的偏差不应超过±5 mm。

【例 11-3】 某施工公司承建四个水利施工项目。

项目 1:在 3 级土石围堰拆除爆破时,施工单位采用导爆索起爆方式,网络设计采用串联法。导爆索支线与主线爆破搭接长度为 5 cm,在导爆索交接处直接设置木垫板交叉,炮工把导爆索牢固缠在药包上,确认连接之后,经信号预告,无关人员迅速撤离,在预备信号发出后 3 min,发出起爆信号准备起爆。

项目 2:项目部用旋转起重机起吊混凝土时与 10 kW 架空电线相碰,使司机触电引起火灾事故,用泡沫灭火器灭火。

项目 3:隧洞施工需要进行爆破作业,施工单位使用一辆 5 t 的自卸载重汽车,将 500 kg 的雷管、炸药等爆破器材集中装运至仓库。爆破时,工区人员听到一长三短间隔警报便快速撤出爆破区,爆破后经检查人员检查安全后通知警报房发出解除信号。在隧洞开挖时设置 36 V 电压照明灯具,相向掘进 30 m 时双方爆破,造成落石使对方机械损坏和人员伤亡。

项目 4:某大坝拆除模板时一个作业工人高处系安全带作业,由于低挂高用从 20 m 处坠落。

问题:1.指出项目 1 不安全之处,并说明正确做法?

2. 根据项目 2 背景指出旋转起重机起吊混凝土时与 10 kW 架空电线最小安全距离。灭火方式是否正确?

3. 指出项目 3 关于爆破作业有无不妥?若不妥说明正确做法。

4. 根据项目 4 说明高空级别和类别。指出施工之前安全技术要求。危险源有哪些?

解:1.搭接至少 15 cm,不应设置木垫板,不能缠绕,预备信号发出后 20 min 发出起爆信号。

2.要求至少 2 m 距离。不正确,不能用泡沫灭火器灭火。

3.有不妥。自卸载重汽车不能运输炸药和雷管。雷管、炸药等爆破器材混装应分别运输。在准备信号前发出预备信号后就应撤离爆破区。地下洞室双向开挖相距 30 m 一端爆破,另一边应撤离。

4. 级别属于 3 级,类别属于特殊高处悬空作业。施工之前应有安全专项措施和验算,并经技术交底。对安全带应有生产许可证、安全鉴定证、产品合格证并予以检查。危险源有安全带低挂高用、无安全网。

任务四　文明施工与环境管理

一、文明施工

水利部于 2014 年颁布实施《水利建设工程文明工地创建管理暂行办法》(水精〔2014〕3 号),该办法共 17 条,规范了文明工地创建工作。

(一)文明工地建设标准

1.体制机制健全

工程基本建设程序规范,项目法人责任制、招标投标制、建设管理制、合同管理制落实到位,建设管理内控机制健全。

2.质量管理到位

质量保证体健全,工程质量得到有效控制,工程内、外观质量优良,质量事故和缺陷处理及时,质量管理档案规范、真实、归档及时等。

3.安全管理到位

安全管理制度和责任制度完善,应急预案有针对性和可操作性,实行定期安全检查制度,无生产安全事故。

4.环境和谐有序

现场材料堆放、机械停放有序整齐,施工道路布置合理、畅通,做到完工清场,安全设施和警示标志规范,办公生活区等场所整洁、卫生,生态保护及职业健康条件符合国家有关规定标准,防止或减少粉尘、噪声、废弃物、照明、废气、废水对人和环境的危害,污染防治措施得当。

5.文明风尚良好

文明工地创建计划周密、组织到位、制度完善、措施落实,参建各方信守合同,严格按照基本建设程序,遵纪守法、爱岗敬业,职工文体活动丰富、学习气氛浓厚,信息管理规范,关系融洽,能正确处理周边群众关系、营造良好施工环境。

6.创建措施有力

创建方案周密、组织到位、制度完善、措施落实、活力多样等。

(二)文明工地申报

1.申报条件

(1)已完工程量一般应达全部建安工程量的20%及以上或主体工程完工一年以内。

(2)创建文明建设工地半年以上。

(3)工程进度满足总进度要求。

有下列情况之一不得申报文明工地:

(1)干部职工发生刑事和经济案件被处主刑,违法乱纪受到党纪、政纪处分;

(2)出现过较大质量事故和安全事故、环保事件;

(3)被水行政主管部门或有关部门通报批评或处罚;

(4)拖欠工程款、民工工资或与当地群众发生重大冲突等事件,造成严重社会影响;

(5)未严格执行项目法人责任制、招标投标制、建设管理制的;

(6)恶意拖欠农民工工资、工程款或引发当地群众发生群发事件,并造成严重社会影响的;

(7)发生重大合同纠纷,造成不良影响。

2.申报程序

工程在项目法人党组织统一领导下,主要领导为第一责任人,各部门齐抓共管、全员参与的文明工地创建活动实行届期制,每两年命名一次。上一届命名文明工地的,如果符合条件,可继续申报下一届。

(1)自愿申报:以建设管理单位所管辖的一个项目或其中的一个项目、一个标段、几个标段为一个文明工地由项目法人申报。

(2)逐级推荐:县级水行政主管部门负责对申报单位进行现场考核,并逐级向市、省水行政文明办会同建管单位考核,优中选优向本单位文明委推荐申报名单。水利部直属项目直接向水利部申报。

(3)公开公示:水利部文明委审议通过后,在水利部有关媒体上公示一周。

(4)发文通报:对符合标准的文明工地,正式发文予以通报。

二、施工环境管理

(一)施工现场大气污染的防治

施工大气污染防治主要包括:土石方开挖、爆破、砂石料加工、混凝土拌和、物料运输和储存及废渣运输、倾倒产生的粉尘、扬尘的防治;燃油、施工机械、车辆及生活燃煤排放废气的防治。

地下厂房、引水隧洞等土石方开挖、爆破施工应采取喷水、设置通风设施、改善地下洞室空气扩散条件等措施,减少粉尘和废气污染;砂石料加工宜采用湿法破碎的低尘工艺,降低转运落差,密闭尘源。

水泥、石灰、粉煤灰等细颗粒材料运输应采用密封罐车;采用敞篷车运输,应用篷布遮盖。装卸、堆放中应防止物料流散。水泥临时备料场宜建在有排浆引流的混凝土搅拌场或预制场内,就近使用。

施工现场公路应定期养护,配备洒水车或采用人工洒水防尘;施工运输车辆宜选用安装排气净化器的机动车,使用符合标准的油料或清洁能源,减少尾气污染物排放。

(1)施工现场垃圾、渣土要及时清理出现场。

(2)上部结构清理施工垃圾时,要使用封闭式的容器或者采取其他措施处理高空废弃物,严禁临空随意抛撒。

(3)施工现场道路应指定专人定期洒水清扫,形成制度,防止道路扬尘。

(4)对于细颗粒散体材料(如水泥、粉煤灰、白灰等)的运输、储存要注意遮盖、密封,防止和减少材料飞扬。

(5)车辆开出工地要做到不带泥沙,基本做到不洒土、不扬尘,减少对周围环境的污染。

(6)除设有符合规定的装置外,禁止在施工现场焚烧油毡、橡胶、塑料、皮革、树叶、枯草、各种包装物等废弃物品以及其他会产生有毒、有害烟尘和恶臭气体的物质。

(7)机动车都要安装减少尾气排放的装置,确保符合国家标准。

(8)工地锅炉应尽量采用电热水器。若只能使用烧煤锅炉时,应选用消烟除尘型锅炉,大灶应选用消烟节能回风炉灶,使烟尘降至允许排放范围内。

(9)在离村庄较近的工地应当将搅拌站封闭严密,并在进料仓上方安装除尘装置,采取可靠措施控制工地粉尘污染。

(10)拆除旧建筑物时,应适当洒水,防止扬尘。

（二）施工现场水污染的防治

水利水电工程施工废污水的处理应包括施工生产废水和施工人员生活污水处理,其中施工生产废水主要包括砂石料加工系统废水、混凝土拌和系统废水等。

砂石料加工系统废水的处理应根据废水量、排放量、排放方式、排放水域功能要求和地形等条件确定。采用自然沉淀法进行处理时,应根据地形条件布置沉淀池,并保证有足够的沉淀时间,沉淀池应及时进行清理;采用絮凝沉淀法处理时,应符合下列技术要求:废水经沉淀,加入絮凝剂,上清液收集回用,泥浆自然干化,滤池应及时清理。

混凝土拌和系统废水处理应结合工程布置,就近设置冲洗废水沉淀池,上清液可循环使用。废水宜进行中和处理。

生活污水不应随意排放,采用化粪池处理污水时,应及时清运。

在饮用水水源一级保护区和二级保护区内,不应设置施工废水排污口。生活饮用水水源取水点上游1 000 m和下游100 m以内的水域,不得排入施工废污水。

施工过程水污染的防治措施如下:

(1)禁止将有毒、有害废弃物作为土方回填。

(2)施工现场搅拌站废水、现制水磨石的污水、电石(碳化钙)的污水必须经沉淀池沉淀合格后再排放,最好将沉淀水用于工地洒水降尘或采取措施回收利用。

(3)现场存放油料的,必须对库房地面进行防渗处理,如采取防渗混凝土地面、铺油毡等措施。使用时,要采取防止油料跑、冒、滴、漏的措施,以免污染水体。

(4)施工现场100人以上的临时食堂的污水排放时可设置简易有效的隔油池,定期清理,防止污染。

(5)工地临时厕所、化粪池应采取防渗漏措施。中心城市施工现场的临时厕所可采取水冲式厕所,并有防蝇、灭蛆措施,防止污染水体和环境。

（三）施工现场噪声的控制

施工现场噪声控制应包括施工机械设备固定噪声、运输车辆流动噪声、爆破瞬时噪声的控制。

固定噪声的控制,应选用符合标准的设备和工艺,加强设备的维护和保养,减少运行时的噪声。主要机械设备的布置应远离敏感点,并根据控制目标要求和保护对象,设置减噪、减振设施。

流动噪声的控制,应加强交通道路的维护和管理。禁止使用高噪声车辆;在居民集中区、学校、医院等路段设禁止高声鸣笛标志,减缓车速,禁止夜间鸣放高音喇叭。

施工现场噪声的控制措施可以从声源、传播途径、接收者的防护等方面来考虑。

从噪声产生的声源上控制,尽量采用低噪声设备和工艺代替高噪声设备与工艺,如低噪声振捣器、风机、电机空压机、电锯等。在声源处安装消声器消声,即在通风机、压缩机、燃气机、内燃机及各类排气放空装置等进出风管的适当位置设置消声器。

从噪声传播的途径上控制可采用:

(1)吸声。利用吸声材料(大多由多孔材料制成)或由吸声结构形成的共振结构(金属或木质薄板钻制成的空腔体)吸收声能,降低噪声。

(2)隔声。应用隔声结构,阻碍噪声向空间传播,将接收者与噪声声源分离。隔声结构包括隔声室、隔声罩、隔声屏障、隔声墙等。

（3）消声。利用消声器阻止传播。允许气流通过消声器降低噪声是防治空气动力性噪声的主要措施，如控制空气压缩机、内燃机产生的噪声等。

（4）减振。对来自振动引起的噪声，通过降低机械振动减小噪声，如将阻尼材料涂在振动源上，或改变振动源与其他刚性结构的连接方式等。

对接收者的防护可采用让处于噪声环境下的人员使用耳塞、耳罩等防护用品，减少相关人员在噪声环境中的暴露时间，以减轻噪声对人体的危害。

严格控制人为噪声，进入施工现场不得高声呐喊、无故摔打模板、乱吹口哨，限制高音喇叭的使用，最大限度地减少噪声扰民。

凡在居民稠密区进行强噪声作业的，严格控制作业时间，设置高度不低于 1.8 m 噪声围挡。控制强噪声作业的时间，施工车间和现场 8 h 作业，噪声不得超过 85 dB。交通敏感点设置禁鸣标志，工程爆破应采用低噪声爆破工艺，并避免夜间爆破。

（四）固体废弃物的处理

固体废弃物的处置应包括生活垃圾、建筑垃圾、生产废料的处置。

施工营地应设置垃圾箱或集中垃圾堆放点，将生活垃圾集中收集、专人定期清运；施工营地厕所，应指定专人定期清理处理消毒灭菌。建筑垃圾应进行分类，宜回收利用。不能利用的，应集中处置。危险固体废弃物必须执行国家有关危险废物处理的规定。临时垃圾堆放场地可利用天然洼地、沟壑、废坑等，应避开生活饮用水源、渔业用水水域，并防止垃圾进入河流、库、塘等天然水域。固体废弃物的处理和处置措施如下：

（1）回收利用。是对固体废弃物进行资源化、减量化处理的重要手段之一。建筑渣土可视其情况加以利用，废钢可按需要用作金属原材料，废电池等废弃物应分散回收、集中处理。

（2）减量化处理。是对已经产生的固体废弃物进行分选、破碎、压实浓缩、脱水等减少其最终处置量，从而降低处理成本，减少对环境的污染。减量化处理的过程中，也包括和其他处理技术相关的工艺方法，如焚烧、热解、堆肥等。

（3）焚烧技术。用于不适合再利用且不宜直接予以填埋处理的废弃物，尤其是对于已受到病菌、病毒污染的物品，可以用焚烧进行无害化处理。焚烧处理应使用符合环境要求的处理装置，注意避免对大气的二次污染。

（4）稳定的固化技术。利用水泥、沥青等胶结材料，将松散的废物包裹起来，减少废物的毒性和可迁移性，减少二次污染。

（5）填埋。是固体废弃物处理的最终技术，经过无害化、减量化处理的废弃物残渣集中在填埋场进行处置。填埋场利用天然或人工屏障，尽量使需要处理的废弃物与周围的生态环境隔离，并注意废弃物的稳定性和长期安全性。

（五）生态保护

生态保护应遵循"预防为主、防治结合、维持生态功能"的原则，其措施包括水土流失防治和动植物保护。

1.施工区水土流失防治的主要内容

施工场地应合理利用施工区内的土地，宜减少扰动原地貌和损毁植被。

料场取料应按水土流失防治要求减少植被破坏,剥离的表层熟土,宜临时堆存做回填覆土。取料结束应根据料场的性状、土壤条件和土地利用方式,及时进行土地平整,因地制宜地恢复植被。

弃渣应及时清运至指定渣场,不得随意倾倒,采用先挡后弃的施工顺序,及时平整渣面、覆土。渣场应根据后期土地利用方式,及时进行植被恢复或作其他用地。

施工道路应及时排水、护坡,永久道路宜及时栽种行道树。

大坝区、引水系统及电站厂区应根据工程进度要求及时绿化,并结合景观美化,合理布置乔、灌、花、草坪等。

2.动植物保护的主要内容

工程施工不得随意损毁施工区外的植被,捕杀野生动物和破坏野生动物生境。

工程施工区的珍稀濒危植物,采取迁地保护措施,应根据生态适宜性要求,迁至施工区外移栽;采取就地保护措施,应挂牌登记,建立保护警示标志。

施工人员不得伤害、捕杀珍贵、濒危陆生动物和其他受保护的野生动物。施工人员在工程区附近发现受威胁或伤害的珍贵濒危动物等受保护的野生动物应及时报告管理部门,采取抢救保护措施。

工程在重要经济鱼类、珍稀濒危水生生物分布水域附近施工,不得捕杀受保护的水生生物。

工程施工涉及自然保护区应执行国家和地方关于自然保护区管理的规定。

(六)人群健康保护

施工期人群健康保护的主要内容包括:施工人员体检、施工饮用水卫生及施工区环境卫生防疫。

1.施工人员体检

施工人员应定期进行体检,预防异地病原体传入,避免发生相互交叉感染。体检应以常规项目为主,并根据施工人员健康状况和当地疫情,增加有针对性的体检项目。体检工作应委托有资质的医疗卫生机构承担,对体检结果提出处理意见并妥善保存。施工区及附近地区发生疫情时,应对原住人群进行抽样体检。

工程建设各单位应建立职业卫生管理规章制度和施工人员职业健康档案,对从事尘、毒、噪声等受职业危害的人员应每年进行一次职业体检,对确认职业病的职工应及时给予治疗,并调离原工作岗位。

2.施工饮用水卫生

生活饮用水水源水质应满足《地表水环境质量标准》(GB 3838—2002)中Ⅱ、Ⅲ类标准。施工人员生活供水水质应符合国家强制性标准要求,并经当地卫生部门检验合格方可使用。生活饮用水源附近不得有污染源。施工现场应定期对生活饮用水取水区、净水池(塔)、供水管道末端进行水质监测。

集中式供水工程,生活饮用水水质应符合《生活饮用水卫生标准》(GB 5749—2006)的要求;受水源、技术、管理等条件限制的Ⅳ型、Ⅴ型供水工程,生活饮用水水质应符合《农村实施〈生活饮用水卫生标准〉准则》的要求。

3.施工区环境卫生防疫

施工进场前,应对一般疫源地和传染性疫源地进行卫生清理。施工区环境卫生防疫范围应包括生活区、办公区及邻近居民区。施工生活区、办公区的环境卫生防疫应包括定期防疫、消毒,建立疫情报告和环境卫生监督制度,防止自然疫源性疾病、介水传染病、虫媒传染病等疾病爆发流行。当发生疫情时,应对邻近居民区进行卫生防疫。

根据《水利血防技术导则(试行)》(SL/Z 318—2005),水利血防工程施工应根据工程所在区域的钉螺分布状况和血吸虫病流行情况,制定有关规定,采取相应的预防措施,避免参建人员被感染。在疫区施工,应采取措施改善工作和生活环境,同时设立醒目的血防警示标志。

习　题

11-1　施工安全管理体系如何建立?

11-2　水利工程应急预案包括哪些内容? 应急救援体系包括哪些部门和单位?

11-3　水利工程应急质量与安全事故根据什么要素划分? 划分为几级?

11-4　水利工程施工报告程序和要求有哪些?

11-5　水利工程警示标志有几类? 分别代表什么?

11-6　水利工程高空分哪几类? 哪几级? 分别如何划分?

11-7　导爆管起爆应注意哪些安全问题?

11-8　水闸施工安全注意事项有哪些?

11-9　文明施工应注意哪些问题?

11-10　职业健康包括哪些内容?

参 考 文 献

[1] 张玉福,薛建荣.水利水电工程施工组织与管理[M].2版.郑州:黄河水利出版社,2012.

[2] 中华人民共和国水利部. SL 303—2004 水利水电工程施工组织设计规范[S].北京:中国水利水电出版社,2004.

[3] 中华人民共和国水利部.水利水电工程标准施工招标文件(2009版)[S].北京:中国水利水电出版社.

[4] 中华人民共和国水利部. GB 50501—2007 水利工程工程量清单计价规范[S].北京:中国水利水电出版社,2007.

[5] 中华人民共和国水利部. SL 223—2008 水利水电建设工程验收规程[S].北京:中国水利水电出版社,2008.

[6] 中华人民共和国水利部. SL 176—2007 水利水电工程施工质量检测与评定规程[S].北京:中国水利水电出版社,2007.

[7] 中华人民共和国水利部. SL 631-636-2012 水利水电基本建设工程单元工程质量等级评定标准[S].北京:中国水利水电出版社,2012.

[8] 全国二级建造师执业资格考试用书编写委员会.水利水电工程管理与实务[M].4版.北京:中国建筑工业出版社,2017.

[9] 中国水利工程协会.水利工程建设进度控制[M].2版.北京:中国水利水电出版社,2010.

[10] 中国水利工程协会.水利工程建设质量控制[M].2版.北京:中国水利水电出版社,2010.

[11] 中国水利工程协会.水利工程建设合同管理[M].2版.北京:中国水利水电出版社,2010.

[12] 梁建林,闫国新,吴伟.水利水电工程施工项目管理实务[M].郑州:黄河水利出版社,2015.